GRUNDRISS

DER

ROMANISCHEN PHILOLOGIE

BEGRÜNDET

VON

GUSTAV GRÖBER

NEUE FOLGE

1. FRANZÖSISCHE LITERATUR
4. DIE LITERATUR IM ZEITALTER DER RENAISSANCE

VON

HEINRICH MORF

STRASSBURG
VERLAG VON KARL J. TRÜBNER
1914

GESCHICHTE
DER FRANZÖSISCHEN LITERATUR
IM ZEITALTER DER RENAISSANCE

VON

HEINRICH MORF

ZWEITE VERBESSERTE UND VERMEHRTE AUFLAGE

STRASSBURG
VERLAG VON KARL J. TRÜBNER
1914

Druck von M. DuMont Schauberg, Straßburg.

VORWORT

Dieses Handbuch der französischen Renaissanceliteratur, das ursprünglich als erster Band einer Geschichte des gesamten neuern Schrifttums der Franzosen gedacht war, ist vorläufig allein geblieben und erscheint in dieser neuen Bearbeitung wieder allein. Es ist auf Veranlassung des Herrn Verlegers dem 'Grundriß der romanischen Philologie' angegliedert worden.

Die Forschung ist seit anderthalb Jahrzehnten auf dem Gebiete der französischen Renaissanceliteratur sehr tätig gewesen. Ich habe mich bemüht, ihre Ergebnisse in meine Darstellung hineinzuarbeiten. Dabei möchte ich auch diesmal daran erinnern, daß, wer ein großes Forschungsgebiet in gedrängter Darstellung ohne den Apparat kritischer Anmerkungen behandelt, oft genötigt ist, das Resultat einer mühevollen Einzeluntersuchung in einem kurzen Satze, einer bloßen Wendung zum Ausdruck zu bringen, oder die ernste Auseinandersetzung mit einer gegnerischen Ansicht in einem einzigen Beiwort zusammenzufassen.

So ist der Charakter des Buches auch in der neuen Umgebung und bei dem vielfach erneuerten Inhalt der nämliche geblieben. *Je n'enseigne point, je raconte*, möchte ich mit Montaigne wiederholen.

Das Register ist von Herrn cand. phil. S. Lemm beigesteuert worden, dem ich auch für Durchsicht der Korrekturbogen verpflichtet bin.

H. Morf.

INHALTSVERZEICHNIS

Einleitung.

Umwölkt und dunstig war Frankreichs Horizont, als die Sonne des sechzehnten Jahrhunderts über dem Lande emporstieg. Wetterleuchten verkündete ein über den Bergen des Ostens und Südostens aufsteigendes Gewitter, nach welchem die einen voller Bangen ausschauten, während die anderen freudig sein Nahen beobachteten, da sie hofften, es werde eine reinere Luft und einen helleren Tag zurücklassen. Der ausbrechende Sturm erfüllte freilich weder alle Furcht der einen noch alle Hoffnung der anderen: er scheuchte Dünste und Wolken, aber er führte auch neue herauf; er brachte helles Licht, aber auch dunkle Schatten; Segen — aber auch Verheerung. Doch überwog Licht und Segen, und so war die Wirkung des Sturmes eine befreiende: eine Wiedergeburt des abendländischen Menschen, die Renaissance.

Die Renaissance bedeutet eine Auflehnung gegen die Lebensanschauung des Mittelalters.

Das Ziel der mittelalterlichen Kultur war, eine *Civitas Dei*, einen Gottesstaat, auf Erden zu errichten, der von der Kirche überragt wird, wie der gotische Dom prunkvoll das Spielzeug bürgerlicher Häuser überragt, das sich in der mittelalterlichen Stadt zu seinen Füßen drängt. Nach mittelalterlicher Weltanschauung ist die irdische Welt mit ihren Interessen das Sündhafte, zu Bekämpfende, zu Verneinende. Die Blüte des irdischen Daseins ist die Askese, die Weltverneinung; und diese verneinte sündhafte Erde ist von der Kirche, der Vermittlerin zwischen Gott und der Welt, in Verwaltung genommen. Askese und Hierarchie sind die beiden Grundpfeiler der mittelalterlichen Weltanschauung.

Alle irdischen Einrichtungen und Interessen: Staat, Vaterland, materieller Besitz, Ehe, Familie, Wissenschaft, Kunst werden von dieser asketisch-hierarchischen Lehre nur als vorübergehende Konzessionen an die sündige Sinnlichkeit des Menschen betrachtet. Wirklichen Wert für den Menschen hat nur der jenseitige Zweck, für welchen alles Irdische nur eine kirchlich geleitete Vorübung sein soll: der ganze Inhalt des menschlichen Daseins wird auf eine jenseits der Erdenwelt liegende, transzendentale Aufgabe, auf den Heilsgedanken, bezogen.

Besitzlosigkeit z. B. ist der Idealzustand des Christen; der Arme ist ein Bild Christi. Im Armen glaubt das Mittelalter Christum zu speisen. Die Hand des Armen ist Gottes Opferkasten, sagt Gregor der Große. Die Unterstützung des Bedürftigen hat durchaus nicht den Zweck, diesen Armen wirtschaftlich zu heben, den Pauperismus zu bekämpfen, wie wir dies heute wollen, sondern ihr liegt der Gedanke zugrunde, daß der Gebende eine sein Seelenheil fördernde Handlung begeht. Der Arme ist nach dieser Auffassung da, um dem Gott weniger wohlgefälligen Besitzenden Gelegenheit zu geben, sein ewiges Heil zu fördern. Wie alles, so hat in dieser Welt der Jenseitsbeziehungen auch das Almosen keinen irdischen, sondern einen transzendentalen Zweck; es ist weltabgewandt, hat asketischen Charakter.

So findet vor dem mittelalterlichen Kulturprinzip die Beschäftigung mit weltlicher Wissenschaft nur dann Gnade, wenn auch sie überirdische Ziele hat, wenn auch sie zur Jenseitslehre wird. Die Beschäftigung mit der Literatur des Altertums wird nur als Vorschule christlicher Dialektik geduldet. Philosophie, Naturwissenschaft, Geschichtsforschung, alle sind sie Mägde des Heilsgedankens. Ihr Grundsatz ist: *credo ut cognoscam*: ich glaube, auf daß ich erkenne. Der Glaube ist das Organ der wissenschaftlichen Erkenntnis des Mittelalters.

Zweck der mittelalterlichen Naturwissenschaft ist z. B. nicht, die Gesetze der Natur zu erforschen. Man geht nicht von der Beobachtung aus; man verfährt nicht induktiv, sondern deduktiv, indem man die Vorstellung zugrunde legt, daß die ganze irdische Natur eine große Allegorie des Gottesreiches, des Heilsgedankens sei. Die Natur ist nach dieser Anschauung eine Versinnbildlichung der Sätze der Glaubenslehre, ein großes Bilderbuch zu den Dogmen, eine Zeichensprache des Übersinnlichen. Man studiert die Natur nicht, sondern man deutet sie auf transzendentale Zwecke, auf die Absicht des Schöpfers hin: Natursymbolik ist Naturwissenschaft. Die Allegorie ist ihr Forschungsprinzip: Feld, Wald und Firmament reden zum mittelalterlichen Menschen in Gleichnissen über die Geheimnisse der jenseitigen Welt. So mißt auch die Geschichtsforschung alle historischen Ereignisse an ihrer kirchlichen Bedeutung. Sie trägt naiv den Maßstab der christlichen Heilslehre in die Auffassung der fremdartigsten Kulturerscheinungen hinein. Sie übersieht förmlich die Kluft, welche die mittelalterliche Gegenwart von der Kultur des Altertums trennt. Der mittelalterliche Historiker hat kein rein menschliches, wirklich wissenschaftliches, sondern nur ein gottesstaatliches Interesse: er sucht in der Geschichte einfach nach Beispielen zu den Heilswahrheiten des Christentums. Seine starre hierarchisch-asketische Lebensanschauung macht ihn gleichsam farbenblind angesichts der bunten Welt der Vergangenheit, die ihm einförmig im düstern Grau monotoner Erlösungsbedürftigkeit erscheint.

Weil das Mittelalter unter einer solchen Lebensauffassung steht, die alles in einem festen, unveränderlichen Verhältnis zu ewigen, transzendentalen Zwecken erscheinen läßt, zieht es dem individuellen Denken und Empfinden des Menschen engere Grenzen als die moderne Zeit. Jene Menschen erscheinen uns in hohem Maße geistig gleichförmig; sie ermangeln unter der Vormundschaft des Gottesstaates der freien, ausgeprägten Individualität. Diese Weltanschauung amalgamiert alles, zieht alles in den Bereich ihres gewalttätigen, überirdischen Symbolismus. Im Besitz der geoffenbarten Wahrheit zwängt sie allen Problemen des Lebens und der Forschung ihre aprioristische Lösung auf und steckt das Individuum in eine geistige Uniform.

So sind die Wissenschaften des Mittelalters von unserem Standpunkte aus Afterwissenschaften. Aus ihnen wird eine neue Wissenschaft erst dann entstehen, wenn der menschliche Geist die Fesseln der hierarchisch-asketischen Weltanschauung von sich geworfen haben wird, wenn die Forschung verweltlicht, säkularisiert sein wird. Dann wird aus dem mit den verwesenden Wissenschaftssystemen des Mittelalters gedüngten Boden ein neues Wissen, nicht ein transzendentales, aufs Jenseits bezogenes, sondern ein wahrhaft menschliches, erdenwärts blickendes, ein humanes Wissen entstehen: der Humanismus.

Und fassen wir mit den Wissenschaften alle Gebiete des Lebens ins Auge, die in gleicher Weise von dem asketisch-hierarchischen Gedanken durchsetzt sind, so werden wir überhaupt sagen: ein neuer Tag wird für die abendländische Menschheit dann anbrechen, wenn sie gegen diese Vergewaltigung der irdischen Interessen sich ernstlich aufzulehnen beginnen, wenn sie die Rechte des Erdenlebens und der Individualität ernst gegenüber den alles Irdische dominierenden Beziehungen auf das Jenseits geltend machen wird.

Dieser neue Menschheitstag bricht mit der sogenannten Renaissance an. Er emanzipiert die bisher gebundenen Kräfte des Menschen; er emanzipiert die wissenschaftliche Forschung, die Poesie, die Kunst, die Lebensarbeit, den Lebensgenuß. Er bringt eine Verweltlichung des Lebens gegenüber der Verkirchlichung desselben. So muß Renaissance, Humanismus im weitesten Sinne definiert werden als: Verweltlichung der ganzen Lebensanschauung — und zwar: unter der Führung des Altertums.

Die Kenntnis, welche das Mittelalter vom (römischen) Altertum hat, ist ihrem Umfange nach recht erheblich. Die ganze Bildung des mittelalterlichen Menschen ist latinisiert, seine ganze Weltanschauung in der Sprache des antiken heidnischen Feindes formuliert. Aber es hatte das Mittelalter dieses heidnische Altertum gleichsam desinfiziert, indem es in naivster Weise seine eigenen Lebensverhältnisse auf dasselbe übertrug. Der Franzose übersetzte z. B. ahnungslos *miles* mit *chevalier*, *pontifex maximus* mit *évêque* und machte so Julius Cäsar zum Bischof. Man hielt sich tatsächlich kaum gegenwärtig, daß die Römer Heiden gewesen sind. Auch die Auffassung des Altertums hatte sich verkirchlicht.

Aber in der Tiefe dieser siegreichen Travestie schlummerte eben immer noch der Keim des antiken Heidentums, der Weltlichkeit. Hier schlummert er, ein Dornröschen, bereit aufzuwachen, wenn seine Zeit und sein Prinz gekommen sein würde. Es glimmt der Funke weltfreudiger Opposition unter dem Schutte christlicher Travestie, mit dem das Altertum bedeckt war. Zum Altertum wandte sich, als zu einer Zufluchtstätte, der zu kirchlichem Frondienst verurteilte menschliche Gedanke, und was immer zu jener Zeit an aufklärerischer Ketzerei sich regt und gegen das asketisch-hierarchische Prinzip sich auflehnt, das nimmt antike Färbung an, geht unter die Flagge des Altertums.

Die Verweltlichung der Lebensanschauung, die auf der natürlichen Bahn der Entwickelung des menschlichen Geistes liegt, sog immer neue Nahrung aus der Antike. Die natürliche Neigung zu freierer, humanerer Lebensauffassung führte zu der Ahnung und dann zu der beglückenden und begeisternden Erkenntnis dieser Freiheit in der antiken Kultur und namentlich im neu entdeckten Griechentum. Und so trat jene geistige Revolution der Renaissance, jene Verweltlichung der Lebensanschauung unter der Führung des Altertums in Aktion.

Der überlieferten Vergeistigung des Menschen gegenüber legt die Renaissance Nachdruck auf seine Naturbedingtheit. Rabelais erklärt in einer grotesken Allegorie seines *Pantagruel* (IV, 57) den König Magen, das leibliche Bedürfnis, als den großen Lehrmeister der Welt, als den, der alle Künste, alle Maschinen, Gewerbe und sinnreichen Einrichtungen erfand. Rabelais lehrt, daß der Ausgang aller Zivilisation in den animalen Bedürfnissen des Menschen liegt, daß die geistigen Funktionen aufs innigste mit den leiblichen zusammenhängen: πάσας τέχνας γὰρ ἐγένησαν αἱ χρεῖαι, wie Epikur lehrte. Montaigne weist mit Vorliebe auf *l'étroite couture de l'esprit et du corps* (*Essais* I, 20) hin. Die Renaissanceliteratur enthält die klare und entschlossene Anerkennung der Bedeutung des körperlichen Lebens des Menschen, mit der darauf begründeten, gegen die mittelalterliche, körperverachtende Askese gerichteten Forderung, den Leib nicht zu quälen, sondern zu pflegen, namentlich in der Jugendbildung. Der Geist eines fastenden, sich kasteienden Menschen müsse naturgemäß fade (*de mauvaise salive, Pant.* III, 13) sein, wie sein Leib, denn: *mens sana in corpore sano.*

Der Lehre von der Erbsünde gegenüber betont die Renaissance, daß die Menschen von Natur vielmehr vernünftig und gut seien, wenigstens — denn die Renaissance ist aristokratisch — die Gebildeten, in guter Gesellschaft aufgewachsenen Menschen. Diese haben nach Rabelais (I, 57) *par nature un instinct et aiguillon qui toujours les pousse à faits vertueux et retire de vice; lequel ils nommaient honneur.*

In diesem natürlichen Ehrgefühl, in dieser Stimme der eigenen unverdorbenen, unvergewaltigten Natur, und nicht in beengenden, zwangreichen Vorschriften und Regeln finde also der Mensch die wahre Norm seiner Lebensführung. *Nous ne saurions faillir à suivre Nature*, lehrt Montaigne (III, 12), wie das stoische ζῆν ὁμολογουμένως τῇ φύσει, und beruft sich dabei auf die *semence de la raison universelle, empreinte en tout homme non dénaturé.*

In einer denkwürdigen Allegorie von Physis und Antiphysie hat Rabelais (IV, 32) diesen Grundsatz naturgemäßer Lebensführung illustriert:

Physis, das ist die Natur, brachte einst als Kinder die Schönheit und Harmonie zur Welt; Antiphysie aber, *laquelle de tout temps est partie adverse de Nature*, gebar eine Reihe von häßlichen Monstren, welche *cheminaient sus leurs têtes*, *les pieds contremont*, denn, so behauptet Mutter Antiphysie: die Füße in den Lüften und den Kopf zuunterst haben, das heiße den Schöpfer der Welt nachahmen, der durch den Bau des Baumes symbolisch seinen Willen dahin kund getan habe, daß die Kopfhaare die Wurzeln und die Beine die Äste des Menschen seien, daß also der Mensch auf dem Kopf herumzulaufen habe, wie das ihre, der Antiphysie, Kinder tun.

Hier verspottet Rabelais die Unnatur der mittelalterlichen Lebenslehren und die Symbolik jener Naturbetrachtung. Denn wer sind die Kinder der Antiphysie, die der Natur zum Trotze und der Symbolik zu Liebe auf den Köpfen herumlaufen? Es sind die Vertreter des Geisteszwanges und der naturwidrigen Kasteiung, über die er nach seiner Gewohnheit ein ganzes Schock grotesker Namen ausschüttet, die mit Schleicher, Gleißner, Päpstler, Kuttner usw. nur unzureichend übersetzt werden.

Mit solchen Lehren postuliert die Renaissance auch das Recht irdischen Lebensgenusses anstelle mittelalterlicher Weltflucht. Der Mensch darf seiner Meinung nach sich dieses Lebens mit den Mitteln geistigen und leiblichen Genusses freuen, die ihm vom Schöpfer verliehen worden sind: *Savoir jouir loyalement de son être*, ist nach Montaigne (III, 13) die Krone des Lebens.

Erfrische Deinen Leib im physischen Genuß: *les plaisirs naturels et par conséquent nécessaires et justes* zu genießen, ist nicht verwerfliche Weichlichkeit, sondern das heißt geradezu die Seele stählen. *C'est raidir l'âme*, schreibt am nämlichen Ort derselbe Montaigne.

Und mit diesen naturalistischen Lebenslehren sind auch die Forderungen des Individualismus gegeben. Rabelais berichtet (I, 57), daß König Gargantua dem tapferen, lebensfreudigen Mönch Jean des Entamures ein Kloster nach seinem Sinne baute: einen lichtvollen, zu behaglichem Dasein einladenden Renaissancepalast, welcher gebildeten Männern und Frauen offen steht, die freier Wille hier vereinigt. Dieses Renaissancekloster hat keine andere Ordensregel als die: *Fais ce que voudras*. Im mittelalterlichen Kloster herrscht der Zwang strenger asketischer Ordensregeln; in Rabelais' Renaissancekloster, der Abtei Thelema, herrscht völlige Freiheit. Der Gegensatz ist schlagend.

Dieses *Fais ce que voudras* setzt die persönlichen Neigungen des unverdorbenen Menschen in uneingeschränktes Recht und erhebt das bisher unterdrückte, seiner Originalität beraubte Individuum zum Herrscher. Dieses *Fais ce que voudras* verneint den mittelalterlichen Grundsatz der Autorität und emanzipiert das Ich. Es proklamiert insbesondere auch das Recht des freien Ausdrucks persönlichen Denkens und Empfindens. Erquicke Dich am Studium der Wissenschaft, die das ganze Leben, die ganze Welt umfaßt — ruft Rabelais (II, 8) in jenem berühmten Briefe Gargantuas an seinen studierenden Sohn, der ein enthusiastisches Arbeitsprogramm der unbegrenzten freien Forschung enthält, deren Reihe jetzt 'nach den dunkeln und unglücklichen Zeiten der gotischen Barbarei' gekommen sei. Sei tätig, nimm teil an des Lebens Arbeit. Der Forschung und Erfindungsgabe des Menschen sind schon mächtige Siege über die Natur gelungen, und noch mächtigere werden ihnen gelingen. Dieser Ausblick auf die Triumphe des Menschengeistes führt ihn zu jubelnden Prometheus-Phantasien.

Damit ist die Idee des Fortschritts der Menschheit (*l'idée du progrès*) gegeben.

Das XVI. Jahrhundert mit seinen naturalistischen und individualistischen Ansprüchen ist eine Epoche der Aufklärung wie das XVIII. Jahrhundert. Es erhebt diese Ansprüche unter der Führung der Philologen im Namen des Altertums. Das XVIII. Jahrhundert wird sie unter der Führung von Naturforschern wiederholen.

Mit diesen Forderungen einer Neugestaltung des Lebens entwickelte sich seit dem XIV. Jahrhundert auch der Sinn für eine natürlichere und persönlichere Kunst. Nordfrankreich und Flandern scheinen hierin sogar Italien vorauszugehen. Aus der immer mächtiger werdenden städtischen Kultur ersteht ein neues Kunstgefühl, das sich dann am Beispiel Italiens nährt und kräftigt.

So tritt an Stelle des blinden Gehorsams gegenüber erstarrten Formgesetzen die Verkündigung freier künstlerischer Arbeit im Lichte der Antike und Italiens. Aber diese Freiheitslehren bargen Fesseln. Die Antike wurde aus einer Befreierin zu einer Autorität und die befreite künstlerische Arbeit ward zur Nachahmung.

Auch trägt die französische Renaissance nicht im gleichen Maße wie die italienische einen künstlerischen, äthetischen Charakter, und von einer Wechselwirkung zwischen bildenden Künsten und Literatur kann bei ihr kaum die Rede sein. Italien kultivierte die Form, während Frankreich sich mehr in die Realien versenkte und eine Erneuerung seines wissenschaftlichen Denkens erfuhr. Es strebte in erster Linie nach jener *circularis disciplina — quam encyclopædiam Græci vocant — quæ omnes alias complectitur atque intra suum orbem coercet*, wie Budé (*De studio literarum*, 1557, S. 48 und 230) sagt.

In Italien bestimmt das Altertum Lebensform und Lebensgenuß und schafft ein neues Heidentum. In der französischen Renaissance tritt das heidnische Altertum viel weniger hervor, weil inmitten der Kämpfe der christlichen Konfessionen auch der Humanist ein Bekenntnis haben mußte.

Die Bibliographie, die den einzelnen Abschnitten folgt, hat nicht den Zweck, den ganzen Apparat aufzuführen, der meinen Untersuchungen zugrunde liegt und so gleichsam eine Geschichte dieser Untersuchungen zu geben. Sie soll eine knappe Orientierung über den heutigen Stand der Forschung bieten und verweist deshalb grundsätzlich auf die neuesten mir bekannt gewordenen Arbeiten. Manches ältere tüchtige Werk fehlt hier, weil seine Resultate als gesichertes Gut in die Bücher der neueren Forscher übergegangen sind, die ihrerseits darauf zurückführen. Oft ersetzt auch der Hinweis auf einen kurzen, leicht zugänglichen Zeitschriftenartikel eine längere Aufführung bibliographischen Materials.

Die Verweise auf die älteren bio-bibliographischen Werke wie

Bayle, *Dictionnaire historique et critique*, 1702,

Niceron, *Mémoires pour servir à l'histoire des hommes illustres dans la république des lettres*, Paris 1729ff.,

Goujet, *Bibliothèque française*, Paris 1741ff.,

La Croix du Maine et Du Verdier, *Bibliothèques françaises*, Paris 1772f.,

habe ich — mit ganz wenigen Ausnahmen — nicht mehr mitgeführt. Auch auf Brunet, *Manuel du libraire*[5], 8 vol., Paris 1860—80 habe ich nur selten verwiesen. Orientierendes zu diesen bibliographischen Quellen findet man bei A. Tilley, *The literature of the French Renaisance*, Cambridge, 1904, II, 332. Das Buch enthält überhaupt wertvolle bibliographische Angaben. Ich verweise hier nachdrücklich und im Folgenden gelegentlich auf sie.

G. Lanson's große Bibliographie, deren erster Band dem XVI. Jahrhundert gilt, *Manuel bibliographique de la litt. française moderne*, Paris 1909—12, könnte es rechtfertigen, daß ich diese 'Bibliographischen Angaben' auf bloße Ergänzungen zum Lansonschen Bande beschränkte. Doch ziehe ich es vor, dieser Bibliographie ihren selbständigen Charakter zu belassen, was nützliche Verweise auf die Nummern Lansons nicht ausschließt.

Neben den neuesten Ausgaben der einzelnen Literaturdenkmäler, die ich sorgfältig angebe, sind auch die Originalausgaben berücksichtigt, und ich habe dabei vorzüglich zwei Werke zitiert; den literaturgeschichtlich so außerordentlich reichhaltigen Katalog der J. de Rothschildschen Bibliothek von Emile Picot und Jules Le Petit's Bibliographie der Originalausgaben, deren Illustrationen eine lebendige Anschauung der ehrwürdigen Bände in bequemer Zusammenstellung bieten.

Der *Catalogue général des livres imprimés de la Bibliothèque Nationale*

(Auteurs), der seit 1897 erscheint, ist bis Ende 1913 auf 56 Bände (bis 'Gambuzzi') angewachsen.

Unter den neueren Gesamtdarstellungen der französischen Literaturgeschichte sind die bedeutendsten:

Gustave Lanson, *Histoire de la litt. française*, Paris 1895; seither in zahlreichen Auflagen.

Die *Histoire de la langue et de la litt. fr. des origines à 1900, publiée sous la direction de* L. Petit de Julleville, 8 Bände, Paris 1896—99.

Ferdinand Brunetière, *Manuel de l'hist. de la litt. française*, Paris 1898.

Desselben Brunetière, *Histoire de la littérature française classique*, 3 Bände, 1904—12.

Ich habe sie alle zu Rate gezogen und benutzt. In der Hauptsache aber ist meine Darstellung älter als die Daten dieser Bücher.

Die einzelnen Arbeiten, welche die folgenden Seiten verzeichnen, sind natürlich von ungleichem Wert. Völlig Wertloses glaube ich nicht aufgenommen zu haben.

Es folgen hier zunächst die abgekürzten Bezeichnungen für die Werke, die häufiger zitiert werden:

Anc. p. fr.: A. de Montaiglon et J. de Rothschild, *Anciennes poésies françaises, recueil de poésies fr. des XVe et XVIe siècles*, 13 voll., Paris 1855—88.

Anc. th. fr.: M. Viollet Le Duc, *Ancien théâtre français ou collection des ouvrages dramatiques les plus remarquables depuis les mystères jusqu'à Corneille*, 10 voll., Paris 1854—56.

Archiv: *Archiv für das Studium der neueren Sprachen und Literaturen*, jetzt herausgeg. v. A. Brandl und H. Morf, Braunschweig 1846ff.

BR. = *Bibliothèque littéraire de la renaissance*, Paris 1898ff. bis 1912, 11 Bände.

B. it. = *Annales de la Faculté des lettres de Bordeaux et des universités du Midi: Bulletin italien*, seit 1901.

Brunot: F. Brunot, *Histoire de la langue française des origines à 1900.* Tome II, *Le seizième siècle*, Paris 1906.

Bull. prot.: *Bulletin de la Société de l'histoire du protestantisme français*, Paris 1853ff.

Class. pop.: *Collection des classiques populaires* publiée sous la direction de M. Em. Faguet, Paris, Lecène et Oudin 1886ff. (der Band zu 1 fr. 50).

Crépet: E. Crépet, *Les poètes français, recueil des chefs-d'œuvre de la poésie française depuis les origines jusqu'à nos jours*, 4 voll., Paris 1861.

Frz. Zs.: *Zeitschrift für französische Sprache und Literatur*, herausgegeben von D. Behrens, Berlin 1879ff.

Giorn. stor.: *Giornale storico della letteratura italiana*, diretto e redatto da F. Novati e R. Renier, Torino 1883ff.

Gr. Ecr.: *Les Grands Ecrivains français, études sur la vie, les œuvres et l'influence des principaux auteurs de notre littérature*; Paris, Hachette, 1891ff. (bis 1913 56 Bände à 2 frs.).

Grundriß: *Grundriß der romanischen Philologie*, herausgegeben von G. Gröber, Straßburg 1888ff.

Hist. l. l. fr.: *Histoire de la langue et de la littérature française des origines à 1900, p. sous la direction* de L. Petit de Julleville, 8 voll., Paris 1896—99.

Jahresbericht: *Kritischer Jahresbericht über die Fortschritte der romanischen Philologie*, herausgegeben von K. Vollmöller, Leipzig 1892ff.

Lanson, nr....: *Manuel bibliographique de la litt. française moderne*, I, *Seizième Siècle*, Paris 1909.

Le Petit: J. Le Petit, *Bibliographie des principales éditions originales d'écrivains français du XVe au XVIIIe siècle*, Paris 1888.

Litteraturblatt: Litteraturblatt für germanische und romanische Philologie, herausgegeben von O. Behaghel u. F. Neumann, Leipzig 1880ff.

Picot: E. Picot, *Catalogue des livres composant la bibliothèque de feu M. le baron J. de Rothschild*, 4 voll., Paris 1887—1912.

Picot, *Fr. ital.*: E. Picot, *Les Français italianisants au XVIe siècle*, 2 vol. Paris 1906/7.

R. bl.: Revue politique et littéraire (Revue bleue), Paris 1870ff.

R. crit.: Revue critique d'histoire et de littérature, Paris 1866ff.

Rhl.: Revue d'histoire littéraire de la France, Paris 1894ff.

Romania: Romania, recueil trimestriel consacré à l'étude des langues et litt. romanes p. p. M. Roques, Paris 1872ff.

RRab.: Revue des études rabelaisiennes, Paris 1903—12, 10 Bände. Seit 1913 erscheint eine neue Serie unter dem Titel: *Revue du seizième siècle.*

RRen: Revue de la Renaissance, Organe international des amis du XVIe siècle, et de la Pléiade; directeur: L. Séché, Paris 1901ff.

Tilley: *The literature of the French Renaissance*, 2 vol., Cambridge 1904.

STM. = *Société des textes français modernes*, seit 1905 gegen 30 Bände.

Auf Behandlung des ganzen Jahrhunderts der Renaissance sind angelegt:

H. Hauser, *Les sources de l'histoire de France. Le XVIe siècle* (1494—1610), Paris, seit 1906 drei Bände. — Sainte-Beuve, *Tableau historique et critique de la poésie française au XVIe siècle*, Paris 1828—42. Darmesteter et Hatzfeld, *Le seizième siècle en France*, Paris 1878; 6. Aufl. 1895. A. Birch-Hirschfeld, *Geschichte der französischen Literatur*, I. Stuttgart 1889: *Das Zeitalter Ludwigs XII. und Franz' I.* A. Tilley, *The literature of the French Renaissance*, 2 vol., Cambridge 1904. H. Guy, *Histoire de la poésie française au XVIe siècle*, Tome I, *L'école des rhétoriqueurs*, Paris 1910. — E. Faguet, *Seizième siècle, Etudes littéraires* (Cl. Marot; Rabelais; Calvin; Ronsard; Du Bellay; D'Aubigné; Montaigne), Paris 1894. A. Vinet, *Moralistes des seizième et dix-septième siècles* (Rabelais; Montaigne; Charron; La Boétie; Bodin; L'Hôpital), Paris 1859. C. Lenient, *La satire en France au XVIe siècle*, Paris 1866; 3. Aufl. 1886. R. Riniker, *Die Preziosität der französischen Renaissancepoesie.* Zürcher Dissertation, 1898. I. E. Spingarn, *A history of literary criticism in the Renaissance*, New York 1899; italien. Übersetzung v. Fusco mit Vorwort von B. Croce, Bari 1905, cf. *Archiv* CXV, 266. J. Voigt, *Das Naturgefühl in der Lit. d. franz. Renaissance*, Berlin 1898. — E. Picot plant ein Werk über die Geschichte der italienischen Literatur in Frankreich im XVI. Jahrhundert in sieben Teilen, von denen zwei erschienen sind: eine *Introduction générale* im *B. it.* 1901—4 und *Les Français italianisants* 2 vol., Paris 1906/7.

Zu den Ausführungen der 'Einleitung' vergl. H. v. Eicken, Geschichte und System der mittelalterlichen Weltanschauung, Stuttgart 1887. — L. Courajod, *Les origines de la renaissance en France aux XIVe et XVe siècles*, Paris 1888.

Erstes Kapitel.

AM AUSGANG DES MITTELALTERS.

(Die Zeit Ludwigs XII., 1498—1515.)

Noch wesentlich mittelalterlich war die Literatur, welche das 1.
XV. Jahrhundert dem XVI. hinterließ: die mächtig aufgeblühte bürgerliche Dramatik; die in Prosaversionen vegetierende feudale Epik; die in der Vision und lehrhaften Allegorie des Rosenromans befangene, in Reimspielereien und Kalauern sich bewegende didaktische Lyrik der Rhétoriqueurs, welche die Gedichte Charles d'Orléans plagierten, indem sie dieselben mit ihren Reimkünsteleien verbrämten. Aber in dieser zum Teil kräftigen, zum Teil mit der Erschöpfung ringenden mittelalterlichen Literatur lagen mancherlei Keime der Opposition.

Aus der satirischen Dichtung sprach ein Zug der Skepsis, eine wenig wohlwollende Kritik der Zeitläufte, eine maliziöse Beobachtung des Lebens und Treibens der friedenslosen christlichen Gesellschaft, welche die pessimistische Stimmung, aus der sie hervorgegangen waren, im Volke nährten. Es blühte die Poesie der scharfblickenden 'Narrheit' im Stile des Narrenschiffs

de monsieur Brand,
Un Allemand en tout savoir très grand,

das seit 1497 in französischer Übersetzung zahlreiche Auflagen erlebte.

In den Dichtungen Villon's und Octovien's de Saint-Gelais in den Versen des *Prisonnier desconforté*, in der Prosa Philippe Commines' vernehmen wir den kecken Ausdruck persönlicher Empfindung.

Der Kultus der 'Muse latiale' führt in die Dichtung der Rhétoriqueurs immer mehr Darstellungsmittel des römischen Schrifttums über. Sie suchen ihren französischen Stil durch den Bombast lateinisch aufgeputzter Wörter und Sätze zu schmücken und wecken dadurch bereits Widerspruch: schon der Verfasser jener Poetik, welche dem Jardin de plaisance (gegen 1501) vorangestellt ist, tadelt ihre *termes trop fort latinans ou sur le latin écumés.* Sie eignen sich den ganzen Apparat der klassischen Mythologie an: die Götter des Olymp ziehen zu mehrhundertjähriger Herrschaft in die französische Literatur ein. Römische Dichtungsformen, wie die allegorische Bukolik Vergils und die poetische Epistel Ovids, werden nachgebildet. Vereinzelt bleibt der Versuch Michels de Boteauville, quantitierende französische Verse zu bauen (1497).

Hervorragend ist die Arbeit auf dem Gebiete der Volkspoesie. Diese Zeit der künstlichsten Kunstdichtung schafft neue Formen des Volksliedes, Grundlage und Muster für die folgenden Jahrhunderte.

Aus Italien waren bislang nur spärliche Anregungen nach Frankreich gedrungen. Die vielversprechenden literarischen Beziehungen zu Italien, die zu Ende des XIV. Jahrhunderts Jean de Montreuil (1485—88) verkörperte, hatte der hundertjährige Krieg unterbrochen. Zwar kamen gelegentlich Pioniere, wie Pico della Mirandola, wissensdurstig oder schutzbedürftig herüber. Zu den Übersetzungen Petrarcas und Boccaccios gesellte sich die Dantes und — der Fazetien Poggios, welche der fromme Tardif (um 1490) *le plus pudiquement que j'ai pu* überträgt. Aeneas Sylvius' sinnliche aber kunst- und lebensvolle *Historia de duobus amantibus Euryalo et Lucretia* kleidet Oktovien in französische Verse (1497). Aber erst die Feldzüge, die mit Karl VIII. (1494) begannen, erschlossen Frankreich das Italien der Renaissance. Nun ergoß sich ein Strom neuer Ideen über das noch 'gotische' Land. Sie stärkten und klärten zugleich die Neigung zur Nachahmung der antiken Literatur, die schon in Frankreich bestand. Sie wiesen dem Streben nach Besserung der unbefriedigenden Lebenszustände den Weg und ermutigten zum Ausdruck persönlichen Meinens und Empfindens.

Die kirchlichen Wirren und Übelstände, die einem förmlichen Verfalle des immer noch anspruchsvollen mittelalterlichen Gottesstaates gleich kamen und die das Basler Konzil nicht zu heben vermocht hatte, waren recht eigentlich der Boden, dessen diese neuen Ideen zur üppigen Entfaltung bedurften.

Und eben war auch die Erfindung der Buchdruckerkunst zur rechten Zeit gekommen — 1469 war sie von Professoren der Sorbonne nach Paris gebracht worden — um den neuen Bedürfnissen des menschlichen Gedankens ein neues Vehikel zu schaffen. Das gedruckte Buch erst hat der Renaissance ihre volle Macht gegeben, und zu spät erkannten die Vertreter der mittelalterlichen Weltanschauung die Gefährlichkeit der Erfindung.

G. **Paris**, *La poésie française du moyen âge*, II, Paris 1895 (p. 213—261, *La poésie au XVe siècle*). — E. **Müntz**, *La renaissance en Italie et en France à l'époque de Charles VIII*, Paris 1885 (Livre III: *La renaissance en France*, p. 437—552). — H. **Guy**, *Histoire de la poésie française au XVIe siècle*, Tome I, *L'école des rhétoriqueurs*, Paris 1910. — Das Plagiat an Charles d'Orléans, cf. A. **Piaget** in *Romania* 1892, p. 581 ff. und P. **Champion** in den *Mélanges offerts à E. Picot*, Paris 1913, I, 409. — Die Übersetzungen des Narrenschiffs, cf. **Süpfle**, Geschichte des deutschen Kultureinflusses auf Frankreich, 1886, p. 31 ff. und *Romania* 1893, p. 245. — P. **Champion**, *Le prisonnier desconforté du château de Loches*, Paris 1908. — *Le jardin de plaisance et fleur de rhétorique*, Facsimile-Ausgabe der *Société des anciens textes*, 1910, fol. a III vo. — **Boteauville**, *Art de métrifier français*, cf. **Stengel**, *Grundriss* IIa, p. 6. — Die Volkslieder, cf. G. **Paris**, *Chansons du quinzième siècle*, Paris 1875 und *Bibliotheca Romanica* no 190—92: *Chansons populaires des XVe et XVIe siècles* p. p. Th. **Gerold** (1913). — Die franz. Frührenaissance bei **Voigt-Lenherdt**, *Die Wiederbelebung des klass. Altertums*, Berlin 1893, II, 330—356. — Zu **Tardif** cf. **Picot** II, nr. 1773; **Geiger**, *Zs. f. vergl. Litteraturgeschichte* N. F. III, 479. — L. **Dorez** und L. **Thuasne**, *P. de la Mirandole en France*, Paris 1897. — Zu den ersten Boccaccio-Übersetzungen cf. *B. it.* VII, 1907, 281 ff. — Zur ersten Dante-Übertragung *(Inferno)* cf. A. **Farinelli**, *Dante e la Francia*, Milano 1908, I, 236. — A. **Claudin**, *Histoire de l'imprimerie en France au XVe et au XVIe siècle*, Paris 1900—4.

Auf Karl VIII. folgte Louis XII. (1498 bis 1515), durch dessen 2.
Heirat mit Anne de Bretagne Frankreichs Krone auch die Bretagne erhalten blieb. Man darf sich das damalige Frankreich weder politisch noch literarisch so einheitlich und zentralisiert vorstellen, wie es dann im XVII. Jahrhundert sich zeigt. Ernstlich rivalisierten mit Paris an literarischer Bedeutung Provinzstädte wie Rouen, Poitiers oder kleinere Residenzen, wie Nérac, die Stadt des Königs von Navarra. Und das reiche Lyon stellte lange Zeit die Hauptstadt Paris geradezu in Schatten. Es ist auch der Sitz des populären Buchverlags gegenüber dem gelehrten Verlag der Universitätsstadt.

Obwohl unter Ludwig XII., der auf den Spuren seines Vorgängers zweimal zu wechselvollem Kriege nach Italien zog, Frankreichs Blicke sich noch nachdrücklicher auf das Renaissanceland jenseits der Berge richteten, so blieb seine Literatur doch wesentlich die alte. Sie spiegelt sich in einer Poetik, einer Art Gesetzbuch des Puy zu Rouen, welches, 1521 gedruckt aber seit einiger Zeit bereits vollendet, die literarischen Theorien der Epoche Ludwigs XII. zusammenfaßt, in *Le grand et vrai art de pleine rhétorique* von P. **Fabri**.

Die Brüderschaft *(confrérie)* der unbefleckten Empfängnis zu Rouen hatte 1486 nach dem Vorgang anderer Städte wie Dieppe eine Art Akademie *(Puy de l'immaculée conception)* gebildet, welche Preise für Dichtungen zu Ehren der Mutter Gottes aussetzte und allmählich zu einem Zentrum des rhetorischen Meistersanges wurde. Es war üblich, daß der Puy den Bewerbern das nähere Thema ihrer Gedichte in Form eines Zehnsilblers stellte, der dann als Refrain *(palinod)* des Gedichts seine Verwendung fand. Daher die Akademie auch *Puy du palinod* oder einfach *les Palinods* hieß.

In Fabri's Poetik der Palinods ist Schriftstellerei in Prosa und in Versen noch unter dem gemeinsamen Namen der 'Rhetorik' zusammengefaßt und in den größeren Werken dieser Dichter mischt sich oft genug Vers und Prosa. Die Schriftsteller heißen nach dem Beispiel der italienischen Humanisten *orateurs* oder *facteurs* (ποιητής). In ihren Schöpfungen ist kein belebender Einfluß des Altertums zu spüren. Sie begnügen sich damit, die lateinischen Autoren für die poetische Phraseologie auszubeuten, und auch Fabri protestiert gelegentlich angesichts des großen Unfugs, den sie dabei treiben, gegen die Lateinschinderei (*les termes écorchés et pris du latin*). Es fehlt bei Fabri noch jegliches Streben, den Geist und die Formen der antiken Dichtung — er kennt auch die *Ars poetica* des Horaz nicht — oder italienische Muster nachzuahmen. Er hält sich ausschließlich an nationale Vorbilder; die von ihm kodifizierte Dichtung ist hermetisch gegen jeden Luftzug von außen abgeschlossen. Er spricht auch weder vom Epos, das zu seiner Zeit verschwunden war, noch vom Drama. Er behandelt ausschließlich die lyrisch-didaktische Dichtung, deren Formen: Rondeau, Ballade, Chant royal, Lai, Virelai etc. damals alles beherrschten, in der alle Gattungen der Poesie aufgegangen waren und die, nach mittelalterlicher Tradition, auch noch für historiographische Arbeiten Verwendung fand. Die Anfertigung dieser Gedichte erforderte die sorgfältige Wahl ungewöhnlicher Ausdrücke, kunstvoll stilisierter, schwerer und langer Sätze und die Anwendung kompliziertester Reimvorschriften. Schwierige, mehrere Silben umfassende, Mitte und Ende des Verses verbindende Reime, deren schnörkelhafte Arabesken den Sinn der Rede verdunkelten, Wortspielereien, Alliterationen bildeten den Gipfel der Kunst, die Fabri vertritt und machten zusammen mit der die Darstellung beherrschenden Traumeinkleidungsallegorie aus der Dichtung dieser Zeit eine Poesie des mit Worten klingelnden Symbolismus. Der herrschende Vers ist der Zehnsilbler. Es ist charakteristisch für das ausgehende Mittelalter, daß der einst so mächtige Alexandriner mit dem Epos fast in Vergessenheit geraten ist: altmodisch nennt ihn Fabri. Erst die Renaissancedichter haben diesen Hexameter der Franzosen, dem noch ein so stolzes Geschick vorbehalten war, wieder zu Ehren gezogen. Für rhythmische Bewegtheit der Strophe haben die Rhétoriqueurs wenig Sinn gehabt. Zwar haben sie durch ihre Binnenreime die Eintönigkeit der Zehnsilblerreihen gemildert, und so ihre festen Strophen bescheiden variiert, aber ein Verlangen nach bewegten heterometrischen (ungleichversigen) Gebilden empfanden sie nicht. Solche Gebilde *(lais)* sind in den lyrischen Einlagen der gleichzeitigen Dramen zu finden, wo sie teilweise auf volkstümlichen Weisen beruhen. Auch sie wird erst die Renaissance zu Ehren ziehen. — Manche metrische Vorschrift der späteren Zeit ist Fabri noch unbekannt. Obschon er am Versende eine Sinnespause verlangt, verwehrt er damit nicht das Enjambement. Doch verlangt er z. B. die Elision des auslautenden *-e* auch in mehrsilbigen Wörtern. Er fordert zum erstenmal regelmäßigen Wechsel männlicher und weiblicher Reime, wenigstens im Chant royal, und wendet sich, als der erste Theoretiker, gegen den Gebrauch sogenannter lyrischer und epischer Zäsuren, die denn auch seit jener Zeit in Abgang kamen.

Zum Lyoner Verlag cf. *Rhl.* 1905, 523. — Zum Puy von Dieppe, gegründet vor 1450, cf. E. Picot, in den *Mélanges offerts à M. Wilmotte,* Paris 1910, 457. *Palinodz, Chants royaulx, Ballades, Rondeaulx etc. presentez au puy a Rouen. Imprimez a Paris* (ohne Datum, gegen 1520), moderner Wiederabdruck durch die *Société des bibliophiles normands,* 1897. Für dieselbe Gesellschaft druckte E. de Robillard *Palinods présentés au Puy de Rouen, recueil de Pierre Vidoue* (1515) 1897 und gab A. Héron, Fabris Poetik neu heraus, Rouen 1889. — J. A. Guiot, *Les trois siècles palinodiques ou hist. gén. des palinods de Rouen,* Dieppe etc. p. p. A. Tougard (Soc. de l'histoire de Normandie), Rouen-Paris 1898, 2 vol., ist ein alphab. Katalog der Meistersinger. Zu Fabri's Verhalten cf. E. Langlois, *Recueil d'arts de seconde rhétorique,* Paris, 1902. p. LXXVII—LXXXVI; *Romania* XXVII, 607 und Laumonier, *Ronsard poète lyrique,* Paris 1909, 765 ff. Lemaire's Praxis in *Rhl.* 1909, 66 ff.

Der erste Dichter, der diese beiden mittelalterlichen Zäsuren 3. völlig aufgibt und den Vers ganz modern behandelt, wird Jean Lemaire sein.

Fabri nennt als die Meister der von ihm beschriebenen Dichtkunst Meschinot, Molinet, Crétin.

Der kurz vor 1526 verstorbene Kantor und Kanonikus Guillaume Crétin (mit der Devise: *Mieux que pis,*) aus Paris, repräsentiert den Höhepunkt der Gunst rhetorischer Dichtkunst in Frankreich. Er ist Historiograph des Königs und bringt die fabelhafte Geschichte seines Landes, auch die Rolandsage nach dem Pseudo-Turpin, in Verse, die noch jetzt in wundervollen Handschriften der Pariser Bibliothek schlummern. G. Tory setzt diese Chronik über Homer und *souverain poète français* nennt Clément Marot, dem allgemeinen Urteile folgend, Crétin in der Widmung seiner Epigramme. Doch hat gerade Marot Crétins Souveränität vernichtet, den er ein andermal nicht ohne gutmütigen Spott: *le bon Crétin au vers équivoqué* heißt. Der Spott der späteren Zeit ist schärfer: Pasquier sagt von Crétins Werken, daß er darin viel Reimgeklingel aber wenig Verstand gefunden habe.

Crétins *Opera minora* sind nach seinem Tode (1526) von Freundeshand zum Druck befördert worden: Chants royaux für den Puy zu Rouen, Balladen, Rondeaux, Totenklagen, Huldigungsgedichte usw. Sie zeigen jene Verrenkungen der Form, in denen ein unbestreitbares Talent einen verzweifelten Erstickungskampf kämpft. Obschon sie zum Teil aus dem Walde *(bois)* von Vincennes datiert sind — daher sein Beiname Dubois — so bewegt sie kein frischer Lufthauch. Einen natürlichen Ton findet Crétin etwa in seinen derberen Satiren gegen die Mönche, Weiber, Soldaten und in seinen Bettelbriefen:

Espoir me paît de promesses et vœux —
Et ne me croît que la barbe et cheveux.

Wo er aber höheren Anforderungen genügen zu müssen glaubt, da ist er von vollendeter Geschmacklosigkeit. Jede Seite seiner Dichtungen gibt dafür Belege, z. B. seine Totenklage auf G. de Bissipat, in der er jammernd ausruft:

O Bissipat,
Qui eût pensé que Mort anticipât
Ainsi ta vie et si tôt dissipât!

Das kann eine Ahnung seiner Kunst geben. Weiteres Eingehen mag mit Crétins eigenen *vers équivoqués* abgelehnt sein.

Pour le savoir suffisamment décrire
Trop suis perplexe et affligé d'aigre ire.

Les poésies de G. Crétin ed. Coustellier, Paris 1723; cf. Picot nr. 485. — Aus Crétins *Chronique française* gibt Auszüge H. Guy in der *Revue des langues romanes.* XLVII u. VIII. Derselbe ergänzt das *Rhl.* 1903, 553 ff.

Gesagte in seinem § 1 zitierten Buche, p. 221 ff. — Zur Frage, ob Rabelais mit seinem 'Raminogrobis' den Crétin und nicht vielmehr Jean Lemaire gemeint habe cf. *RRab.* IX 144; 275.

Wenn Fabri denjenigen, den wir heute für den bedeutendsten 4. Poeten der ganzen Schule halten, Jean Lemaire, geboren um 1473 zu Bavay (latinisiert: Belges, im Hennegau), nicht anführt, so erklärt sich dies wohl durch den verhältnismäßig geringen Umfang der gereimten Werke des früh (seit 1514) Verschollenen. Auch Rabelais (II, 20) gedenkt seiner ausdrücklich nur als Verfasser des kecken, gegen die streitsüchtigen, Kirchenspaltungen schaffenden Päpste gerichteten Traktates *De la différence des schismes et des conciles* (1511), während freilich Clément Marot und die Schule Ronsards Lemaire den Dichter preisen.

Jean Lemaire ist wahrscheinlich im Hause seines Verwandten, des burgundischen Hofhistoriographen *(Indiciaire)* Molinet, den er nach Rhetorikerart gelehrig scherzend

Mon Molinet, moulant fleur et verdure

heißt, zu Valenciennes aufgewachsen, und Molinet erkannte wohl in dem Pflegling, der seine geistlichen Studien dann in Paris fortsetzte, seinen zukünftigen Nachfolger. Nach Molinets Tod (1507) erhielt Lemaire denn auch dessen Amt. Vorher finden wir ihn, den Hennegauer, seit 1498 in Verwaltungsstellen in Frankreich, meist in der Nähe des anregungsreichen Lyon. Der Besuch Crétins veranlaßt ihn zu literarischer Tätigkeit; jetzt ergab ich mich mit einemmal der Dichtkunst *(l'art oratoire)*, sagt er selbst und wählt dabei die Devise: *De peu assez.* 1503 führt er in einem poetischen Briefwechsel zwischen dem Grafen von Ligny und dem Bailli d'Estellan die Feder. Die Episteln sind in paarweise gereimten Zehnsilblern geschrieben, wie sie Octovien zehn Jahre zuvor für seine Heroidenübersetzung glücklich gewählt hatte. Seit 1504 sehen wir ihn in der Gunst Margaretes von Österreich und Burgund, der Tochter Kaiser Maximilians. In allen diesen Stellungen begleitete er, auf den Spuren seines Lehrers Molinet wandelnd, die Todesfälle in den Familien seiner Gönner mit poetischen Leichenreden, in denen die Allegorie und Bukolik den dichterischen Ausdruck warmer Empfindung nicht völlig erstickt hat und in welchen er sich allmählich frei macht von der üblichen Verwendung des Traumes. Als liebenswürdiger Poet zeigt er sich in den beiden *Epîtres de l'Amant vert à Madame Marguerite* (1505). Der grüne Liebhaber ist Margaretens grüner

Sittich, der während ihrer Abwesenheit das Zeitliche gesegnet hatte und den Lemaire nun angesichts des Todes und dann aus der Unterwelt an seine geliebte Herrin je eine farbenreiche, humorvolle Epistel schreiben läßt. Vergilsche Inspiration und die Nachahmung der Episteln Ovids ist augenscheinlich.

Italien sah Lemaire dreimal. Er ist der erste, der die italienische Terzine im Französischen nachahmt (1503) und er rühmt sich dessen. So ist seine 1511 verfaßte *Concorde des deux langages* zum Teil in *vers tiercets* geschrieben. Die aus Vers und Prosa schlecht zusammengefügte Dichtung behandelt übrigens die in der Einleitung aufgeworfene Streitfrage von der Vorzüglichkeit des Französischen oder des Italienischen nicht ernstlich, sondern spielt sie auf das politische Gebiet hinüber. Dabei findet der allegorisierende Dichter Gelegenheit, den Tempel der Venus und der Minerva zum Teil wirklich poetisch zu schildern und dem alten Jehan de Meun altmodische Alexandriner in den Mund zu legen. Zum Schluß sieht er prophetisch Italien mit Frankreich unter einer Lilienherrschaft in friedlicher Arbeit vereinigt. Als dichterische Komposition dieser *Concorde* überlegen sind die beiden teilweise ebenfalls in Terzinen geschriebenen *Contes de Cupido et d'Atropos*, die Lemaire zugeschrieben werden dürfen, obwohl sie erst 1527 im Druck erschienen sind. Sie behandeln das der Renaissancezeit so vertraute Thema von den vergifteten Pfeilen des Liebesgottes, der damit schreckliche Krankheit und jammervollen Tod unter die Menschen gebracht hat, und bilden ein Gedicht, das trotz der Peinlichkeit des Gegenstandes in anmutiger Weise antike Erfindung mit italianisierender Form vereinigt.

Nachdem Lemaires Verhältnis zum Hause Österreich und Burgund nicht ohne Trübung acht Jahre gedauert, trat er 1512 als Historiograph in den Dienst Frankreichs, dessen italienische und antipäpstliche Politik er schon seit einiger Zeit mit gewandter Feder verteidigt hatte. So versinnbildlicht Lemaires Lebensgang die äußere Geschichte der rhetorischen Dichtung, die ebenfalls von Flandern, wo sie entstanden, nach Frankreich übergesiedelt und dort zu kräftiger Blüte gekommen war. Damals stand er mitten in der Arbeit an seinem 1500 in Angriff genommenen großen Prosawerk *Les illustrations de Gaule et singularités de Troie*, dessen erstes Buch 1510 gedruckt worden war und von welchem jetzt der zweite (1512) und dritte (1513) Teil erschienen.

In diesem Werke, das zugleich eine literarische Legitimation der von den Italienern als barbarisch bezeichneten französischen Sprache sein sollte, wollte er die dem Mittelalter so teure Lehre von der trojanischen Abkunft der fränkischen Fürstenhäuser, ihre Niederlassung in Europa und ihre Kämpfe um das kleinasiatische Stammland auf Grund der besten Quellen neu und ausführlich darstellen. In letzter Absicht war diese seine Arbeit die Erfüllung eines Gelübdes, das er am Hochaltar der Peterskirche zu Rom abgelegt hatte: sein Werk sollte seinen Zeitgenossen eine Fackel sein für den damals geplanten Kreuzzug gegen die das trojanische Erbland besitzenden, den Occident bedrohenden Türken, einen Kreuzzug, an dem auch die Deutschen teilnehmen sollen, 'die wir Lansquenets nennen und die in Wahrheit die östlichen Franzosen sind'.

Im ersten Buch folgt auf eine trockene, den Fabeleien des Annius von Viterbo entlehnte Genealogie, die Priamus mit Noah verbindet, die Erzählung von der Geburt und der Kindheit des Paris, seiner Liebe zur Nymphe Önone, der Hochzeit des Peleus und der Thetis auf den Höhen des Olymp mit dem anschließenden Schönheitswettstreit der drei Göttinnen. Das zweite Buch führt den Roman des Paris weiter: es folgt der Raub der Helena, die Verzweiflung der Önone, der Kampf um Troja, Paris' Tod und der Fall der Stadt. Lemaire erzählt nach den dem Mittelalter geläufigen Quellen; doch haben ihm die von italienischen Humanisten gelieferten lateinischen Übersetzungen aus dem Griechischen auch griechische Überlieferungen erschlossen, die seinen Vorgängern fremd waren; insbesondere kennt und benutzt er L. Vallas Prosaübersetzung der Ilias (1502). So schließt er denn sein zweites Buch in der Überzeugung, die geschichtliche Wahrheit gegenüber den Irrtümern seiner Vorgänger wiederhergestellt zu haben. Bei seiner Darstellung leitete ihn auch die Absicht, der zeitgenössischen Malerei und Stickerei die berühmten troischen Vorwürfe in geschichtlicher Echtheit darzubieten. Lemaire hat viel künstlerisches Interesse. Er verkehrt in Malerkreisen. Margareta betraute ihn mit der Oberleitung des Baues der prunkvollen Familiengruft zu Brou und die Stadt Lyon mit den Vorbereitungen zum glänzenden Empfang des aus Italien zurückkehrenden Königs (1509). Lemaire ist auch musikverständig und ein enthusiastischer Anhänger der neuen Musik Josquins des Prez und Okeghems.

Im dritten Buch der *Illustrations*, dem formlosen Resultate emsigster aber kritikloser Arbeit, stellt er die Folge der nach Europa verpflanzten troischen Geschlechter bis auf Pipin den Kurzen herab dar. Das vierte Buch, das von der Abstammung und den Taten der Türken handeln sollte, blieb unausgeführt.

Diese ganze, aus gelehrten Erörterungen, breiten Erzählungen, eingehenden Schilderungen mit allegorisierender Deutung und moralischer Nutzanwendung zusammengesetzte Darstellung ist in ein reiches rhetorisches Gewand gehüllt, wie es die Würde des Gegenstandes und der Ernst der Absicht zu verlangen schien. Sobald Lemaire seine Stimme etwas erhebt und nachdrücklich, feierlich sprechen will *(style soutenu)*, so wird er schwülstig. Er verfällt dem Latinismus und bewegt sich in Metaphern, um welche die Preziösen des 17. Jahrhunderts ihn beneiden dürfen: *Séjourne les pupilles de ta circonspection discrète au miroir de ma spéciosité céleste*, sagt Athene, und: *Equipe le gracieux navire de ton franc arbitre selon la démonstration de ma carte propice* sagt Venus zum Schönheitsrichter Paris.

Aber wo Lemaire sich gehen läßt, wie in der Erzählung vom Hirten Paris und seiner Liebe zu Önone, da weiß er die Sprache wirklicher Poesie zu sprechen. Dieser kleine Schäferroman ist das Werk eines Dichters, der zwar nicht alle schlechten Gewohnheiten seiner Gelehrttuerei abgelegt hat, der aber oft genug wahrer und zarter Empfindung glücklich Ausdruck zu geben weiß und lebendigen Sinn für die Schönheiten der Natur hat, die er stimmungsvoll zu schildern versteht. Seine Beschreibung des Lebens auf dem Olymp ist farbenreich. Lemaire führt hier seine Phantasie in liebenswürdiger mittelalterlicher Nonchalance spazieren. Er verkehrt mit den Göttern, unter die er die Figuren des Rosenromans mischt, in jener Familiarität, welche aus dem Altertum eine oft so reizvolle mittelalterliche Travestie machte.

Lemaire schrieb sein Buch vorzüglich als Damenlektüre. Von unanfechtbarer Dezenz, steht es an der Spitze eines Jahrhunderts, dessen Literatur wesentlich indezent ist.

Man hat Jean Lemaire de Belges den ersten humanistischen Dichter Frankreichs genannt. Aber seine Kunst ist doch noch wesentlich diejenige der rhetorischen Schule. Er ist der hervorragendste Poet unter den Rhétoriqueurs.

Gewiß verraten einzelne Züge seines Schaffens das Nahen der neuen Zeit. Die streng nationale Dichtung der *Facteurs* erfährt in seiner Hand belebenden italienischen Einfluß. Er schreibt im Metrum Dantes und ahmt gerne den nach, den er

Le bon Pétrarque, en amour le vrai maître

nennt. Ihn beschäftigt die augenscheinliche Überlegenheit der italienischen Sprache. Sie spornt ihn zur Nacheiferung an. Er zieht aus dem Altertum mehr dichterischen Gewinn als seine Vorgänger, er ahmt Ovids Heroiden nach und schöpft aus der dem Mittelalter unbekannten Ilias, die ihm — was für die Renaissance vorbildlich ist — ein italienischer Humanist erschließt. In die kirchlichen Streitigkeiten wirft er scharfe Worte wider die Hierarchie. Sein großes Werk schreibt er zwar zur Erfüllung eines kirchlichen Gelübdes — aber für den Kreuzzug wider die Türken setzt er das homerische Troja als Preis. Von universeller Begabung, wie viele Humanisten, schildert er als Poet dieses Troja für Maler, begeistert er sich für neue Musik, leitet er Prachtbauten, schmückt er eine Stadt zum Fest.

Mit Wehmut sehen wir ein so reiches Leben früh gebrochen. Vielleicht wäre es Lemaire noch vergönnt gewesen, die Fesseln der Rhetorik völlig zu sprengen. Aber auch so bleibt er der modernste Dichter aus der Zeit Ludwigs XII., und wir wundern uns nicht, im Manifest der Plejade (1549) das Urteil zu lesen, daß Lemaire viel zum Glanze der französischen Sprache beigetragen habe, indem er sie mit poetischen Ausdrücken und Wendungen bereicherte, welche die besten Renaissancedichter sich zunutze machten.

Jean Lemaire, der erste humanistische Dichter Frankreichs von Ph. A. Becker, Straßburg 1893. Cf. desselben Nachträge, *Zeitschr. f. rom. Phil.* 1895, p. 254 u. 542 und Picot nr. 2090. — Lemaires Tod setzt E. Langlois ums Jahr 1524, cf. dessen *Recueil d'arts de rhét.* LXXIV n. — L. E. Kastner, *History of the Terza Rima in France* in *Frz. Zs.* XXVI, 242. — Zum Datum der *Contes de Cupido* cf. *Rhl.*, 1909, 69 n. — Der Gedanke, daß die Besiegung der Türken eine späte Rache für Troja bedeute, findet sich schon bei Robert de Clari um 1210 erwähnt.

Am Hofe der Königin Anna traf Lemaire die Marot, Vater 5.
und Sohn. Die Marot stammten aus der Nähe von Caen. Der Vater Jean Marot (geboren um 1450, gestorben 1526) hatte sich in Cahors niedergelassen, kam dann mit seinem Knaben Clément nach Paris (1507) und fand hier als 'Dichter der Königin' und Kammerherr des Königs eine Existenz. Lemaire beteiligte sich an der literarischen Erziehung des jugendlichen Clément, der sich in poetischen Übertragungen aus dem Latein versuchte. Er verwies ihm, wie dieser selbst erzählt, den Gebrauch der epischen Zäsur.

Jean Marot dient seiner gebildeten Gönnerin, 'der ersten Königin Frankreichs, die sich mit einem Hofstaat edler Damen umgab', wie Brantôme sagt, als Vertreter der literarischen Interessen dieses Damenkreises. Er liefert demselben galante Verse. Er schreibt für ihn eine Anstandslehre *(Doctrinal)* in 24 wackeren Rondeaux. Er verfaßt eine poetische Verteidigungsschrift der Frauen *(La vrai-disant avocate des dames)*, in der die Männer als Verleumder und Verführer dargestellt werden, in deren Händen man den Rosenroman, den Matheolus aber nicht den *Champion des dames* oder die Verse Alain Chartiers finde. In einem poetischen 'Schreiben der Pariser Damen an Franz I.' beglückwünscht er den Sieger von Marignano (1515). Seine 'Epistel der Pariser Damen an die französischen Höflinge in Mailand' ist das muntere aber unfeine Pendant dazu. Den siegreichen Feldzug des Königs Ludwig gegen Genua (1507) feiert Marot unter dem Titel: *Le voyage de Gênes* in einer Komposition, in der Prosa und Verse, und zwar meist paarweise gereimte oder strophisch zusammengefügte Zehnsilbler, von einigen Rondeaux unterbrochen, abwechseln. Die Einkleidung des Ganzen ist natürlich allegorisch; die Erzählung selbst ist kräftig und anschaulich, und Marots Verse, so ungelenk sie sind, erscheinen als wahre Erlösung gegenüber seiner Prosa, in welcher er sich, ein *écolier limousin*, in der geschmacklosesten latinisierenden Ziererei und in hohler Gelehrttuerei ergeht. Die Königin hatte solches Gefallen an dem Werk, daß sie 1509, als Ludwig gegen Venedig auszog, den Dichter an Ort und Stelle mitgehen ließ. Als poetischer Kriegsberichterstatter schrieb Marot sein Hauptwerk, *Le voyage de Venise* in etwa 4000 Versen. Die Allegorie tritt hier mehr zurück als im Genueserkrieg. Der Wechsel im Versmaß ist bunter. Die Erzählung, in der die Schilderung von Märschen, Schlachten und Triumpfzügen den Hauptplatz einnimmt und in welcher mit genauen Angaben eine Reihe historischer Persönlichkeiten bis herab auf den Hofnarren Triboulet mit der Schellenkappe,

fol du roy, de la tête écorné,

auftreten, wird unter dem Eindruck des Selbstgeschauten lebendiger und plastischer. Marots patriotisches Selbstgefühl findet kräftige Worte. Man liest das Werk noch heute mit Vergnügen, trotz der mittelalterlichen Verbindung von prosaisch wirkender peinlicher Geschichtlichkeit und poetischer Ausschmückung. Der Dichter, der wiederholt von seiner 'bäurischen Art' spricht, liebt den frischen Ausdruck, das natürliche Wort und mischt Sprichwörter und mundartliche Rede in seine Verse. Das pomphafte Wesen der Rhetorik ist seiner Anlage zuwider. Selten findet sich eine jener faden Wortspielereien oder Reimkünsteleien; dafür bisweilen statt des Reimes die bloße Assonanz, die, wie Fabri sagt, 'nur von bäurischen und unwissenden Leuten angenommen wird'. Für behaglichere Schilderung braucht er gelegentlich den Alexandriner in augenscheinlicher Anlehnung an das historische Volkslied:

Or marchent en bataille, les enseignes au vent,
Venus sont à Rivalte, le siège ont mis devant...

Eine ähnliche Darstellung des ersten italienischen Feldzugs Franz' I. für die Königin Claudia förderte Marot nicht über die 2000 ersten Verse hinaus. —

Während die französische Dichtung in dieser Verherrlichung der Kriegstaten des Monarchen einen ernsten Rivalen in der lateinischen Hofpoesie, z. B. eines Andrelini, hatte, stand allein sie dem König zur Verfügung, wenn es galt, weite Kreise des Laienpublikums politisch zu beeinflussen. Da wird der französische Dichter Hofpublizist; seine gereimten und ungereimten Leitartikel fliegen auf Tausenden von Blättern ins Publikum. Auch Jean Marot leistete solche Dienste und verteidigte in schwerfälliger Allegorie des Königs Franz drückende Steuerpolitik gegen 'aufrührerische Schriftsteller' (1523).

Lemaire und Cl. Marot cf. *Rhl.* XVI, 65. Literatur zu J. Marot bei Guy, p. 259. — Die beiden *Voyages* zuerst vom Sohne Clément 1532 gedruckt, cf. Picot, nr. 595; der *Recueil* der übrigen Dichtungen zuerst 1534 mit der Neuauflage *Adolescence Clémentine*, cf. Picot nr. 599 ff. Alles vereinigt Lenglet-Dufresnoy im vierten Bande der *Œuvres de Clément Marot*, La Haye 1731. — Ein anonymer Separatabdruck der *Réponse aux écrivains séditieux* in *Anc. p. fr.* XII, 238, cf. Picot, nr. 2589.

Die Kennzeichen der rhetorischen Poesie sind schärfer ausgeprägt bei Pierre Gringore. Sein Leben ist uns wenig bekannt. 6.
V. Hugo hat in *Notre Dame de Paris* und nach ihm Th. de Banville in seinem Einakter eine anachronistische Legende daraus gemacht. Gringore scheint gegen 1475 in der Normandie geboren zu sein. Wir finden ihn als hervorragendes Mitglied *(mère sotte)* der Pariser Narrengesellschaft, als welches er die Devise *tout par raison — raison partout — partout raison* führt. Wir sehen ihn 1501 bis 1517 im Dienste der Stadt Paris beim feierlichen Einzug von

Fürstlichkeiten Mysterien verfassen und aufführen, wobei ihn die Akten als *compositeur* oder *historien et facteur* bezeichnen. Seit 1517 scheint diese seine Tätigkeit wie abgebrochen. Er gibt 1518 Vorstellungen am lothringischen Hof und erhält dort das Amt eines Wappenherolds, das ihm zu weiterer schriftstellerischer Arbeit Zeit und Gelegenheit gab. Er starb nach 1538.

In seinen Dichtungen ist er der Vertreter des die Zeitläufte mißtrauisch und spöttisch betrachtenden konservativen Bürgertums, das bei all den lärmenden Zänkereien der großen weltlichen und geistlichen Herren sich als das Opfer fühlt, das schließlich für alle die Zeche bezahlen muß und das ein lebhaftes Gefühl dafür hat, daß in dieser christlichen Welt alles ganz anders, gerechter, gleicher sein sollte. Wir sind eigentlich alle gleich:

Riches, pauvres sont faits tous d'un aloi,

ist ein stehender Gedanke seiner Verse. Er ist in kirchlichen Dingen sehr konservativ, haßt alle Reformen, für die er gleich den Namen der Ketzerei hat. Aber nachdrücklich greift er die Hierarchie an.

Die Erschütterung der alten Lebensanschauungen verrät sich in den heftigen Worten, mit denen er sich gegen die Neuerungslust auf allen Gebieten wendet:

Des vieux docteurs on laisse la pratique,
On se raille de vieux musiciens,
On déprise toute vieille physique,
On déchasse vieux géométriens . . .

Es ist ein Zeichen der zunehmenden religiösen Unruhe, daß Gringore Veranlassung hat, bitter darüber Klage zu führen, daß auch die Weiber sich mit theologischer Diskussion beschäftigen. Er eifert gegen diejenigen, die einen unkirchlichen Wandel führen, deren Morgenspruch aus tollen Scherzworten (*gouillarts mots*) und deren Weihwasser aus Wein bestehe. Rabelais wird jene Scherzworte als *mots de gueule* pflegen und das Weihwasser als *eau Gringorienne* (I, 43) bezeichnen.

Als Muster dieser seiner zahlreichen Dichtungen mögen seine *Folles entreprises* (1505) gelten, denen die vorstehenden Proben entnommen sind: 2500 meist acht- oder zehnsilbige, strophisch verbundene Verse, in mittelalterlicher Pedanterie von lateinischen Belegstellen begleitet, als deren oft sehr dunkle Glossen sie erscheinen. Allegorie, Latinismus, Wortspiel herrschen darin. Es wiederholen sich immer dieselben moralischen Betrachtungen.

Dabei liebt es der Dichter, nach mittelalterlicher Übung, dem letzten Verse der einzelnen Strophen einen sentenziösen Inhalt zu geben, womit er oft glückliche Wirkung erreicht. Wo er etwas Erzählendes einschiebt, oder wo sein Zorn hell aufflammt, da weiß er zu fesseln. Es ist kein erkennbares, künstlerisches Streben und wenig Poesie in dieser Galerie menschlicher Narrheit.

In andern Dichtungen begleitet er moralisierend einzelne Vorgänge des öffentlichen Lebens, sei es der Krieg gegen Venedig und den Papst oder die Influenzaepidemie von 1510 *(La coqueluche)*. Er liebt es, wie Lemaire, bei Behandlung politischer Fragen seine historische Gelehrsamkeit zu zeigen, was in Versen sich pedantisch genug ausnimmt, so besonders im *Blason des hérétiques* (1524), einem seiner letzten, gegen die Reformation gerichteten Gedichte, zu dem der Bauernkrieg in Lothringen ihn veranlaßt hatte.

Erfreulicher ist er in seinen Dramen, wo er, den Ansprüchen eines lebhaften Dialogs glücklich nachgebend, Natürlichkeit und Einfachheit des Ausdrucks pflegt. Zwei dramatische Werke Gringores sind uns mit Sicherheit erhalten geblieben: Ein Mysterium des heiligen Ludwig und eine jener Trilogien (Sottie, Mystère oder Moralité, Farce), wie sie damals eine öffentliche Aufführung bildeten, wobei meist zwischen Sottie und Mystère ein sogenannter *monologue dramatique* eingeschoben war.

Das Mysterium behandelt in neun 'Büchern' mit 6500 paarweise gereimten Achtsilblern die ganze Lebensgeschichte Ludwigs nach den *Grandes Chroniques* von Saint-Denis. Gringore schrieb es gegen 1527 für das Jahresfest der reichen Pariser Innung der Maurer und Zimmerer.

Die Trilogie erlebte zur Fastnacht 1512 in den Pariser Markthallen ihre Aufführung, zu welcher der übliche Cri alle Narren der Welt einlud. Die Farce ist eine gut geschriebene Unfläterei, welche das Maß gibt für das, was damals auf der Bühne erlaubt war. Moralité und Sottie sind politisch. Es wird in beiden der Grundgedanke ausgeführt, daß Ludwigs XII. Krieg gegen den Papst ein gerechter sei, weil die Kirche sich skandalöse Übergriffe auf das weltliche Gebiet erlaube und den ihr befohlenen Frieden der Welt gewalttätig störe. Frankreichs Adel, Geistlichkeit und Volk müßten, allen Verlockungen Roms zum Trotz, zum König stehen. Der Dichter zeigt seinen Zuhörern, daß ein anderes die Kirche und ein anderes ihr unwürdiger, treuloser, ausschweifender Vertreter Julius II. sei. Derselbe erscheint in der Moralité als *l'homme obstiné* in Begleitung von *Simonie* und *Hypocrisie* und führt sich mit den Worten ein:

Je ne me puis de mal faire abstenir,
Ma promesse ne vueil entretenir;
Ainsi qu'un Grec suis menteur détestable,
Comme la mer inconstant, variable.

Peuple français und *Peuple italique* bilden mit ihren Klagen und Beschuldigungen den Chor. *Punition divine* brandmarkt schließlich den *homme obstiné*, hält aber auch den andern eine Strafpredigt. In der Sottie erscheint die oberste kirchliche Gewalt in der Person der *Mère sotte*, über deren Narrenkleid ein priesterliches Gewand geworfen ist. Der *Prince des sots* stellt den König dar. Der hält Heerschau über seine Leute: Adelige und Prälaten mit grotesken Narrennamen und das Volk *(la sotte commune)*, als eben der Papst (*Mère sotte*) aufzieht, begleitet von *Sotte Fiance* und *Sotte Occasion*, sich seiner Schlechtigkeiten rühmend, nachdem er seine frühere Begleiterin, die Treue, verstoßen hat:

La Bonne-Foi, c'est le vieux jeu.

Der Papst versucht, die Untertanen des *Prince* zum Abfall zu verleiten. Die Prälaten zu verlocken gelingt ihm; die Adeligen aber halten Stand, und es kommt zwischen beiden Parteien zum lächerlichen Kampfe, während die Sympathien der jammernden *Sotte commune* völlig dem *Prince* zufallen, nachdem dem Papste das priesterliche Gewand heruntergerissen und er im Narrenkleide der *Mère sotte* zum Vorschein gekommen ist:

Ce n'est pas Mère Sainte-Eglise
Qui nous fait guerre; sans faintise:
Ce n'est que notre Mère Sotte

ruft das Volk am Schluß beifällig und erleichtert aus.

Diese kecken politischen Stücke sind freilich nicht eben dramatisch. Sottie und Moralité sind ihrer Natur nach handlungsarm. In Gringores Sottie ist einige szenische Bewegung; seine Moralité aber ist reiner Dialog. Dafür ist sie durchsichtiger als die Sottie, bei welcher der Dichter eben nicht ohne Künstlichkeit die überlieferten grotesken Narrenfiguren mit dem tieferen Inhalt und den mannigfachen Beziehungen politischer Persönlichkeiten ausgestattet hat. Ist die Sottie das lustigere, bewegtere Stück, so ist die Moralité das eindrucksvollere. Er erhebt sich da zu wirklicher Beredsamkeit.

Gringore ist vielleicht der erste, der die Narrenfreiheit der Sottie aus dem Gebiet der allgemein moralischen Satire und des bloßen Klatsches in den Dienst der Politik überführte und die Sottie aus einem bloßen Prolog, aus dem *Lever de rideau* der Trilogie zu einem kleinen Drama ausgedehnt hat. Denn wahrscheinlich ist auch die ältere kecke *Sottie nouvelle de l'astrologue* (1498) von ihm. Jedenfalls hat erst er die schellentragenden Narren zu schärferer politischer Personifikation erhoben, so auch in seiner spätern einfacheren *Sottie nouvelle des chroniqueurs* (1515). Er hat darin wenig und nicht ebenbürtige Nachfolge gefunden.

In dieser Gestaltung näherte sich die Sottie sehr der Moralité und verschmolz sich vielfach mit ihr. Der allegorische Apparat der Moralité selbst war für die durchsichtige Darstellung politischer Vorgänge längst als geeignet benutzt worden, und das französische Publikum war seit den Tagen des Basler Konzils gewohnt, gerade die kirchenpolitischen Fragen in polemischen Moralités vor sich erörtern zu sehen. So blieb denn auch die über eine völlig unbeschränkte Wahl von Figuren verfügende Moralité, und nicht die etwas enge und künstliche Narrenwelt der Sottie, die herrschende dramatische Form der (kirchenpolitischen) Satire. Die Namen Farce (oder Farce morale), die man für politische Stücke gelegentlich findet, ändern bei der schwankenden Natur dieser generellen Bezeichnung nichts an ihrem Moralité-Charakter.

König Ludwig XII. war der dramatischen Satire günstig gesinnt. Ihre Kritik sollte sich an alle Verhältnisse und Personen des Reichs mit Ausnahme der Königin wagen dürfen. Er hoffte auf diese Weise vieles zu erfahren, was ihm sonst verborgen geblieben wäre. Er sieht in den Narren der Bühne eine Art politischer Wachtposten, und nachdrücklich läßt Gringore in seiner Sottie einen seiner Zunftgenossen, den nachher so berühmt gewordenen Jean du Pont-Alais sagen:

Si on fait au Prince quelque tort,
Je lui en ferai le rapport;
L'un suis de ses vrais sottelets.

Anderseits bediente sich der König des Theaters gewiß zur Beeinflussung der öffentlichen Meinung, und der politische Teil von Gringores Trilogie ist wohl geradezu in seinem Auftrag geschrieben worden, ebenso wie die politischen Stücke des Hofdichters und Basochien André de la Vigne, dessen Reimkünsteleien uns den Wert von des Dramatikers Gringore einfacher Art erst recht zum Bewußtsein bringen.

Von einzelnen dieser Dramen sind uns Prachtausgaben des königlichen Druckers jener Zeit erhalten, die zeigen, welchen Wert der Hof dieser Form der politischen Publizistik beilegte.

Aus dieser erfolgreichen Bühnentätigkeit schied Gringore unter Franz I. als ein Grollender. Ihn vertrieb die Konkurrenz der nach Paris gekommenen italienischen Theaterunternehmer.

Œuvres complètes de Gringore p. p. d'Héricault et Montaiglon, I, 1858; II, 1877, (unvollendet). Die *Sotties* bei E. Picot, *Recueil général des Sotties* 3 vol., Paris 1902—12. Über die zeitgenössischen Ausgaben cf. Picot, nr. 493 ff.; 2823 ff.; Le Petit p. 16. — Ch. Oulmont, *Pierre Gringore* Paris 1911, cf. *Archiv* CXXVIII, 470 und *Z. frz. Spr.* XXXIX² 189. — Zu der, Sitte, den Strophenschluß sentenziös zu gestalten cf. *Modern Language Notes*, 1908, 167. — Zu A. de la Vigne cf. Picot, *Rec. des Sotties*, II, 1 ff.

7. Die Novelle italienischen Stils fand trotz des Beispiels der *Cent nouvelles nouvelles* wenig Pflege. 1515 schloß der Metzer Philippe de Vigneulles eine Sammlung von Novellen ab, von der bislang nur Auszüge gedruckt sind.

Über Philippe's de Vigneulles Novellenbuch cf. G. Paris im *Journal des Savants*, Mai 1895.

8. Die Zeit Ludwigs XII. ist eine Blütezeit didaktischer Lyrik: Es gilt im Reiche der Rhétorique gleichsam als die eigentliche Aufgabe des Dichters, den Fürsten und Bürgern Lehren zu geben.

Dabei folgen die einen der mehr gelehrten Art Gringore's. Auf dessen Autorität beruft sich z. B. der Geistliche Laurent Desmoulins aus Chartres, dessen Gedicht *Le cimetière des malheureux* (1512) über einen Traum berichtet, der ihn zur 'Kapelle des Schmerzes' im 'Kirchhof der Unglücklichen' führte, wo ihm denn nächtlicherweile die unglücklichen Gefangenen dieses Ortes erschienen und er die Gespräche belauschte, in denen sie ihr selbstverschuldetes Elend berichten.

Toutes les folles entreprises
Qui furent onc, furent pour femmes,

singt, in augenscheinlicher Anlehnung an Gringore der Arzt Jean Divry, mit der anagrammatischen Devise: *Riand je vy* (1472 bis 1539), und enthüllt in Strophen, in denen frische Munterkeit durch das Streben nach reichem Reim nicht ertötet ist, die Geheimnisse der Ehe von der Verlobung und dem Glück der ersten Tage bis zum Wochenbett, zu Streit und Prügeln und predigt dann gegen den Ehebruch das *aimer de bonne amour (Les secrets et lois de mariage*, um 1510).

Andere befolgen, wenig berührt von der Kunst der Schulpoesie, die alte Tradition der volkstümlichen Unterweisung, die in einfachen Versen, paarweise gereimten Achtsilbern, den polternden Ernst mit der derbsten Komik mischt. So bringt der aus Béthune stammende und in Orléans wirkende Kantor und Priester, der sich selbst ein Poetlein *(clerc de rhétoricien)* nennt, Eloy d'Amerval, in seinem von zwei Doktoren der Sorbonne geprüften *Livre de la diablerie* (1508) die Kunst, mit welcher der Teufel die Menschen zu Fall bringt, in Verse *(des rimes entrelardées de mots joyeux*, wie er sagt). Es ist die Kapuzinerpredigt eines Geistlichen, der zur Soutane eine Schellenkappe trägt und bei welchem die Freude an einem kräftigen Teufelswort und einer lustigen Geschichte gerne in den Dienst der moralischen Erbauung tritt. Lebendige und eingehende Schilderungen des zeitgenössischen Lebens erfüllen sein Buch.

Desmoulins, cf. Goujet X. 95. — Divry, cf. Picot, nr. 483 f. *Les secrets: Anc. p. fr.* III, 168. — Zu Beiden: H. Guy §§ 719 f. — A. C. Ott, *Eloi d'Amerval und sein 'Livre de la diablerie'*, Erlangen 1908.

Die politische Lyrik, welche die kriegerischen Zeitläufte begleitete, gibt dem Hasse gegen Italiener, Schweizer, Engländer oft sehr kräftigen, glücklichen Ausdruck. Zwar die umständlich lehrhaften Dichter, wie Gringore, haben auf diesem Gebiete kein Glück, und selten findet man in ihren gereimten Zeitungsartikeln ein Stück packender Poesie. Auch an Pierre Vachot's allegorischer Ballade (1513) ist außer dem kraftvollen Refrain 9.

Car France est cimetière aux Anglais

wenig eindrucksvoll. Aber im anonymen volkstümlichen Lied pulsiert, trotz der rauhen, kunstlosen Form, frisches, fesselndes Leben.

Zu den politischen Dichtern Frankreichs gehört auch ein Italiener, der Arzt oder Notar G. G. Alione, aus Asti. Sein Leben ist wenig bekannt, doch muß als Fabel gelten, was über seine Haft in den Kerkern der Inquisition berichtet wird. In einem Französisch, das die Einwirkung des Italienischen verrät, und in einer poetischen Form, die ebenfalls den Einfluß beider Länder zeigt (mit rhetorischen Reimkünsten verbrämte Oktaven), feiert er die Eroberungen der französischen Könige. Auch hat er, vielleicht vor Lemaire, französische Terzinen gedichtet. Besonders sind ihm einige leichte Liederchen gelungen. — Den Italienern vermittelte er seit 1498 die französische Form der Farce. Er schrieb ungefähr ein Dutzend Farcen in oberitalienischem Dialekt, das französische Schema erweiternd und mit neuem Leben erfüllend.

Picot, *Chants historiques français du XVIe siècle* in *Rhl.* I, 143 ff. — Zur Biogr. Aliones cf. *Giorn. stor.* XIV, 451; XVII, 173; zu den Werken, Picot nr. 482 und *Rhl.* I, 155, sowie Stengel, *Phil. Kommentar z. franz. Übertragung von Dante's Inferno*, Paris 1897, p. 32 ff. *La lingua dell' Alione* von C. Giacomino in *Arch. glott. italiano* XV, 403.

10. Die Poesie des kecken Lebensgenusses hat einen Vertreter in dem Pariser Klerikus Roger de Collerye (geb. gegen 1475), der in Auxerre als Sekretär des Bischofs lebte. Von seinen dramatischen Werken sind uns eine Sottie und mehrere zum Teil ausgelassene Monologe (*Sermons joyeux*) erhalten. Aber der lustige Kumpan, der so muntere Lieder zu dichten verstand, rang mit der Not des Lebens. Das aus Gringore (I, 223) und Rabelais bekannte

Faute d'argent, c'est douleur nonparaille

bildet den Refrain eines seiner Rondeaux und das Thema vieler anderen. Auch die ergreifende Klage steht ihm zu Gebote; doch kleidet sie sich, der Mode gemäß, von selbst ins rhetorische Prunkgewand. Als er später, fromm geworden, seine unfrommen Dichtungen gesammelt herausgab (1536), bezeichnete er sie auf dem Titel entschuldigend als Jugendarbeiten. Unbewiesen ist, daß er sich als Dichter den Namen Roger Bontemps beigelegt habe, der damals längst gebräuchlich war zur Bezeichnung einer Theaterfigur, die den behäbigen Frohsinn glücklicher Zeiten darstellte und in der das Volk sich eine schöne Vergangenheit oder eine rosige Zukunft verkörperte.

Œuvres de R. de Collerye p. Ch. d'Héricault, 1855. — H. Guy, §§ 657 ff. Über sein Theater E. Picot, *Rec. des Sotties* II, 347. — Zum Namen Roger Bontemps (1457) cf. *Anc. p. fr.* IV, 123n; Petit de Julleville, *Les comédiens en France au moyen âge*, Paris 1885, p. 341 und *Rec. des Sotties* II, 265.

11. Mit Karl VIII. war das Bedürfnis erwacht, die neulateinische Beredsamkeit der italienischen Schriftsteller auch in den Dienst des französischen Hofes zu ziehen. Der Historiker Paulus Emilius aus Verona (gest. 1525), der gekrönte Dichter Faustus Andrelinus aus Forli (gest. 1518) und andere kamen nach Paris. Lud-

wig XII. ererbte sie gleichsam von seinem Vorgänger; er selbst hat dieses Patrimonium nicht besonders gemehrt. Er hatte wenig literarisches Interesse. Doch war er, wie die Sitte es mit sich brachte, von Chroniqueurs, Historiographen, Orateurs umgeben, deren Augen indessen mehr auf die Königin Anna gerichtet waren. Sie war die Protektorin der beginnenden humanistischen Studien. Sie leitete insbesondere die Geschicke der Universität. Den *poeta regius* Andrelinus nennt Erasmus einmal auch königinlichen Dichter (*regineus*) und deutet damit auf die wahre Quelle seiner Gunst hin.

P. Emilius schrieb eine Geschichte Frankreichs (*De rebus gestis Francorum* 1517) nicht in üblicher Chronikenart, sondern, den Spuren der Italiener folgend, in Auffassung und Stil der großen antiken Historiker. Andrelinus besang des Königs Kriegstaten in pompösen Hexametern, die Crétin und Divry ins Französische übersetzten.

Trotz des Schutzes der Königin waren die Zeiten den humanistischen Studien nicht eben günstig. Die Kenntnis des Griechischen war in Frankreich noch wenig verbreitet. Erst zwanzig Jahre nach der Eroberung Konstantinopels ließ sich der erste griechische Gelehrte im Lande nieder (Hermonymos, 1476). Nur spärlich folgten ihm andere. Lascaris kam 1495 zu mehrjährigem Aufenthalt nach Paris. Erst 1507 wurde hier ein griechisches Buch gedruckt und erst 1508 — ein gutes Jahrhundert nach dem Vorgange Italiens — begann für einige Jahre (bis 1514) der Universitätsunterricht im Griechischen durch G. Aleandro. 1517 klagt Glarean von neuem, daß in Paris kein öffentlicher oder privater Lehrer die griechischen Autoren erkläre.

Zu Emilius, Andrelinus etc. cf. Flamini, *Studi di storia letteraria italiana e straniera*, Livorno 1895, g. 203; Geiger, *Zs. f. vergl. Litteraturgeschichte*, N. F. III, 479; 485. — E. Egger, *L'hellénisme en France*, 2 voll. Paris 1869, VIIe leçon.

Wenn der im Dienste der französischen Könige stehende 12.
Savoyarde Claude de Seyssel (1450—1520) Thukydides, Appian, Xenophon übersetzt, so legt er die lateinischen Übertragungen der Italiener zugrunde. 'Haltet zu gute, allerchristlicher König, heißt es in der Widmung der *Anabasis*, wenn mein Werk nicht ist, wie es sein sollte:

Pourtant que je suis Savoisien
S'il tient un peu de mon patois,
Prenez en gré.

Le conte est plaisant et ancien,
Lascaris l'a mis de grégeois
En latin, puis moi en françois.'

Seinen Stil schließt er ausdrücklich eng an die lateinischen Vorbilder an, denn, heißt es in der denkwürdigen Vorrede der Justinübersetzung (1509), *soyez certain, Sire, que le langage latin de l'auteur a si grande vénusté et élégance que d'autant qu'on l'ensuit de plus près, il en rentient [dans la traduction] plus grande partie.* Seyssel stellt seine Übersetzungsarbeit in den Dienst der französischen Eroberungspolitik, um die sich unter Ludwig XII. alles dreht. Er setzt dem König auseinander, wie das Beispiel der eroberungskräftigen Römer auch in der Behandlung der Muttersprache nachzuahmen sei. Die Römer hätten ihr einst armseliges Idiom durch Zuführung des ganzen Inhalts der griechischen Literatur gehoben und in der auf diese Weise vervollkommneten Sprache ein treffliches Mittel ihrer Weltherrschaft geschaffen. Übersetzen wir also, heißt es fast wörtlich, aus dem Lateinischen und schaffen wir so eine tüchtige französische '*licterature*' mit antikem Inhalt, wodurch die schädlichen Phantastereien eines Lanzelot und Tristan verdrängt werden. Laßt uns die französische Sprache *amplier*, *exhausser et illustrer* — um ein Werkzeug aus ihr zu machen, das unserer Großmachtspolitik dienen wird!

Der humanistische Gedanke geht hier noch an der Krücke der Politik und dem Plan einer *Illustration de la langue française* dienen als Vehikel staatsmännische Absichten: die literarische Kultur ist eine Form des aufkommenden Imperialismus.

An der Spitze der bescheiden fortschreitenden humanistischen Bewegung steht ruhmreich Guillaume Budé (1467—1540), ein Mann von enzyklopädischer Gelehrsamkeit und von Ludwig XII. und seinem Nachfolger zu hohen Staatsämtern berufen. Er ist Frankreichs erster großer Humanist.

Im ersten Buche seines Werkes über das römische Münzwesen (*De asse*, 1515) klagt er über Frankreichs Zurückstehen. Die einst im druidischen Gallien heimische Literatur sei verschwunden und, obschon sie im benachbarten Italien längst wieder aufgeblüht, sei sie bislang nicht nach Frankreich zurückgekehrt.

Diese Vorstellung einer Rückkehr der Bildung in ihre alte gallische Heimat beherrscht dann den französischen Humanismus. So spricht auch P. Ramus von der Aufgabe *de faire retourner les arts libéraux de Grèce et d'Italie en Gaule.* Darnach handelt es sich für das erwachende Frankreich um die Zurückgewinnung eines alten Erbes.

Es greife, meint Budé, Frankreich nach italienischen Dingen gieriger als billig und nützlich sei. Dieser unselige Hang führe dazu, daß die Geschicke Frankreichs bald ganz italienischen Einflüssen verfallen: *Quando suæ tutelæ Francia restituenda dicetur? O tempora, o mores! Francia quæ olim sibi aliisque et summæ rei christianæ superesse visa est, nunc, degener et infans, ne suis quidem rebus satis est vel agendis vel eloquendis* (p. 20 ff.). Es gebe Leute, und zwar Franzosen (*homines germana in Francia nati, in sinu Franciæ aliti et educati*), die behaupteten, daß die Franzosen für Literatur und Gelehrsamkeit keine Anlagen besitzen: *solis Italis hæc studia capessere iure ac moribus licet.* An diesem großen Irrtum sei der französische Adel schuld, der vornehme Abstammung und literarische Bildung für unvereinbar, ja die letztere geradezu für standeswidrig erachte (*nobilium natio indecoram esse litterarum cognitionem claris penatibus ortis semper existimavit*). Wohl überrage zur Zeit Italien Frankreich an geistiger Bildung, nicht aber an Fähigkeit, solche Bildung zu erwerben. Wie es den Italienern gelungen sei, in hundertjähriger Arbeit ihre Literatur nach dem Muster der Alten zu formen,

sic nostris obvium est, ut omnibus, et antiquos et recentiores scribendo auctores æmulari.

Damit hat er das Programm der literarischen Arbeit der nächsten Generationen ausgesprochen.

Über Seyssel cf. A. Jacquet, *Le sentiment national au XVI*[e] *siècle* in *Rev. des quest. historiques*, LVII, p. 400; F. Brunot, *Hist. de la langue fr.* II, 29 ff. und E. Picot, *Fr. ital.* I, 1—25. — Zum stehenden Ausdruck *illustrer la langue Rhl.* II, 233; Brunot, 82 n; Ch. de Ste-Marthe, *La poésie françaíse* 1540 (p. 253 ff., 562 bei Ch. Ruutz-Rees, zu § 19). — L. Delaruelle, *Etudes sur l'humanisme français: G. Budé, Les origines, les débuts, les idées maîtresses*, Paris 1907 f., *RRab.* V. 316. — Ramus' Worte bei Brunot, p. 70; zur Verbreitung des Gedankens: *Rhl.* II, 235.

Zweites Kapitel.

DIE ANFÄNGE DER RENAISSANCELITERATUR.

(Die Zeit Franz' I. 1515—1547.)

13. Der Graf von Angoulême, der die ältere Tochter Ludwigs XII., Claudia (gest. 1524), geheiratet hatte, bestieg zu Beginn des Jahres 1515 als Franz I. den Thron Frankreichs. Im August 1515 zog er auf den Spuren seiner Vorgänger über die Alpen, schlug die Schlacht von Marignano und gewann Mailand. Wenige Jahre später begann der Kampf mit dem zum deutschen Kaiser erwählten Karl V., der zur Niederlage von Pavia (1525) und zur Gefangenschaft Franz' I. in Madrid führte und endlich 1529 durch den Vertrag von Cambrai einen vorläufigen Abschluß fand. Es folgen bis 1536 Jahre des Friedens, während deren die Fortschritte der Reformationsbewegung die Aufmerksamkeit auf sich ziehen und den König immer mißtrauischer und feindseliger finden. Er vermählt 1533 seinen Sohn Heinrich mit einer Nichte des Papstes, Katharina von Medici, die einen italienischen Hofstaat nach Frankreich bringt, während seine Schwägerin Renée, als Gemahlin des Herzogs von Ferrara, zur Vertreterin französischer Ideen in Italien wird. Franz' Schwester Margarete (1492—49) heiratet Henri d'Albret, den König des französischen Navarra mit der Residenz Nérac. Renée und Margarete sind Frauen von Bildung und literarischen Interessen. Was Franz I. für die Renaissance tat, ist im wesentlichen auf den Einfluß seiner Schwester Margarete zurückzuführen.

1536 beginnt von neuem der Krieg mit Karl V., zu welchem sich bald die Engländer gesellen. Die Kämpfe dauern mit mehrfacher Unterbrechung und im ganzen unglücklich für Frankreich bis zu Ende der Regierungszeit Franz' I. (1547).

Wir finden in der Literatur dieser dreißig Jahre zunächst dieselben mittelalterlichen Züge wieder, die wir vorher beobachten. Wir finden eine bürgerliche Dichtung, die mit böser, aber gewandter Zunge Kritik am öffentlichen und privaten Leben übt; eine pomphafte und geschmacklose *Rhétorique*, gegen deren Lateinschinderei der Spott sich immer nachdrücklicher regt (G. Tory 1529, Rabelais 1533; die Schwankliteratur). Noch immer ist der Rosenroman das Buch der Bücher und gibt mit seiner Doppelnatur das Beispiel preziöser Allegorie und derber Gauloiserie.

Alain Chartier ist noch immer der große Poet. Die feudale Epik der Ritterromane, denen die junge Buchdruckerkunst besonders zu gute gekommen war, gewinnt neue Gunst, so daß ihre Etikette in Dingen der Galanterie und der Ehre, von dem phantastischen Sinn Franz' I. begünstigt, eine Wiederauferstehung feiert. Franz I. läßt sich in Marignano zum Ritter schlagen und fordert Karl V. mit dem Zeremoniell des Rittertums zum Kampfe heraus. Die Turniere leben wieder auf, und die Ordalien machen von sich reden. Das dekorative Element des Feudalismus fesselt die Farbenlust des Auges. Hier gibt Italien das Beispiel.

War im 15. Jahrhundert die Literatur wesentlich national, so öffnet Frankreich seine Tore jetzt dem ausländischen Einfluß immer mehr. Idee und Form der italienischen und der antiken Literatur dringen immer mächtiger aus Italien herein. Das Mißbehagen in kirchlichen Dingen bereitet der religiösen Bewegung, die aus Deutschland herüberkommt, einen günstigen Boden.

Franz I., wenig gebildet, stand der Renaissancebewegung mit 14.
guter Absicht, aber mit wenig Tatkraft und Opferwilligkeit zur Seite. Er hat Sache und Personen im entscheidenden Moment zu oft im Stiche gelassen, als daß er im Ernst den Namen des *restaurateur des bonnes lettres* verdiente. Der Plan, eine von der Sorbonne unabhängige, freie, königliche Hochschule als Pflegestätte humanistischer Studien, eine Art Abtei Thelema, zu gründen, fand im König eine sehr zögernde und auch schließlich nur ärmliche Unterstützung. Nach dreizehnjähriger Anstrengung brachten es Männer wie Budé 1530 dahin, daß drei königliche Professoren *(lecteurs royaux)* Lateinisch, Griechisch und Hebräisch zu lehren beginnen konnten. Diese *trilingue et noble acadèmie*, welche 1610 den Namen des *Collège royal* (später *de France*) erhält, entfaltet bald eine glänzende Lehrtätigkeit und wird zur Pflanzstätte eines neuen humanistischen Geschlechts, dem Ramus, Dolet, Robert Estienne, de Bèze angehören. Mit Rabelais traf sich hier Calvin und wohl auch Loyola. Die philologische Behandlung biblischer Texte erweckte den Widerspruch der mißtrauischen Sorbonne, welche die neue Schule schon 1530 als *de lutheranismo vehementer suspecta* erklärte. In dieser Fehde war des Königs Haltung schwankend. 1534 setzte er, dem Drängen der Sorbonne nachgebend, eine so strenge Zensur ein, daß sie einer Vernichtung des Buchdruckes gleichkam. Sie konnte nicht aufrechterhalten werden. Anderseits errichtete er 1539 eine königliche Druckerei für griechische Bücher, deren Privileg ein förmliches Manifest des Humanismus ist.

Im nächsten Jahre erhob die berühmte königliche Ordonnanz von Villers-Cotterets das Französische zur obligatorischen Gerichtssprache des ganzen Landes. Die Maßregel war außerordentlich tiefgreifend und folgenschwer. Sie rief den Widerstand der durch die Gewöhnung des Unterrichts und der Praxis ans Latein gefesselten Juristen und jenen der nicht französisch sprechenden Landesteile des Südens auf den Plan. Doch blieb es bei der Verfügung, und, mag diese auch wesentlich politischen, zentralistischen Erwägungen des Königs entsprungen sein, so bildet sie doch ein wichtiges Ereignis der literarischen Entwicklung Frankreichs, da durch sie, wie Henri Estienne sagt, das Französische zur Mündigkeit erhoben wurde. Der Aufschwung der humanistischen Studien geht in Frankreich Hand in Hand mit einer Befreiung und Ehrung der Muttersprache. '*A un poète qui n'écrivait qu'en latin*' wendet sich 1547 tadelnd der gelehrte J. Peletier:

J'écris en langue maternelle
Et tâche à la mettre en valeur,
Afin de la rendre éternelle,
Comme les vieux ont fait la leur;
Et soutiens que c'est grand malheur
Que son propre bien mépriser
Pour l'autrui tant favoriser.

Si les Grecs sont si fort fameux,
Si les Latins sont aussi tels,
Pourquoi ne faisons-nous comme eux
Pour être comme eux immortels?
Toi qui si fort exercé t'es
Et qui en latin écris tant,
Qu'es tu sinon qu'un imitant?

Auch die Muttersprache ist tauglich und weithin verständlich:

Longtemps y a qu'elle est connue
En Italie et en Espagne,
Et est déjà la bienvenue
En Angleterre et Allemagne!

Das Zurückstehen Frankreichs habe seinen Grund in der Geringschätzung, mit der die Franzosen ihre eigene Sprache behandelten: *le mépris et contemnement de notre langue native*, wie er in seinem latinisierenden Stile sagt.

Hierin unterscheidet sich die französische Renaissance von Anfang an von der italienischen. Das Lateinschreiben spielt in ihr eine geringere Rolle. Auch lastet der Ciceronianismus weniger auf ihm. '*Pour le jour d'hui* wird Ronsard 1572 sagen, *vaut autant parler un bon gros latin, pourvu qu'on soit entendu, qu'un affecté langage de Cicéron.*'

A. Lefranc, *Histoire du Collège de France*, Paris 1893. — Über eine Apologie Franz' I. cf. *Bull. prot.* 1913, p. 542. — Das Privileg v. 1539, cf. Egger, *Hellénisme*, I, 165 ff. — Die Ordonnanz v. 1539, cf. Brunot, II. 30; zu ihrer Wirkung cf. P. Meyer, *Documents linguistiques du midi de la France*, Paris 1909, 188 n. — J. Peletier, *Les œuvres poétiques*, Paris 1547, Neudruck der *RRen.* 1904, p. 110.

Eine eifrige Übersetzertätigkeit begann. Übersetzen war die 15.
beliebteste, lohnendste literarische Arbeit. 'Nutze deine Kunst', sagt der alte Marot zu seinem Sohn:

Tu en pourras traduire les volumes . . .
Des vieux Latins, dont tant est mention.

Bis 1550 waren fast alle wichtigen Autoren des Altertums ins Französische übertragen. Die Kenner machen sich wirkliche Treue der Wiedergabe zur Pflicht. J. Peletier widmet König Franz den Anfang einer Übersetzung der Ilias mit den Worten:

J'y ai voulu les épithètes mettre
En ne voulant d'Homère rien omettre.
. . il convient garder la majesté
Et le naïf de l'ancienneté.

Freilich dienten für die Griechen meist lateinische Zwischenversionen, so daß H. Estienne klagend von *traducteurs des traducteurs* spricht und Du Bellay ihre Arbeit geringschätzig '*traduire à crédit*' nennt (*Défense* I, 6).

Auch aus dem Italienischen wird emsig übertragen. Nachdem Castiglione, der 1515 den König Franz zu Bologna persönlich hatte kennen lernen, mit dessen Ermunterung *(alle vertuose voglie del Re Cristianissimo)* seinen *Cortigiano* beendet hat, bringt die Übersetzung dieses Lehrbuchs (1537) den Franzosen mit dem Wort *(Courtisan)* das Bild des gesellschaftlichen Idealmenschen der Zeit. Sannazars *Arcadia* (1544) bringt ihnen jene eleganten gebildeten Hirten, die in eine Landschaft mit antiken Gottheiten hineingestellt und mit antiken Gebräuchen beschäftigt sind: eine wahre Wiedereinsetzung der antiken ländlichen Mythologie. Der Petrarkismus führt in seinem Gefolge auch den Platonismus aus den italienischen Akademien herüber. Die Übertragung Ariosts

(1543) macht Frankreich mit der bunten Welt des *Orlando furioso* bekannt, und die von Machiavells Kriegskunst (1546) bildet das literarische Seitenstück zu den zahlreichen Entlehnungen militärischer Ausdrücke aus dem Italienischen.

Die elegante Welt ist mit der italienischen Sprache vertraut. Franz und seine Schwester Margarete sprechen sie oder schreiben sie doch. Margarete wechselt italienische Briefe mit Vittoria Colonna. 1535 erscheinen *a Parigi* die *Rime toscane* eines Franzosen mit dem Pseudonym Amomo. Der Kardinal Jean de Guise begünstigt das Italienische und, wie es in einer zeitgenössischen Huldigung heißt:

Fa che la lingua tosca oggi si prezzi
Fin dove volge Senna il torto piede.

Am Hofe selbst bildet die florentinische Höflingsgesellschaft, welche die Dauphine Katharina von Medici um sich vereinigt, einen Herd italienischen Einflusses, in dessen Zentrum lange, als *maître d'hôtel ordinaire*, der Rhetor Luigi Alamanni stand, der in zahllosen Dichtungen und besonders in seinem Poem über den Landbau (1546) König Franz feiert. Der Novellist Matteo Bandello wohnt seit 1542 in Südfrankreich und verwaltet während eines Jahrzehnt das Bistum Agen. Seine *Histoires tragiques* werden seit 1558 übersetzt. Auch andere Schriftsteller und Künstler lebten in Frankreich. Für die Namen der ersteren, meist literarischer Abenteurer, ist hier kein Raum. Nur zu vorübergehendem Aufenthalt findet sich Bernardo Tasso ein (1528). Andere, wie Aretino, erbitten sich von Italien aus Franzens Gunst. Unter den Künstlern sind von den größten: Leonardo da Vinci, Andrea del Sarto, Primaticcio, Benvenuto Cellini. Diese Italiener lieferten die Dekorationen zu den berühmten Prachtbauten, die damals unter den Händen französischer Meister entstanden. Italienische Gelehrte dozierten an der Pariser Hochschule Hebräisch, griechische Philosophie u. s. f. Mit den italienischen Instrumenten zog italienische Musik und besonders der italienische Tanz in Frankreich ein.

Begeistert feiern diese ennetbergischen Gäste das Land, das sie gastlich beherbergt. Von Fontainebleau singt Alamanni:

'O Fontana gentil, che la bella onda
Non fra negletti fior, vermigli e persi,
Ma fra bei marmi riccamente versi
Sotto il tetto regal che ti circonda —

Griechenland erkennt deine Überlegenheit an:

poichè al gallo terren soggiace il greco —

und die Musen haben die Hippokrene verlassen, um in der Seine zu baden.'

Spanien führt der französischen Literatur unter Franz I. drei bedeutende Werke zu: das originelle aber lizenziöse Drama *Celestina* (übertragen 1527), das über Italien kam und das die Ängstlichen *Sclestina* nannten; den Ritterroman *Amadis*, der seit 1540 übersetzt ward, sowie die Werke des Franziskaners Guevara, nämlich seinen romanhaften Fürstenspiegel *Marco Aurelio* (*Le livre doré de Marc Aurèle*, 1531) seine *Epistolas* (*Epître dorées*, 1540) sowie den *Menosprecio de la corte* (*Le mépris de la cour*, 1544), die zu der vom *Cortigiano* inaugurierten didaktischen Literatur für Fürst und Hof gehören.

Deutschland liefert nach dem *Narrenschiff* den *Eulenspiegel* (1532) und die Schriften Luthers.

Cf. die Liste der Übersetzungen bei Birch-Hirschfeld p. 16 n., 111 n. und bei Lanson, No 968—1563. Proben gibt P. Villey, *Les sources d'idées*, 1912, in der *Bibliothèque française* p. p. F. Strowski, Paris, Plon. Von den Übersetzungen griechischer Dramen handelt R. Sturel in *Rhl.* XX (1913), 269. — J. Peletier, *Œuvres poétiques*, p. 9. — Fr. Torraca, *Gl'imitatori stranieri di J. Sannazaro*[2], Roma 1882. F. Flamini, *Studi di storia letteraria* etc., Livorno 1895 (p. 197 ff., *Le lettere italiane alla corte di Francesco I*). Zu Margarete's Italienisch: Picot, *Fr. ital.* I, 41 ff. — Zum Amomo ib. p. 53. — P. Picco, *I viagggi e la dimora del Bandello in Francia* in *Scritti vari in onore di R. Renier*, Torino 1912, p. 1102. R. Sturel, *Bandello en France* in *Bull. ital.* XIII (1913), p. 210 f. — H. Hauvette, *Un exilé florentin à la cour de France: L. Alamanni* (1495—65), *sa vie et son œuvre*, Paris 1903; dazu *R.Ren.* IV, 258; cf. auch Lanson, no 596 ff. Über die italien. Künstler. Picot, im *Bull. it.* 1901—4. — L. Palustre, *La renaissance en France*, Paris 1879 ff. — Zur *Célestine*, Picot, no 3059. Zu den Übersetzungen Guevaras, *Rhl.* III, 239; ib. 54, Picot, no 807. — Eulenspiegel cf. Süpfle I, 35 und R. Gosche, *Zum franz. Eulenspiegel* im *Archiv f. Lit.-Geschichte* hg. v. R. Gosche, I, Leipzig 1870, p. 282.

Rasch waren lutherische Ideen in das gärende kirchliche 16.
Frankreich gedrungen. Indem diese französische *luthérerie*, auf das vorkonstantinische Christentum zurückgehend, das Evangelium als die einzige und ausschließliche Quelle christlichen Glaubens und kirchlichen Lebens anerkannte und den durch die Gnade Gottes verliehenen Glauben an Jesum als einzige Quelle des Heils erklärte, war sie radikaler als Luthers eigene Lehre. Doch lag auch ihrer Absicht das Schisma zunächst ferne. Sie gewann die Sympathien vom aufgeklärten Bürgertum bis zur königlichen Familie. Der evangelisch gesinnte Bischof von Meaux, Briçonnet, leitete um 1523 die religiöse Erziehung Margaretes. Zwar verdammte die Sorbonne Luther (1520) und bekämpfte die

Übersetzung seiner Werke wie auch die Übertragung des Evangeliums und der Psalmen, die der Hof schützte. Während Franz' I. Gefangenschaft in Madrid beginnen die ersten Verfolgungen und werden für die *luthéristes*, *évangéliques*, *bibliens*, *sacramentaires* die ersten Scheiterhaufen angezündet. Bilderstürmerische Exzesse derselben schüren das Feuer. Es wird der Lutherübersetzer Berquin — *le Mercure d'Allemagne* — verbrannt (1529). Die Agitation richtete sich direkt gegen des Königs Schwester Margarete, deren Person von den Studenten des Collège de Navarre in einem Theaterstück verhöhnt und deren poetisches Andachtsbuch *Le miroir de l'âme pécheresse*, 1531 eine Sammlung evangelischer Verse, von der theologischen Zensur verurteilt wurde. Das war König Franz zu viel. Die Pariser Universität desavouierte das Urteil der Sorbonne, der *Miroir* erfuhr eine neue und vermehrte Auflage, und des Königs Leibarzt, der Humanist Nikolaus Cop, durfte es wagen, am Allerheiligentage 1533 in einer akademischen Festrede 'Über die christliche Philosophie' der evangelischen Richtung das Wort zu reden und die Meinung der 'Sophisten' von der Sorbonne als Häresie zu bezeichnen: eine Herausforderung, wie sie im katholischen Frankreich noch nicht vernommen war. Der eigentliche Verfasser dieser kühnen Rede soll Cops junger Freund Calvin gewesen sein. Beide mußten vor der Aufregung, welche ihre Worte hervorgerufen, fliehen. Als im Oktober 1534 die Plakate 'Gegen den Götzendienst der Messe' öffentlich angeschlagen wurden, da ließ sich Franz I. überzeugen, daß es sich hier um eine staatsgefährliche Bewegung handle, und es erging im Januar 1535 das erste Staatsedikt gegen die *sacramentaires*, dem 1540 ein zweites, noch strengeres folgte, nachdem inzwischen Calvins Hauptwerk, *Christianæ religionis institutio* (1536) erschienen war. Jetzt (1541) hält Calvin seinen endgültigen Einzug in Genf und begründet da die neue Orthodoxie seiner Kirche. Die Regierung Franz' I. aber schließt mit jenen bösen Jahren der Verfolgung, in denen Männer wie Marot und Robert Estienne ihr Vaterland fliehen und andere, wie Dolet (1546), gefoltert und verbrannt werden.

Humanismus und Reformation sind zwei geistige Bewegungen desselben Ursprungs und derselben Richtung. Der Humanismus bedeutet eine Förderung des Gedankens einer Reform der mittelalterlichen Kirche. Die Humanisten beschäftigen sich in gleicher Weise mit dem heidnischen und mit dem jüdischen und christlichen Altertum: *philologia sacra et profana*.

Reuchlin ist Hebräist; Erasmus ist der Gräcist des Neuen Testaments, und sie erheben mit den Reformatoren den Anspruch, die Zustände der zeitgenössischen Kirche an der Hand der Geschichte frei zu prüfen und zu kritisieren. Humanisten und zukünftige Reformatoren bilden anfangs eine große Partei. Reuchlin, Luther, Erasmus — sie sind alle drei von demselben Hasse der päpstlichen Theologen verfolgt. Aber in dem Kampfe gegen den gemeinsamen Feind gehen sie bald auseinander.

Während Luther zur offenen Auflehnung gegen Rom, zur kirchlichen Revolution mit dem Appell an die Menge überging, begnügte sich Erasmus mit dem Plane einer Reform der Kirche innerhalb der Schranken der römischen Hierarchie. Und während Luther zur Gründung einer neuen Orthodoxie fortschritt und den Grundsatz der freien Forschung zugunsten dieser Orthodoxie konfiszierte, blieb Erasmus kühl bei diesem Grundsatz stehen. Er blieb das Haupt jener aufgeklärten katholischen Partei, die fast freidenkerisch genannt werden muß, die aber an der katholischen Kirche aus Gründen persönlicher Gewöhnung und politischer Überlegung festhielt.

Was sich mit Erasmus und Luther zutrug, das wiederholt sich auf dem Boden Frankreichs mit Rabelais und Calvin. Rabelais ist entschieden evangelisch gesinnt. Er gehört, wie Calvin 1550 von ihm sagt, zu denen, die einst vom Evangelium gekostet hatten. Als aber Calvin auf die starre Lehre von der Prädestination seine alleinseligmachende Orthodoxie gründete und so eine neue Form des Geisteszwanges einführte, da hatte Rabelais nur noch Spott für die Calvinisten. Er bleibt innerhalb der katholischen Kirche, ein gemäßigter Freidenker. Für diese humanistische 'Sekte' treten uns die Namen *libertins* — Calvin scheint diesen Namen zuerst zu brauchen — *déistes*, ἄχριστοι entgegen.

Es steht in Frankreich der Humanist zwischen zwei Feuern, dem der katholischen und dem der calvinistischen Orthodoxie, und hat nicht selten Grund, für seine Sicherheit zu fürchten.

H. Hauser, *De l'humanisme et de la réforme en France* (1512—1552) *Rev. historique*, LXIV, 258. — Ph. A. Becker, *Marguerite et G. Briçonnet d'après leur correspondance manuscrite* (1521—24) im *Bull. prot.* 1900. — Zum Schutz der Bibelübersetzungen. *RRab.* X, 337. — Zum *Miroir* cf. Le Petit p. 54—5 und seiner Verurteilung: *RRab.* VIII, 290. — Zur Bezeichnung *libertin* cf. F.-T. Perrens, *Les libertins en France au XVIIe siècle*, Paris 1896, p. 8. — J. Barnaud, *J. Lefèvre d'Etaples, son influence sur les origines de la réformation française*, Cahors 1900.

17. Frankreichs Reformator, Jean Calvin, ist 1509 zu Noyon in der Picardie geboren. Er entstammt einer Familie, in welcher der Vater, der Notar des Kapitels, und der ältere Bruder, ein Kaplan, das Beispiel kirchlicher Unbotmäßigkeit gaben. Er studiert in Paris, Orléans und Bourges erst Theologie, dann Jura, wendet sich aber zugleich eifrig rein humanistischen Studien zu und wird während derselben von Freunden für die lutherische Idee gewonnen, für welche er sich seit 1532 bekennt. Doch gibt er seine kirchlichen Benefizien in Noyon erst 1534 auf. Nach der Rede des Rektors Cop beginnt eine Zeit unsteter Wanderung für ihn. In Nérac vorzüglich und in Basel schreibt er ein großes Lehrbuch der christlichen Religion, *Christianæ religionis institutio*, das 1536 zu Basel mit einem eindringlichen, beredten Widmungsschreiben an Franz I. erschien. Der lateinische Text erlebte wiederholte Umarbeitungen und Vermehrungen. Auf diejenige von 1539 gründet sich die von Calvin besorgte, berühmte französische Übersetzung von 1541: *Institution de la religion chrétienne.* Der definitive lateinische Text von 1559 wurde 1560 nochmals von Calvin ins Französische übertragen, doch ist diese eilige Version als sprachliche Schöpfung der älteren nicht ebenbürtig. Wohl aber ist sie interessant, insofern sie zeigt, wie die zwanzigjährige Gewohnheit, theologische Fragen in französischen Predigten zu behandeln, die Sprache des Autors fließender, lateinfreier aber auch weniger markig und gedrungen hat werden lassen.

Die Wechselfälle seiner Wanderungen führen Calvin 1536 nach Genf, wo er zu geistlichen Funktionen zugelassen wird. Bald steht er dort an der Spitze der Partei der Evangelischen, unterliegt aber im Kampfe gegen die weltliche Partei der Libertins und wird verbannt (1538). Ein längerer Aufenthalt in Straßburg bringt ihn in Berührung mit den deutschen Reformatoren und der deutschen Kirchenpolitik. Im September 1541 ruft ihn Genf, das die Libertins gestürzt hat, zurück, und nun richtet er, von unbeugsamer Härte gegen alle Opposition, in der Stadt ein theokratisches Regiment ein. Genf wird die Festung und zugleich die Hochschule des Protestantismus, indem Calvin 1549 die Académie gründet, an deren Spitze de Bèze tritt. Neben seiner administrativen Tätigkeit war Calvin ein eifriger Prediger (über zweitausend Predigten sind erhalten) und immer auch schriftstellerisch beschäftigt. Seine *Opera minora* bilden den bedeutendsten Teil seiner Werke. Er verfaßt eine *Confession des écoliers*

(1559), die in vollendeter Kürze die Grundlehren seiner Orthodoxie enthält. Er schreibt Pamphlete (z. B. *Des reliques*, 1543). Sein umfangreicher Briefwechsel zeigt, daß dieser strenge Mann auch ein Herzensverführer sein kann und Liebe und Lächeln kennt. Er starb 1564, arm. Seine Gewalttätigkeit stand nie im Dienste eigennütziger Absichten.

Wie Luther gründet Calvin seine Lehre ausschließlich auf das Wort Gottes der Bibel. Während aber Luther von der bestehenden katholischen Kirche alles annahm, was diesem Worte nicht direkt widersprach, verwirft Calvin, wie seine französischen Vorläufer, alles, was nicht den geschriebenen göttlichen Rechtstitel ausdrücklich nachweisen kann. Luther bleibt auf dem Boden der Geschichte, säubert, restauriert; Calvin bricht mit aller Tradition, reißt nieder und baut dann neu auf. Calvin ist weniger originell als Luther, insofern er von diesem angeregt ist; aber er ist radikaler, entschiedener.

Während Luther dem katholischen Dogma von der Heiligung durch die Werke dasjenige der Rechtfertigung durch den Glauben gegenüberstellt, greift Calvin zur Lehre von der Prädestination, wie sie im Römerbrief IX, 10—23 ausgesprochen ist. Sie ruht auf der Lehre von der Erbsünde, die das Gegenteil des humanistischen Glaubens an die Güte der menschlichen Natur ist. Calvin spricht gelegentlich, als klänge ihm im Ohr der Wortlaut Rabelais' (cf. oben p. 5). *Nous ne nions pas*, sagt er, *qu'il n'y ait quelque semence de noblesse en notre nature, laquelle nous doive inciter à suivre justice et honnêteté ... comme un aiguillon pour nous stimuler ...* Trotzdem: *notre nature n'est pas seulement vide et destituée de tous biens, mais elle est tellement fertile de toute espèce de mal qu'elle ne peut être oisive.* Er haßt die Natur. Er macht die Lehre von der Gnadenwahl zum Zentraldogma und spricht sie in jener Schroffheit aus, die den Menschen jedes Verdienstes am eigenen Seelenheil beraubt und Seligkeit oder Verdammnis als willkürliches Geschenk Gottes erklärt: Gott erwählt die Menschen 'ohne irgend welche Rücksicht auf Würde oder Tugend', oder er verdammt sie, 'um durch ihre Verdammung seine Majestät zu verherrlichen'. Zu dieser finsteren Lehre passen denn auch die Bezeichnungen, die Calvin für seine Gegner hat: *Chiens vomissant le blasphème, pourceaux grognant contre Dieu, canailles* etc.

Die Schriften, in welchen diese Lehre im Tone hochmütiger Überlegenheit und zornmütiger Selbstgewißheit vorgetragen wird, erscheinen dem Leser unheimlich und monoton trotz der großen Kunst, die wir an dieser nervigen Sprache bewundern, die alle Künstelei verschmäht, das schlichte Bild liebt, dem Banne der lateinischen Sprache sich zu entreißen bestrebt ist und hier zum ersten Mal in den Dienst theologischer Erörterungen tritt. Die Reformation, die sich gegenüber den Geheimnissen der katholischen Kirche an das Urteil aller Gläubigen wandte, trug auch in Frankreich dazu bei, die Herrschaft der Muttersprache zu fördern.

Aber für die französische Literatur ist der Calvinismus nicht geworden, was Luthers Werk für die deutsche.

Calvin hat die Bibelübersetzung andern überlassen, die keine hervorragende Arbeit daraus schufen. Doch ist der Text, aus dem die definitive Genfer Bibel *de la vénérable compagnie* von 1588 hervorging, nicht ohne seine langjährige Mithilfe entstanden. Dem deutschen Kirchenlied hat der Calvinismus, der als liturgische Gesänge nur die Psalmen zuläßt, nur Psalmenübersetzungen zur Seite zu stellen. Seine Benutzung der Bühne zu Zwecken der Erbauung und Propaganda hat zu keiner lebensfähigen Dramatik geführt.

J. Calvini opera quae supersunt omnia, 59 voll. Braunschweig 1863—1900 (im *Corpus reformatorum*, voll. XXIV—LXXXVII. *Œuvres choisies de J. Calvin* p. p. la compagnie des pasteurs de Genève, Genève 1909 (mit Einleitungen). Die *Institution* in der Form von 1541 neu hg. unter A. Lefranc's Leitung: *J. Calvin, Instit. de la rel. chrétienne, texte de la première édition française*, (1541) p. H. Chatelain et J. Pannier, Paris 1911. Zum Stil der *Institution*: Lanson, *Rev. historique* LIV, 60 ff. und nun Lefranc in der Einleitung zur Neuausgabe p. 37—55. — Das Zitat über Erbsünde in der *Institution* v. 1541 p. 32—37. — Calvin's Antheil an der Bibelübersetzung erörtert E. Reuß im Vorwort zum LVI. Band der *Opera*. — E. Doumergue, *J. Calvin: les hommes et les choses de son temps*, 4 voll. Lausanne 1899—11. A. Bossert *J. Calvin*, Paris 1906 (*Coll. des grands écriv. fr.*). Die Jubiläumsliteratur von 1909 verzeichnet das *Bull. prot.* 1909. — Dufour, *Calviniana* in den *Mélanges Picot*, 1913.

18. Indem die Humanisten eine Erlösung von der mittelalterlichen Schulphilosophie im Studium der antiken Weltweisheit suchen, lassen sie es sich angelegen sein, zu verkünden, was aus den alten Lehrsystemen für das Christentum zu gewinnen sei. So schreibt Budé drei Bücher *De transitu hellenismi ad christianismum* (1534) und Dolet einen *Cato christianus* (1538).

Von zwei Seiten her wird die auf einem mißdeuteten Aristoteles beruhende Scholastik direkt bedrängt. Die einen bemühen sich, unter dem Schutte, den die Kommentatoren aufgehäuft haben, den echten Aristoteles zu finden (Lefèvre d'Etaples, gest. 1537). Die andern gehen von Plato aus, sei es vom echten Plato, sei es vom Plato der italienischen Akademiker, insbesondere Marsilio Ficinos, des Verfassers der *Theologia platonica* (1480).

Dieser Freund Lorenzos de' Medici war bestrebt gewesen, unter der Führung der Neuplatoniker die Philosophie des Meisters mit den Grundanschauungen des Christentums zu vereinigen und die Religion der Liebe durch die Philosophie der Liebe zu stützen. So hatte Italien einen christlichen Platonismus, d. h. eine Art neuer Scholastik, begründet, und diese Lehre sehen wir in Frankreich seit 1540 namentlich von dem Kreise der Königin Margarete von Navarra ausgehen. Diese Frau, deren Katholizismus erschüttert war, schwankte, eine 'Modernistin', zwischen den feindlich gewordenen Richtungen der Renaissance nnd der Reformation. Sie war religiös und von der Heilkraft des Glaubens durchdrungen. Die Rechtfertigung durch die Werke ist für sie 'Aberglaube'. Aber sie bekennt sich so wenig zum strengen Dogma des Calvinismus als zum Asketismus der katholischen Lehre. Sie liebt die Natur und sieht in ihr der gütigen Gottheit Abbild. Die platonische Theologie, in welche sie durch ihren Schützling Simon Sylvius (Dubois) eingeführt worden zu sein scheint, fesselt sie, und schließlich vereinigt sie die Elemente ihrer Bildung und ihres Glaubens in der Lehre eines christlich-mystischen Pantheismus. Sie hatte einen förmlichen Stab von Platobearbeitern um sich: Desperiers übersetzt den *Lysis* (um 1541); Dolet plant eine französische Platoausgabe und gibt 1544 eine Probe, die ihn auf den Scheiterhaufen führt; Sylvius überträgt 1546 Ficinos berühmten Kommentar zum *Symposion*, Philibert du Val 1547 den *Kriton*. Andere Schützlinge Margaretes erfüllten, gleich ihrer Herrin, mit der Mystik dieses Neuplatonismus ihre Verse.

Unterdessen hatte sich aus der Mitte der Pariser Universität eine mächtige Stimme für den antiken Plato erhoben. Es ist die des Picarden Pierre de la Ramée (Ramus, 1515 bis 1572), einer der kraftvollsten Erscheinungen der französischen Renaissance. Ihn hatte, wie er selber sagt, ein guter Engel auf Xenophon und dann auf Plato geführt, bei denen er die sokratische Philosophie, die ihn wie eine Offenbarung beglückte, kennen lernte. Seine Verkündung Platos war von anfang an zugleich eine heftige Bekämpfung des Aristoteles (*Animadversiones Aris-*

totelicæ 1543) und der Scholastik, aus deren *'boutique sortirent heiccitates, quidditates, suppositalitates et infinis autres monstrueux vocables, ne servant que de terreur.. Pour détruire de fond en comble ces repaires des sophistes, c'est une mort intrépide et glorieuse qu'il faut accepter au besoin'*. Unter Franz I. verfolgt, wird dieser Wortführer der Gedankenfreiheit 1551 Professor am Collège de France. Seine *Dialectique* (1555), in welcher er die freie Disputierkunst der platonischen Dialoge darlegt, ist die erste philosophische Abhandlung in französischer Sprache. Den Märtyrertod, den er auf sich zu nehmen bereit war, erlitt er in der Bartolomäusnacht.

Aber im Widerstreite der Meinungen ist auch die Stimme der Libertins zu vernehmen. 'Weltglocke' *(Cymbalum mundi)* betiteln sich in vagem Anschluß an ein antikes Scherzwort vier französisch geschriebene Dialoge (gedruckt 1537), von Bonaventure Desperiers (gest. 1544) verfaßt, in denen die theologischen *rêveurs* ironisiert werden, die den Stein der Weisen suchen. Die Dialoge sind literarische Scherze eines Ungläubigen, denen der pompöse Titel 'Weltglocke' schlecht steht, und die, an und für sich unbedeutend, doch als Ausdruck der Stimmung humanistischer Kreise bezeichnend sind. —

Über Lefèvre cf. zu § 16. — A. Lefranc, *Le platonisme et la littérature en France (1500—50)* in *Rhl.* 1896. Ders. *Marguerite de Navarre et le platonisme de la renaissance* in *Bibliothèque de l'Ecole des chartes* 1897 und 98. Ders. *Les idées religieuses de Marg. de Navarre d'après son œuvre poétique* (*les 'Marguerites' et les 'Dernières poésies'*) im *Bullet. de la Soc. de l'hist. du protestantisme français*, 1897—98, wozu Ph. A. Becker im *Archiv* CII, 95—108). Zum Kreise Margaretes cf. A. Cartier und A. Chenevière in *Rhl.* 1895. Cr. Garosci, *Margherita di Navarra*, Torino, 1908, wozu Ph. A. Becker in der *Deutschen Literaturzeitung* v. 4. April 1908. Weitere Literatur über Margarete zu § 28. — Rich. Copley Christie, *E. Dolet, le martyr de la renaissance*, traduit p. C. Stryenski, Paris 1886.; 2. Aufl. des englischen Originals, London 1899. Neueres in der *Revue du seizième siècle* I. (1913), 55—98. Ch. Waddington, *Ramus, sa vie, ses écrits et ses opinions*, Paris 1855. — *Cymb. mundi*, cf. Le Petit, p. 65 und *Rhl.* 1902 p. 100. Die Deutung des scherzhaften Titels stammt von P. L. Jacob in seiner Angabe der Novellen des Bonaventure, Paris, s. d. Garnier, p. 299n.

19. Die Muttersprache war bisher eines besonderen Studiums nicht gewürdigt worden. Das Mittelalter besitzt wohl französische Grammatiken für Ausländer, aber nicht Darstellungen und Untersuchungen der Muttersprache um ihrer selbst willen. Der erste, der sich an diese Aufgabe wagt, ist von Italien angeregt, das er

zweimal besucht hat. Es ist der Drucker und Verleger Geoffroi Tory aus Bourges mit seinem 1529 veröffentlichten Prachtwerk *Champ fleury*, dessen Titel 'Pardiesgarten' ohne näheren Zusammenhang mit dem Inhalt von ihm gewählt wurde 'wegen der Anmut und Ungezwungenheit dieses Namens'. Dieses Buch handelt über die Größen- und Formverhältnisse der Buchstaben. Der Autor faßt es als den ersten Teil einer Darstellung der französisehen Muttersprache auf, dem andere dann Untersuchungen über die Laute, Wörter und die Rede folgen lassen würden. Er steht an der Spitze der langen Reihe derer, welche die französische Rechtschreibung zu reformieren sich bis zum heutigen Tage bestreben. Er schlägt den Gebrauch der Akzente, der *cédille* u. a. vor und befolgt diese Neuerungen beim Drucke der Jugendgedichte Clém. Marots, die er verlegt. Die Frage einer modernen Rechtschreibung fängt an, auch die Autoren zu beschäftigen. Im Kreise der Königin Margareta interessiert man sich lebhaft für die neuen Zeichen, die im *Miroir de l'âme pécheresse* von 1533 Verwendung finden.

Tory wünscht Frankreich einen Priscian oder Quintilian, der seine Sprache reinige und in bestimmte Gesetze bringe, um den Sprachverfall aufzuhalten. Er gibt in der Vorrede Beispiele für diesen Sprachverfall, der fortwährend treffliches altes Sprachgut zerstöre, und an dessen Stelle setze: 1) geschmacklose, pedantische Latinismen der *écumeurs de latin* (Rabelais benutzt diese ursprünglich wohl aus einem Schwank stammende Stelle wörtlich zur Charakterisierung seines *écolier limousin*, II. 6); 2) Geziertheiten der höfischen Gecken (*plaisanteurs*); 3) Neologismen der *forgeurs de mots*, die ihre Scherzreden namentlich unter dem Einfluß des Weines führen (diese Weinworte finden sich meist bei Rabelais wieder). Es sei sogar das Argot der Galgenvögel in der Literatur heimisch geworden (Villon). Die Pariser Damen sprächen fälschlich *e* statt *a*, wie die Engländer, und sagten: *Mon mery est à la porte de Peris*; auch höre man in Bourges und Paris *r* und *s* verwechseln: *Jerus Masia!* Tory verwirft das Lateinschreiben; in Frankreich soll französisch geschrieben werden *pour décorer sa nation et enrichir sa langue domestique*. Ein Franzose, der Latein schreibt, erscheint ihm 'wie ein Handwerker, der, als Philosoph oder als König verkleidet, auf der Bühne der Passionsbrüder eine Rolle spielt, für welche seine Zunge zu schwer und seine Haltung zu ungelenk ist'. Für das Französischschreiben aber stellt er eine Reihe alter einheimischer Autoren, deren Werke er 'auf Pergament' gelesen habe, als Muster hin: Chrétien de Troyes, Huon de Méry, Raoul de Houdenc, Arnoul Greban, Alain Chartier, aus denen bereits die unvergleichlichen Crétin und Lemaire ihre schöne Sprache geschöpft hätten. Solchen Franzosen seien weder Homer noch Vergil noch Dante überlegen — '*arrière, arrière, auteurs grecs et latins!*'

So stellt er ein streng nationales Programm für die Hebung der Muttersprache auf als ein eifriger Konservativer.

Andre aber bleiben auch als Grammatiker im Bann der Antike. So der gelehrte Mediziner Sylvius (Jacques Dubois), der 1532 sein Buch *In linguam gallicam isagωge* samt einer *Grammatica latinogallica* herausgibt und die Ehrung der Muttersprache so versteht, daß das Französische in Schrift und Laut dem Latein anzugleichen sei. '*Tu ames*' *(amas) — mihi magis placet sine diphthongo* und ein *g'hai receuptes tes lettres* finde seine Rechtfertigung in '*habeo receptas, id est accepi, tuas literas*'. Noch radikaler — doch nicht ohne tiefere Einsicht in den Sprachwandel — ist der andere Picarde Ch. de Bovelles, der in seinem Buche *De differentia vulgarium linguarum* (1533) den modernen Sprachen, insbesondere auch dem Deutschen, den Prozeß macht. Er bekämpft lebhaft die Ansicht, daß diese wandelbaren und mundartlich zerklüfteten lebenden Sprachen das Latein aus seiner literarischen Vorherrschaft verdrängen könnte: *latinam linguam . . gallici sermonis fontana . . a locorum, temporum et horoscoporum casibus immunem.*

Auf italienische und antike Muster verweist *Et. Dolet*, von dessen umfangreichem Werke über die französische Sprache (*L'orateur français*, in neun Teilen) nur die drei Kapitel von der Übersetzungskunst, der Interpunktion und den Akzenten (1540), die ihm als Übersetzer und Drucker besonders am Herzen lagen, erschienen sind. Er übt und verteidigt in seiner Übersetzung von Ciceros Briefen (1542) die 'gelehrte' Übersetzung, welche die lateinische Bezeichnung antiker Dinge beibehält und z. B. *auspice, sesterces, comices* sagt: '*les vouloir reprendre ou rejeter ... ce serait confondre la véritable antiquité*'. Lehnt er also die Travestierung des Altertums ab, so verwirft er doch unnötige Latinismen und das Haschen nach Neubildungen. Begeistert preist den *Orateur français* Charles de Ste-Marthe als ein Buch zum Ruhme des muttersprachlichen:

Parler français, plaisant à tous humains,

geschrieben

Pour au Français français habituer.

Lobend zitiert ihn Du Bellay (*Défense*, I, 12).

Über Tory, cf. Brunot, p. 33. Stengel, Auszüge aus G. Tory in *Phonet. Studien* hg. v. W. Vietor, V. 97. Ein Facsimile aus dem *Champ fleury* in Suchier und Birch-Hirschfeld, *Gesch. d. franz. Literatur*, Leipzig 1900, p. 312; Picot, no 2570 und cf. in den *Mélanges offerts à E. Picot* Paris 1913, II, 557. Vergl. auch C. Wahlund in *Abhandlungen Ad. Tobler ... dargebracht* 1895, 227 n. Den 'anmutigen' Titel *Champ fleury* mochte Tory in der Poesie des Mittelalters gefunden haben (z. B. in der *Vénus la déesse d'amour*). Von einem *camp fleury de Françoise Poésie* spricht auch Sebillet, *Art. poét. franç.*, ed. Gaiffe, p. 101. — Die anonyme *Briève doctrine pour dûment écrire selon la propriété du langage français* von 1533 (cf. Brunot, II, 95) nimmt ihre Beispiele aus dem *Miroir*-Drucke desselben Jahres und Verlegers. Über seine Orthographiesorgen spricht z. B. Cl. Colet im Nachwort zu seiner Gedichtsammlung *L'oraison de Mars aux dames de la cour* (1548): er scheut noch zurück vor der Rechtschreibung *dont plusieurs modernes veulent maintenant user*. Über Sylvius: Brunot, p. 133—138. — Zu Dolet's *Orateur: Phon. Studien* II, 219 f. u. *Frz. Zs.* XXI^{2}, 2. — *Charles des Ste-Marthe by* C. Ruutz-Rees, New York, 1910. p. 253 ff.

Ein alter Vers (*Anc. p. fr.* XII, 8) sagt: 20.

... Pour villes apparentes
En France y a trois cités excellentes,
C'est à savoir: Paris, Rouen, Lyon.

Diese drei Städte sind die Zentren dreier verschiedener Formen der Dichtung zur Zeit Franz' I.

Der Puy zu Rouen bildet die Hochburg der mittelalterlichen Poesie des Meistergesanges. Hier bewarb sich, was Dichterruhm erstrebte; hier konkurrierte Clément Marot 1521 ohne Erfolg, während sein späterer Gegner Sagon drei Preise davontrug.

Der Hauptvertreter der rhetorischen Schule ist der fruchtbare Jehan Bouchet (mit der anagrammatischen Devise *ha bien touché*), 1476—1555. In jungen Jahren hatte er, durch Sebastian Brants Elegie 'Der Kampf der Füchse' angeregt, ein moralisches Werk geschrieben unter dem Titel *Les renards traversant les périlleuses voyes des folles fiances du monde* (gedruckt 1503), dessen erster, in Prosa abgefaßter Teil das Original des deutschen Buches 'Von den losen Füchsen dieser Welt' ist. Seither benannte er sich *le Traverseur des voyes périlleuses*. Unter Franz I. verließ er enttäuscht den Hof, um zu seinen Anwaltsgeschäften in Poitiers zurückzukehren. So repräsentiert er die unter der Regierung dieses Königs in die Provinz relegierte Rhétorique. Er steht in umfangreichem poetischem Briefwechsel. Die Sammlung der *Epîtres morales et familières du Traverseur*, die er 1443 herausgibt, zeigt ihn (um 1525) auch in Verbindung mit Rabelais, *homme de grandes lettres grecques et latines.*

Die strenge Beobachtung des regelmäßigen Wechsels männlicher und weiblicher Reime (*loi de la succession des rimes*) hat zuerst Jehan Bouchet in seinen späteren Versen (seit 1520) gelehrt und geübt; aber erst der Autorität Ronsards gelang es, diesem Formgesetz allgemeine Nachachtung zu schaffen.

Als das hervorragendste Stück dieser noch wesentlich in mittelalterlicher Inspiration und in den Formen des Meistergesanges sich bewegenden moralisch-satirischen Dichtung müssen die *Contredits* (1530) des Narrenbruders Jean du Pont-Alais (genannt *Songecreux*) gelten, eine aus Versen und Prosa gemischte Schilderung der guten und — hauptsächlich — der schlechten Seiten der menschlichen Gesellschaft, besonders des Adels, der Geistlichkeit, der Ärzte und der Weiber. Die Verse sind von glücklicher Bildlichkeit, frischem, markigem Ausdruck, was den Gemeinplätzen dieser ständischen Satire neuen Reiz verleiht.

Zur Preisdichtung des Puy cf. Picot nr. 804. — A. Hamon, *Un grand rhétoriqueur poitevin: J. Bouchet,* Paris 1901. Auch Guy (zu § 1) behandelt ihn und andere Glieder dieses Kreises. — Zu J. Bouchets Werken cf. Picot nr. 504—511, 2583 und 2826. — Über die *Renards traversant,* cf. *Frz. Zs.* IX, 326. Der Briefwechsel mit Rabelais in dessen Werken ed. L. Moland, p. 694. — Über die *loi de la succession des rimes* handelt Kastner, *Rev. des langues rom.* XLVII, 336; dazu Laumonier *Ronsard poète lyrique,* Paris, 1909, 766 und Martinon, *Les strophes, étude hist. et critique,* Pariser Dissert. 1911, p. 10. n. — J. du Pont-Alais, cf. *Anc. p. fr.* XII, 198; Picot nr. 502f., H. Guy §§ 646ff. und unten § 30.

21. In Paris ist inzwischen eine neue Richtung zur Herrschaft gelangt, die des Clément Marot aus Cahors (1496—1544), der 1507 mit seinem Vater an den Hof gekommen war. Ohne humanistische Bildung wuchs er auf. Als Page eines vornehmen Herrn macht er eine Schule tollen Lebens durch. Von spärlichen juristischen Studien blieb ihm außer einiger Kenntnis des Lateins, die er später zu vermehren bestrebt war, nur der Name des Basochien. Den jungen König Franz begrüßt er mit dem *Temple de Cupidon*, einem allegorischen Modegedicht. 1518 wird er Sekretär Margaretes, der Schwester des Königs. Ob er 1525 bei

Pavia mitgekämpft hat, verwundet und gefangen worden ist, ist zweifelhaft.

Er neigt unter Margaretens Einfluß den neueren religiösen Ideen zu, ohne sich indessen offen dazu zu bekennen:

point ne suis luthériste
Ni zwinglien et moins anabaptiste:
Je suis de Dieu par son fils Jésus-Christ. (1525)

Weibliche Rache verdächtigt ihn der Ketzerei, so daß er im Frühjahr 1526 im Châtelet gefangen gesetzt wird. Er sieht die Folter in bedrohlicher Nähe und schreibt aus milderer Haft im bischöflichen Gefängnis zu Chartres eine Satire auf die 'Hölle' des Châtelet *(L'enfer)*. Die Rückkehr des Königs befreit ihn nach zwei Monaten, und bald darauf erhält er als Nachfolger seines Vaters eine Kammerherrenstelle bei König Franz.

Im nämlichen Jahre soll er den *Roman de la Rose* für einen Pariser Verleger modernisiert haben. Eine Übersetzung der Metamorphosen des Ovid, die übrigens nicht über das zweite Buch hinaus gedieh, beschäftigt ihn seit langem. Eine große Liebe gewinnt inzwischen Macht über ihn. Sie wird sein ganzes Leben erfüllen, obwohl sie aussichtslos ist. Das vornehme junge Mädchen, dem sie gilt, ist *Anne d'Alençon,* eine — unebenbürtige — Nichte Margaretes:

J'aime le cœur de m'amie,
Sa bonté et sa douceur.
Je l'aime sans imfamie
Et comme un frère la sœur.
Amitié démesurée
N'est jamais bien assurée
Et met les cœurs en tourment:
Je veux aimer autrement.

Im Sommer 1532 läßt er unter dem Titel *Adolescence Clémentine* in zierlichem Bande und mit der Devise *La mort n'y mord* eine Sammlung seiner Gedichte erscheinen, die rasch Neuauflage und Fortsetzung (*La suite de l'Adolescence Clémentine*, 1534) erfuhr. Im nämlichen Jahre veröffentlicht er die *Voyages* seines Vaters, revidiert und bevorwortet er eine neue Ausgabe der Werke Villons. Sein Drucker ist G. Tory. Einer drohenden Untersuchung wegen Ketzerei entzieht er sich 1534 durch die Flucht. Er verbarg sich, lebte dann ein Jahr in Ferrara bei Renée, einige Monate in Venedig. Mit poetischen Bittschriften erfleht er des Königs und des Dauphins Schutz gegen die *sorboniqueurs,* die ihn von Weib und Kindern, den *petits Maroteaux*, vertrieben:

De luthériste ils m'ont donné le nom;
Qu'à droit ce soit, je leur réponds que non.

Aber in der nämlichen Zeit schreibt er an zwei protestantische Damen eine Epistel, in der er das Schicksal der verfolgten *vrais amants de vérité* beklagt und etwas wie ein evangelisches Glaubensbekenntnis ablegt. Heimwehvoll gedenkt er in einer Epistel an Margarete der Zeit, da sie ihn Psalmen nachdichten ließ —

psaumes divins, car ce sont tes chansons.

Solche Zweideutigkeit macht sich ein Rouener Geistlicher, der mit Marot verfeindet war, François de Sagon, zu nutze, um in einem gereimten Sendschreiben (*Le coup d'essai)* gegen den fernen Dichter einen gehässigen, feigen Angriff zu richten, in welchem, da Marot selbst nach Rhétoriqueurart mit seinem Namen *(Maro)* zu spielen liebt, auch gewitzelt wird:

Maro sans t *est excellent poète,*
Mais avec t *il est tout corrompu . . .*
Tourné sans t *c'est le latin de Rome,*
Droit avec t *le français d'un sot homme.*

Zum kirchlichen Fanatismus gesellt sich in diesem Angriff persönlicher Haß und literarische Selbstüberhebung des dreifachen Laureaten des Puy. Andere Angriffe folgten. Freunde wie Desperiers, Charles Fontaine ergriffen das Wort zur Zurückweisung des Gegners. Marot selbst schwieg und beugte sich vor der Wucht dieses Hasses bis zur förmlichen Abschwörung der evangelischen Ketzerei (zu Lyon, Ende 1536), welche die Bedingung seiner Rückkehr nach Frankreich war.

Or je vous vois, France, que Dieu vous gard! . . .
Je dis: Dieu gard! à tous mes ennemis
D'aussi bon cœur qu'à mes plus chers amis,

singt er beglückt. Aber Sagon erwidert mit spöttischem Gegengruß:

Dieu gard Marot, tant qu'en foi pure il vive . . .
Dieu gard Marot, car s'il est infidèle,
Il se viendra brûler à la chandelle.

Schon erschien das Gewitter sich zu verziehen, als 1537 unerwartet ein gereimtes Pamphlet ausgegeben wurde: *Le valet de Marot contre*

Sagon, in dessen witzigen, aber unfeinen Ausfällen niemand den Autor Marot selbst verkennen konnte, der sich hier hinter seinem Diener Frippelippes verbarg. Nun brach der Kampf mit erneuter Heftigkeit aus. Er rief auf den Plan, was damals literarischen Namen hatte. Einzelne suchten zu versöhnen, indem sie beide Gegner zur Ordnung riefen. So der Rhetoriqueur Germain Colin Bucher aus Angers, den traditionelle Kunstübung mit Sagon verband, während protestantische Sympathien und dichterische Veranlagung ihn mehr zu Marot hinzogen. Die Straßen der Stadt Paris hallten von den Stimmen der Ausrufer wieder, welche Pamphlete ausboten. Ein spekulativer Verleger vereinigte sie zu einer erfolgreichen Sammlung.

Sagon bot die Hand zum Frieden, eine Überlegenheit heuchelnd, hinter der sich aber die Vorahnung einer Niederlage schlecht verbirgt. Ohne Erfolg. Die Narrenbrüderschaft der Stadt Rouen, *la Confrérie des Co(r)nards*, fand in dem literarischen Skandal einen willkommenen Gegenstand zu heiterer Kritik. Sie erließ schließlich eine Art gerichtlichen Spruches, aus welchem hervorgeht, daß Sagon in seiner Vaterstadt selbst als der Geringere der beiden Gegner betrachtet wurde (*Le banquet d'honneur*, 1537), und allmählich verstummte der Streit.

Er ist in mehrfacher Hinsicht interessant. Er gibt uns durch die äußere Form das Maß des geringen literarischen Anstandes der Zeit: persönliche Beschimpfungen, besonders durch Kalauer, von rohen Holzschnitten unterstützt, bilden einen wesentlichen Teil der Verse. Sagon wird zu *Sagouin* (Schweinigel), was trefflich mit *groin* (Schnauze) reimt; der aus dem Exil zurückgerufene (*rappelé*) Marot wird zum *rat pelé*, und beiden sind Titel wie *veau* u. a. geläufig. Trotzdem der Streit wesentlich in solchen persönlichen Injurien verläuft, verbirgt sich in ihm doch der Gegensatz der alten rhetorischen und der neuen Schule. Er führt zu einer Heerschau der beiden Lager: auf Seiten Marots lassen sich vernehmen Desperiers, Melin de St-Gelais, Fontaine. Er ist endlich der erste literarische Streit, der, auf die Buchdruckerkunst sich stützend, an die öffentliche Meinung appelliert.

1538 bevorwortet Marot eine neubetitelte (*Les œuvres*) und neugeordnete Sammelausgabe seiner Werke, die in Lyon gleichzeitig bei seinem Freunde E. Dolet und bei Gryphius erscheint und großen Erfolg hat. Er feilt an seinen ältern Versen, modernisiert ihre Sprache, fügt den sich folgenden Auflagen Neues hinzu. Er erfreut sich der Gunst des Königs, der ihm zu Paris ein Haus schenkt. Unter dem Beifall des Königs fördert er die Übersetzung des Psalters, die ihn all die Jahre beschäftigt hat. Er kontrolliert dabei den Text der Vulgata durch andere lateinische Versionen und erhebt den Anspruch *selon la vérité hébraïque* zu übertragen. Er macht aus den Psalmen französische Lieder, deren Couplets nach landläufigen Weisen als *saintes chansonnettes* zum Spinett am Hof gesungen werden. Dieser *saint cancionnaire* mit 30 Psalmen, erscheint Ende 1541 Franz I. gewidmet. Als aber die Sorbonne gegen solche Profanierung der Bibel einschreitet, scheint der König den Dichter feige im Stich gelassen zu haben. Marot flieht nach Genf (Ende 1542), wo seine Psalmen in die Liturgie aufgenommen sind. Er läßt sie hier, jetzt 50 an der Zahl, neu drucken. Mehr als zwei Dutzend Auflagen folgen bis 1550: Marots Psalter ist der größte dichterische Erfolg der Zeit. Doch sollte er sich dessen kaum freuen. Er verließ Genf nach einjährigem Aufenthalt, ohne daß wir sicher wüßten weshalb, nahm seinen Aufenthalt in Chambéry und starb im folgenden Jahr (1544) zu Turin. Das Grab, dessen Inschrift mit den Worten schloß

Ci dort un mort qui toujours vif sera
Tant que la France en français parlera

ist verschollen.

Liebenswürdig aber schwach war sein Charakter, leichtsinnig seine Lebensführung: *l'hirondelle qui vole*, wie er sich nennt. Er glaubt, daß besonders der Dichter das Recht freien Lebensgenusses habe:

A un poète ... on doit lâcher
La bride longue.

In der leichten Poesie der Rondeaux, Balladen, Chansons, der Dizains und Huitains, die er Epigramme benennt, in der poetisch-satirischen Epistel ist er von köstlicher Frische, kecker Natürlichkeit und glücklichstem Ausdruck. In der Liebesepistel *(Elégie)* bewegt er sich weniger frei und natürlich. Einzelne halb vergessene Formen wie die *Blasons* (kurze Lob- und Spottgedichte, besonders auf einzelne Körperteile) oder die *Coq-à-l'âne* (satirische Gedichte, *fatrasies*, die in kecken Ausfällen von einem Gegenstande zum andern überspringen: *sauter du coq à l'âne*) erfüllte er mit seinem Geplauder, mit dem Feuerwerk seines Geistes so glücklich, daß sie von neuem in Mode kamen. Seine Chansons leben in den zeitgenössischen Liedersammlungen. Er ist der erste Kunstdichter, dessen Lieder zu mehrstimmigen Kompositionen benutzt wurden. Viel hübsches ist darunter, Schalkhaftes wie das *Sic vos non vobis*:

J'ai trouvé moyen et loisir
D'envoyer Monsieur à la chasse;
Mais un autre prend le plaisir
Qu'envers ma dame je pourchasse.
Ainsi pour vous gros bœufs puissants,
Ne trainez charrue en la plaine;
Ainsi pour vous, moutons paissants,
Ne portez sur le dos la laine;
Ainsi pour vous, oiseaux du ciel,
Ne sauriez faire une couvée;
Ainsi pour vous, mouches à miel,
Vous n'avez la cire trouvée.

oder Melancholisches wie

Ne sais combien la haine est dure
Et n'ai désir de le savoir —
Mais je sais qu'amour qui peu dure
Fait un grand tourment recevoir.
Amour autre nom dût avoir:
Nommer le faut fleur ou verdure,
Qui peu de temps se laisse voir.
Nommez-le donc fleur ou verdure
Au cœur de mon léger amant —
Mais en mon cœur, qui trop endure,
Nommez-le roc ou diamant.
Car je vis toujours en aimant,
En aimant celui qui procure
Que Mort me voise consommant.

Leicht wird sein Pathos zur Rhetorik, doch spricht z. B. wahre Ergriffenheit aus den schlichten Versen, in denen der Tod sich an das Volk der Menschen wendet:

Peuple séduit, endormi en tenèbres . . .
Jésus, afin que de moi n'eusses crainte,
Premier que toi voulut Mort encourir.
Et, en mourant, ma force a si éteinte
Que, quand je tue, on ne saurait mourir.
Vaincue m'a pour les siens secourir,

Et plus ne suis qu'une porte ou entrée
Qu'on doit passer volontiers, pour courir
De ce vil monde en céleste contrée . . .
Messes sans nombre et force anniversaires —
C'est belle chose et la façon j'en prise,
Si sont les chants, cloches et luminaires —
Mais le mal est en l'avare prêtrise:
Car si tu n'as vaillant que ta chemise,
Tiens toi certain qu'après le tien trépas
Il ny aura ni couvent ni église
Qui pour toi sonne ou chante ou fasse un pas.

Den Alexandrinervers kennt Marot kaum. Er verwendet ihn selten, etwa in *cimetières* (Grabschriften) und unbeholfen genug. Die lyrischen Qualitäten dieses Langverses blieben ihm verborgen. Sein Vers ist der Zehnsilber der Rhétoriqueurs, dessen Freiheiten (Enjambement) er meisterlich handhabt. Soweit die spätere Zeit sich der Formen der Rondeaux und Balladen erinnert, knüpft sich diese Erinnerung an den Namen Marot, und *style marotique* nennt sie jene Schreibart, in der ihre witzigen Köpfe die Freiheiten und Altertümlichkeiten der älteren Dichtung nachzuahmen versuchen.

Marot begann als Rhétoriqueur, und nur langsam und zögernd entwindet er sich den Fesseln dieser Kunstform, die seiner natürlichen Anlage widersprach. Vom Altertum, das er schlecht gekannt, ist er wenig inspiriert, doch scheint er zuerst französische Elegien (nach Ovid) gedichtet zu haben.

Sein Verhältnis zu den Italienern ist sehr charakteristisch. Er steht unter dem Einflusse ihrer Kunst, ohne ihrer Form zu verfallen. Das Getändel ihrer Strambotti (Schnaderhüpfel in der Form der ottava rima gefällt ihm. Er macht sich in seinen Epigrammen manchen Scherz der Strambottisten des Quattrocento (Tebaldeo, Serafino) zu eigen, aber er bannt sie in den alten französischen Huitain:

A une dame dont il ne pouvait ôter son cœur.
(nach Tebaldeo)

Puisqu'il convient pour le pardon gagner
De tous péchés faire confession,
Et pour d'enfer l'esperit éloigner
Avoir au cœur ferme contrition,

Je te supplie, fais satisfaction
Du pauvre cœur qu'en peine tu retiens,
Ou, si le veux en ta possession,
Confesse donc mes péchés et les tiens!

Strambotti veranlassen ihn, zu den alten *Blasons* zu greifen. Er zuerst hat das Sonett der Petrarkisten in Frankreich nachgeahmt, doch hat es ihn nicht bezwungen. Die zehn Sonetten, die er gebaut, verschwinden unter der Fülle der heimischen Strophen. Zudem ist ihr Bau unitalienisch: Marot verschränkt die Reime der letzten sechs Zeilen so, daß die beiden Terzette zerstört werden und an ihre Stelle ein Zwei- und ein Vierzeiler treten (statt *cdc* + *dcd* oder *cde* + *cde* baut er: *cc* + *deed*). Diese eigenartige Form, an der die Nachfolgenden nichts wesentlich geändert haben, ist maßgebend geblieben. Das *sonnet régulier* der Franzosen geht auf Marot zurück, der im übrigen gar kein Sonettdichter gewesen ist.

Der Rhétoriqueur P. Gringore hatte 1525 in dem Andachtsbuch *Heures de Notre Dame* eine Anzahl Psalmen übertragen, lehrhaft, halb Übersetzung, halb Paraphrasen, im einförmigen Gewande isometrischer Vierzeiler. Marot hat, in Margaretes Umgebung, die Psalmen als Lieder — *chansons mesurées* — auffassen und wiedergeben lernen und hat für seine 50 Psalmen 41 verschiedene Strophenformen verwendet: aus der zwangsreichen Einförmigkeit der Rhétorique tritt er hier kraftvoll heraus. Das Streben, jedem Lied eine eigene Form zu geben, ist augenscheinlich, auch bei seinen profanen *Chansons* (gegen 40). Fast ein Drittel dieser Liederstrophen sind heterometrische Gebilde. Der Zehnsilbner überwiegt hier nicht mehr. Auf die alten Reimhäufungen und Reimverkettungen ist verzichtet. Damit ist auch die Fessel des Refrain abgeworfen. Jede Strophe hat ihre eigenen Reime in gleichem Wechsel von männlichem und weiblichem Ausgang, wie die Melodie es verlangt.

So lauten die fünf Verse des 42. Psalms (*Vindica me, Deus, et suscipe contentionem meam)* bei ihm:

Revenge-moi, prends la querelle
De moi, Seigneur, par ta merci,
Contre la gent, fausse et cruelle;
De l'homme rempli de cautelle.
Et en sa malice endurci
Delivre-moi aussi.

Las, mon Dieu, tu es ma puissance:
Pourquoi t'enfuis me reboutant?
Pourquoi permets qu'en déplaisance
Je chemine, sous la nuisance
De mon adversaire qui tant
Me va persécutant?

A ce coup ta lumière luise,
Et ta foi véritable tiens;
Chacune d'elles me conduise,
En ton saint nom, et m'introduise
Jusques au tabernacle tien
Avec humble maintien.

Là dedans prendrai hardiesse
D'aller de Dieu jusqu'à l'autel,
Au Dieu de ma joie et liesse,
Et sur la harpe enchanteresse
Confesserai qu'il n'est Dieu tel
Que toi, Dieu immortel.

Mon cœur pourquoi t'ébahis ores?
Pourquoi te débats dedans moi?
Attends le Dieu que tu adores,
Car graces lui rendrai encores,
Dont il m'aura mis hors d'émoi
Comme mon Dieu et roi.

Marot übersetzt genau, genauer als die Psalmen je zuvor in Verse übertragen worden waren. Der moderne Leser wird einen Mangel an Schwung empfinden, öfters harmoniert für unser Fühlen der Rhythmus mit dem Ernst und der Würde des Gedankens ebensowenig wie die Wortwahl. Daß die Zeitgenossen anders empfanden, erhellt aus ihren Zeugnissen und aus dem wirklichen Gebrauch der Marotschen Psalmen. Dem strengen Calvin waren sie recht.

Marot hat die kurze lyrische Strophe aus der Taufe gehoben. Das ist eine künstlerische Tat, durch die er die moderne Lyrik vorbereitet hat. Er hat der Plejade den Weg gewiesen, indem er den Zwang der starren Formen brach und auf das Reimgeklingel verzichtete — bis zur Einführung des Alexandriners ist er freilich nicht gekommen. Er hat seine heiligen und profanen Lieder nicht

Oden genannt, obwohl dieses Lehnwort damals schon bestand; er ist bei der nationalen Benennung *(chanson)* geblieben. Doch sagt J. Peletier 1555 ganz richtig: *si nous regardons les psaumes de Cl. Marot, ce sont vraies odes, sinon qu'il leur défaillait le nom comme aux autres la chose* (cf. § 47).

Auch Marot ist natürlich nicht ganz ohne Vorläufer. Die Zeit drängte dazu, aus dem festen Gebilde der Ballade und dem freieren des Lai und Virelai Liedstrophen zu gestalten und Rhétoriqueurs wie J. Marot, Lemaire zeigen bescheidene Versuche. Den Weg wies das Volkslied, und diese Weisung verstand wirklich und befolgte erst der Künstler Marot.

Wie oft ist das Volkslied der Jungbrunnen für die Kunstdichtung geworden! —

Marot ist wesentlich national und ungelehrt.

Er hat die überlieferten Dichtungsformen der Rhétorique mit der ihm eigenen geistvollen, sinnreichen, heitern Poesie erfüllt, ihnen seine naive sprachliche Kunst geliehen. Er hat allmählich die Reimkünsteleien und den Latinismus zurücktreten lassen. Er ist, vom Volkslied geführt, zur lyrischen Strophe gekommen und hat dieses Instrument für diejenigen bereit gestellt, die es mit größerer Kunst handhaben würden. Es existiert nichts von ihm, was wie ein Programm aussieht. Nur im Vorbeigehen äußert er sich gelegentlich über Fragen der sprachlichen Form: Er tadelt dialektische Flexionen *(il allit; j'allons)*, modische Aussprachen *Jérus Masia)* und wenn er den Neologismus verwirft, so schützt er doch den malerischen technischen Ausdruck und verteidigt den *accord du participe passé* mit dem Hinweis auf das Italienische.

Um ein großer Poet zu sein, geht Marot tiefe Empfindung ab. Auch erlahmt sein Schwung rasch, so daß er zu keiner Schöpfung größeren Umfanges kommt. Es ist eine Dichtung anmutiger, geistreicher Kleinigkeiten, wie sie dem Bedürfnis nach literarischer Unterhaltung entsprach, das im Gefolge des Buchdruckes in der französischen Gesellschaft mit einer Mächtigkeit erwacht war, wie nie zuvor. Marots Thronbesteigung ist die des funkelnden, mutwilligen, ausgelassenen Esprit gaulois. Marot hat von Villon gesagt: er wäre der erste aller Dichter, wenn 'er am Königshofe aufgewachsen wäre, wo der Geist Bildung und die Sprache Schliff bekommt'. Marot ist *Villon courtois*, wobei dieses Attribut zugleich eine Einbuße tieferer Innerlichkeit bedeutet.

Humanistisch ist an ihm nicht seine Stellung zum Altertum,

wohl aber sein feines Künstlertum, seine Beschäftigung mit sprachlichen Fragen, seine Verteidigung des Grundsatzes irdischer Lebensfreude (er hat Epigramme geschrieben, die sich wie Inschriften zu Rabelais' Abtei Thelema lesen, *Epigr.* 226) und der persönliche Charakter seiner Dichtung, die an Stelle des lehrhaften Elements der Rhétorique den frischen Ausdruck persönlicher Empfindung setzt und in hohem Maße autobiographische Elemente aufweist. Humanistisch ist auch sein Pochen auf persönlichen Nachruhm:

Maints vivront peu, moi éternellement (*Epigr.* 223.)

Marot ist der einzige Dichter des XVI. Jahrhunderts, der bis auf den heutigen Tag ununterbrochen in Gunst geblieben und nachgeahmt worden ist. Du Bellay, der doch ein anderes Kunstideal hatte, sagt, Marots stolzes Wort von 1543 bestätigend:

Et tant qu'oui et nenny se dira
Par l'univers le monde te lira.

Zu den Originaldrucken Marots cf. Picot nr. 596ff.; Le Petit, p. 27; Tilley, I, 256 und E. Rahir, *La première édition des œuvres de Cl. Marot* in den *Mélanges offerts à E. Picot,* Paris 1913, II, 635. Die ältesten datierten Ausgaben der *Suite* sind von 1534; eine undatierte (cf. Le Petit p. 31) scheint älter und könnte in die Mitte 1533 zurückgehen. Ph. A. Becker, *Frz. Zs.* XLII, 115 hält für einen Raubdruck, was wohl nur ein Freundesscherz ist. — Das Vorwort der Lyoner Ausgabe von 1538 hat die Form eines Briefes an Dolet resp. an die *imprimeurs*, und Marot desavouiert darin ausdrücklich die bisherigen Drucke. Die letzte von Marot veranstaltete, nochmals neugeordnete Gesamtausgabe, 2 Teile, Lyon 1544 enthält nun auch die 50 Psalmen. — *Œuvres complètes* v. P. Jannet, 4 voll., Paris 1868—1872. Von seiner auf 6 voll. berechneten Marot-Ausgabe hat G. Guiffrey, † 1887, Band II und III (Paris, Quantin, 1875 und 1881) ediert. Die Vollendung verspricht R. Yve-Plessis, der 1912 den ersten Band (die Biographie) nach Guiffreys Manuskript herausgegeben hat. Auf Guiffreys Arbeit beruht E. Voizard, *Œuvres choisies de Cl. Marot,* Paris 1890. Über das zu Chantilly gefundene Manuskript mit bisher ungedruckten Poesien Marots, cf. *Rhl.* V, 500. — Über andere Inedita cf. *RRab.* (1912), 68. — Während des Drucks erscheint Ph.-A. Beckers Darstellung *Marots Leben* in der *Frz. Zs.* XLI und XLII, die ich noch zu Rate ziehen kann. Zur Haft im Châtelet, cf. *Bull. prot.* 1910. — Die Bearbeitung des Rosenromans bezweifelt mit guten Gründen Ph. A. Becker, *Germ.-Rom. Monatsschrift* IV, 684. — Die Identifizierung der Anne (d'Alençon) verdanken wir A. Lefranc, *R. bl.* April u. Mai 1913. — Zum Streit mit Sagon cf. Bonnefon, *Rhl.* I, 103, Picot nr. 621 f.; 2594. — G. C. Bucher, cf. *Rhl.* I, 270. n. und *Jahresbericht* I. 196. — Der Name *Coq-à-l'âne* stammt nicht von Marot, cf. Picot, *Rec. d. sotties,* I p. VI. — H. Guy, *De fontibus Cl. Maroti poetae.* Thesis, Fuxi, 1898. A. Roedel, Studien zu den Elegien Cl. Marots, Leipz. Diss. 1898. A. Wagner, *Cl. Marots Verhältnis zur Antike,* Leipzig 1906, cf. *Jahres-*

bericht XI, II, 123. — J. Vianey, *Le pétrarquisme en France au XVIe siècle*, Paris, 1909: die Strambottisten 45 ff.; das Sonett, 102 ff. — Zu Gringores Psalmenübersetzung cf. H. Oulmont, *P. Gringore*, Paris 1911, p. 57; 87. — Marots Psalter: Th. Martinon, *Les strophes*, Pariser Dissertation 1911, p. 8 ff. J. Plattard, *Comment Marot entreprit et poursuivit la traduction des psaumes*, *RRab.* X, 325 ff. — Zu den volksthümlichen Melodien der Psalmen Marots cf. J.-B. Weckerlin, *La chanson populaire*, Paris 1886, p. 135. — *Chansons mesurées* nennt sie Marot in der Begleitepistel an Franz I. — Eine Übersicht über Marots Strophenformen gibt P. Laumonier, *Ronsard poète lyrique* 1909, p. 653 ff. — Bei Lemaire ist der älteste Beleg für *ode* zu finden; Ph. A. Becker, *J. Lemaire*, 1893, p. 183; cf. Laumonier, p. XXXII. — Peletier, *Art poétique*, Lyon, J. de Tournes, 1555, p. 65. — Zur zögernden Entwickelung der Liedform vor Marot cf. Laumonier, p. 638—51, sowie Martinon, p. 6 f. — Die sprachlichen Bemerkungen Marot's finden sich in der Ausgabe Jeannet I, 226; 262; 264; II, 128; III, 20; 32; 110. Die feilende Arbeit, durch die Marot seine dichterische Sprache modernisiert, läßt sich besonders in der Redaktion seiner Psalmen, 1533—43, beobachten.

Die Freunde und Schüler Marots sind zugleich gelehrter und fremdem Einfluß offener als der Meister. In ihren Händen gewinnt das Element antiker und italienischer Nachbildung an Gewicht. Sie führen die Dichtung weiter auf den Wegen der Renaissance. 22.

Der Burgunder Bonaventure Desperiers erneut den Versuch, die antiken Metren in französischen quantitierenden Versen nachzubilden und übersetzt Horaz in reimlosen Versen *(Vers blancs)*. Bemerkenswerter ist indessen, daß er, vom mannigfaltigen Bau der antiken Ode angeregt, in rhythmisch bewegten Sechszeilern (Sixain) sich recht kunstvolle Liedstrophen schafft, wie z. B. in dem Gedicht, das Marot 'den Vater der französischen Dichtung' preist:

Son style
Coulant distille
Un langage pur et fin,
Dont sont puisées
Risées
Où l'on se baigne sans fin,

Diese mannigfach variierten graziösen Sixains fügt er zu langen Reihen, so daß seine Gedichte auch in der Fülle den Ansprüchen der Ode genügen, obwohl er sie selbst nur *petits vers mixtes* nennt. Desperiers, der an dichterischer Begabung weit hinter Marot zurücksteht, übertrifft ihn an Naturgefühl und Tiefe der Empfindung. Auf italienischen Einfluß ist es zurückzuführen, wenn der Gebrauch von Diminutiven, besonders auf *-et*, *-ette*, für welche schon Lemaire und Jean Marot einige Vorliebe zeigten, sich bei ihm zu häufen beginnt.

Der Abbé Melin de Saint-Gelais (1481—1558) aus Angoulême, der natürliche Sohn oder der Neffe des Bischofs Octovien, hochbegabt, geistreich, von umfassender Bildung, die er sich zum Teil in Italien erworben, repräsentiert den Italianismus der Marotschen Schule. Er gehört als Almosenier zur *Cour florentine* des Dauphin und späteren Königs Heinrich II., dessen Gunst er sich in hohem Maße erfreut und an dessen Hof er noch als Sechziger mit jugendlicher Lebendigkeit und Grazie den Maître de plaisir spielt. In Leben und Dichtung vertritt er den leichtfertigen epikuräischen Katholizismus einer Gesellschaft, die ihren Glauben durch Ketzerverbrennungen beweisen zu müssen glaubt.

Melin ist das Urbild des galanten, höfischen Abbé. Niemand war besser als er berufen, eine neue Ausgabe der Übersetzung des *Cortigiano* (1538) zu besorgen. Er schreibt all die bunten Verschen für die Feste eines Hofes, an welchem neben dem Rosenroman die *Arrêts d'amour* Martials d'Auvergne in hoher Gunst stehen. Zur selbstkomponierten Melodie singt und spielt er seine Liederchen selbst. Er führt die anmutige, leichte Marotsche Art ins Zierliche, Geckenhafte, Süßliche über: *Melin tout de miel* ist ein den Zeitgenossen geläufiges Wortspiel. Das Geistreiche überwiegt das Frische, Natürliche. Er ist der Dichter der Preziosität *Mignardises* heißen die poetischen Blümchen, aus welchen er den Hofdamen einen rasch verwelkenden Strauß band, und unverhältnismäßig erscheint für diese Kleinigkeiten der Titel *Œuvres*, unter welchem sie erst 1547 gesammelt erscheinen.

Melin beherrscht die italienische Sprache. Mit seinem Diamantring schreibt er auf den Spiegel der Mademoiselle de Rohan italienische Verschen. Er schreibt Terzinen auf der Spur Bembos und Ariosts, und pflegt das Sonett. Auch die in ganz freien Versen sich bewegenden italienischen Madrigale uud Pasquille finden in ihm einen Nachahmer.

Charles Fontaine aus Paris (1515—1590?), für den nach Art der Rhétoriqueurs der eigene Name eine Quelle poetischer Scherze war (er betitelte die Sammlungen seiner Gedichte als *La Fontaine d'Amours* 1546 und *Les ruisseaux de Fontaine* 1555), wandelt ebenfalls auf den Spuren Marots, indem er den einfachen Ausdruck persönlicher Empfindung sucht. Aber nicht höfisch, sondern bürgerlich ist seine Muse. Fehlt ihr die Eleganz, so besitzt sie doch Tiefe der Empfindung und gesunde Ehrbarkeit. Inmitten einer galanten Dichtung, deren Gegenstand nach mittelalterlicher Überlieferung wesentlich die illegitime Liebe ist, und die von den Hyperbeln und Antithesen Petrarcascher Huldigung hinüberschwankt zum Zynismus des *Roman de la rose*, besingt Fontaine das Familienleben, die Liebe zur Gattin, das Andenken an die Schwester, den neugeborenen Sohn. Als La Borderie, ein Liebling Marots, sich an einer höfischen Célimène dadurch rächte, daß er sie als herzlose Kokette darstellte, welche die Existenz wahrer Liebe überhaupt in Zweifel ziehe (*L'amie de cour*, 1542, neuen Stils), da verteidigt Fontaine diese Liebe in seiner gut gemeinten *Contr'amie de cour* als ein biederer *Champion des dames.* (§ 24.)

Charles Fontaines Name als eines Schülers Marots ist mit der Erinnerung an drei literarische Kämpfe verbunden: den Streit Marots und Sagons, die Diskussion über die Liebe und den späteren Kampf gegen die Plejade (1549).

Den Einfluß der Marotschen Schule zeigen auch Dichter, welche ihrer Anlage nach noch viel mehr zu den Meistersingern zu rechnen sind, wie z. B. der vielschreibende François Habert (gest. 1561?) aus Issodun im Berry, der sich mit Meschinots Dichternamen den 'Freudelosen' (*Le Banni de liesse*) nennt. Er ist ein armseliger Poet, aber er bringt seine Armseligkeiten wenigstens nicht mehr mit den Formverrenkungen und Künsteleien der Rhétoriqueurs, sondern in fließender, gewöhnlicher Sprache vor. Klar, aber eintönig plätschernd, fließt das fade Wasser seiner Gedichte, in welchen er es sich nach mittelalterlicher Art angelegen sein läßt, den antiken Olymp zu 'moralisieren', d. h. die in der französischen Dichtung zur Herrschaft gelangten Götter mit dem Inhalt christlicher Moral und Glaubenslehre zu erfüllen, wobei übrigens deutlich evangelische Sympathien durchbrechen. Er wünscht, daß die französische Dichtung nur so verstandene Gottheiten (*La nouvelle Pallas, la nouvelle Juno*, 1545) verwende, und Heinrich II. muß diese Desinfektion seines geliebten Olymps zu einiger Beruhigung gereicht haben, denn er machte aus Habert einen *poète du roy*, so daß er als König bestätigte, was Habert einst vom Dauphin vermutete:

Que son haut cœur ne sera point marri
D'avoir trouvé un poète en Berry.

Erste Ausg. der gesammelten Poesien Desperiers', Lyon 1544, cf. Picot nr. 627. *Œuvres françaises de B. des Periers* p. p. L. Lacour, 2 voll., Paris 1856. A. Chenevière, *B. des Periers, sa vie, ses poésies*, Paris 1886. — Zur Originalausgabe St-Gelais' cf. Picot nr. 629; Le Petit, p. 84. *Œuvres compl. de M. de St-Gelais* p. p. Blanchemain, 3 voll., Paris 1873. Cf. *Frz. Zs.* XVII², 151; *Rhl.* IV, 407. — H.-G. Molinier, *Étude sur la vie et les œuvres de Mellin de Saint-Gelays*, Paris, 1910, wozu *R. crit.* v. 7. April 1911 u. *Rhl.* 1911, 694. — Melin als Nachahmer der Strambottisten, cf. Vianey, *Pétrarquisme* 1909, p. 50ff.; Bembos, cf. *The Romanic Review* 1910, p. 427. — Picot, *Fr. ital.* I, 51. — Melin's Sonette: Vianey, p. 103. — Ch. Fontaine, cf. Crépet I, 649; Godefroy I, 448; E. Roy in *Rhl.* IV, 412; V, 54—74. — *A. Heroet, Œuvres poétiques*, éd. crit. p. F. Gohin *(STM)* 1909 p. XXVII. — Ib. p. XXIV über La Borderie, dessen *Amie de court* im März 1541 (also 1542 neuen Stils) erschienen ist; cf. Picot no 806f.; 2873; 2875ff. Zur Frage des alten und neuen Stils cf. A. Tilley, *The lit. of the French Ren.* I. 268. — F. Habert, cf. Picot, nr. 643ff.; 2867ff.; Goujet, XIII, 8; Godefroy I, 610 u. unten § 63. — A. Leykauff, *F. Habert und seine Übersetzung der Metamorphosen*, Leipzig 1904.

23. Auch die Königin Margarete von Navarra (1492—1549) darf zur Gruppe Marots gezählt werden, obwohl ihre literarischen Interessen vielfach noch recht mittelalterlich und ihre metrische Technik vielfach veraltet ist. In langen monotonen Gedichten übte sie Liebeskasuistik auf der Spur Alain Chartiers. Ihre Freundin Anne de Graville bringt (um 1525) Chartiers *La belle dame sans merci* in 70 zierliche Rondeaux.

In Margaretes Galanterie mischt sich die Frömmigkeit. Ihre *chansons spirituelles* (über ein halbes Hundert) zeigen tiefe Empfindung und sind oft voller Poesie. Sie sind vom Geist des Evangeliums durchdrungen, zu dem sich später der Platonismus gesellt. In ihre inbrünstigen Gebete verwebt die Königin die Fürbitte für ihre Lieben, besonders für ihren königlichen Bruder Franz. Während sie an das Krankenlager dieses Bruders reist, dichtet sie ein Lied voll wahrer Erregung:

Oh, qu'il sera le bien venu
Celui qui, frappant à ma porte,
Dira: Le roi est revenu
En sa santé très bonne et forte!
Alors sa sœur, plus mal que morte,
Courra baiser le messager
Qui telles nouvelles apporte
Que son frère est hors de danger.

Ihren strophisch bewegten geistlichen Liedern legt sie volkstümliche Melodien zugrunde, wie z. B. *Sur le pont d'Avignon* oder

Avez point vu la Perronnelle? und das gibt auch dem Text meist eine durchsichtige Einfachheit, die in andern religiösen Dichtungen durch den Mystizismus der Verfasserin gestört wird.

Wir sehen sie in poetischem Briefwechsel mit Angehörigen und Freunden. Hier schreibt sie scherzhafte Episteln wie Marot, dort petrarkistische Dizains wie der Lyoner Scève. In den letzten Jahren, da schweres Leid sie bedrängt —

Pertes, regrets, craintes et trahisons,
Après m'avoir tourmenté corps et âme
Plus que ne peut porter un cœur de femme —

ist ihre Dichtung fast ausschließlich religiös. Sie gibt in *Les Prisons* eine Darstellung der menschlichen Irrungen, die der Bann der Liebe, des Ehrgeizes und der Habgier (Dantes Pardel, Löwe und Wölfin) und endlich auch jener Zauber der menschlichen Wissenschaft mit sich bringt, der zur Anmaßung des Denkens *(le cuyder faux et vain)* führt. Diese *Prisons*, in drei Gesängen von 5000 paarweise gereimten Zehnsilblern, sind ein seltsames Gedicht, in welchem die Allegorie des Rosenromans, die Kunst Alain Chartiers mit Dantescher Inspiration, der Renaissancegeist mit mystischer Frömmigkeit sich verbindet, voller Längen aber auch mit mannigfachen Schönheiten.

Margarete, die von gelehrter Bildung war, ahmt wohl auch einmal Horaz nach, wetteifert mit Dante in Terzinen und benutzt nach dem Vorbilde von Sannazars 'Weiden' *(Salices)* die antike Mythologie zur Einkleidung der christlichen Lehre von der Gefährlichkeit des anmaßlichen Denkens:

O Cuyder! Tu affolles
Par ton orgueil le cœur.

Ein Lyoner Verleger hat 1547 eine Reihe ihrer Dichtungen in einer zweibändigen Sammlung unter dem Titel: *Marguerites de la Marguerite des princesses* herausgegeben. Jugendgedichte und ihre späteren Poesien sind erst in unsern Tagen aufgefunden und gedruckt worden. —

Der Geist des Kreises der Königin Margarete findet seinen Ausdruck in einem Gedichtbande, der 1540 zu Lyon unter dem Titel *La poésie française de Charles de Ste-Marthe, natif de Fontevrault en Poitou* erscheint. Sein Verfasser (1512—55) bekennt sich zu Cl. Marot:

Que dira-l'on de me voir si hardi
De composer après toi, o Clément?

Mon cerveau n'est encor tant étourdi
Que ton pareil me die aucunement.
Car devant tous je confesse hautement
Que seulement ton apprenti je suis:
J'écris, j'invente et fais ce que je puis.
On ne me peut tourner à impropère
Si écrivant totalement t'ensuis.
Qui rependra l'enfant qui suit son père?

Seine evangelischen Sympathien mischen sich mit dem Platonismus der Umgebung Margaretes. Ja er scheint der erste zu sein, der diesen Platonismus in Verse kleidet, und ein Vermittler solcher Kunst zwischen Nérac und Lyon genannt werden zu dürfen. Er repräsentiert mit seiner eindrucksvollen Persönlichkeit und seiner sehr mittelmäßigen Kunst den Zusammenhang der Marotschen Schule mit dem Kreise der Königin und dessen Einfluß auf Lyon.

Über Margarete cf. oben zu § 15, 16, 18 und unten zu § 29 und 30. Ihre metrische Technik, cf. Laumonier, *Ronsard poète lyrique*, p. 639ff., 659f. und Becker, *Jugendgedichte Margaretes* im *Arch.* CXXXI. — Marg. u. Alain Chartier; cf. A. Piaget, *Rom.* 1905, p. 595. *La belle dame sans mercy* p. p. C. Wahlund, Upsala, 1897; cf. desselben *Über A. de Graville* in *Abhandlungen A. Tobler dargebracht*, Halle 1895, p. 404. — Die ältesten Ausg. der *Marguerites* bei Picot nr. 62; Le Petit, p. 57. *Marguerites* etc. p. p. F. Frank, 4 voll., Paris 1873. *Les dernières poésies de Marg. de Navarre* p. p. A. Lefranc, Paris 1896; cf. *Journ. des Savants* 1896, p. 173 (G. Paris) und *Rhl.* III, 292. Nachträge in F. Frank, *Dernier Voyage de Marg. de N. aux bains de Cauterets*, Paris 1897. — A. Farinelli, *Dante e la Francia*, Milano, 1908. I, 317—50. — Die posthumen Dichtungen hg. v. A. Lefranc, l. c. (1896); v. Ph. A. Becker l. c. (1913); in *R. Ren.* 1904, p. 108ff. und in den *Mélanges offerts à E. Picot*, Paris 1913, I, 395. — *Charles de Sainte-Marthe by* C. Ruutz-Rees, New York, 1910.

24. In keiner Stadt Frankreichs war die italienische Kultur ein so mächtiges Ferment des literarischen Lebens geworden wie in dem blühenden Lyon, das eine bedeutende, gebildete, reiche italienische Kolonie beherbergte. Zwar ist es nicht erwiesen, daß dieses Leben sich in einer eigentlichen Akademie nach dem Muster der italienischen krystallisiert habe; aber es war deswegen nicht weniger rege und war auch durch eine lebhafte Teilnahme gebildeter Frauen ausgezeichnet: Pernette du Guillet, deren nachgelassene *petites et louables jeunesses* A. du Moulin 1545 herausgab, um die Damen des den Künsten so günstigen *climat lyonnais* zu bewegen, sich gleich den *dames d'Italie* literarisch zu betätigen. Ihre poetische Liebe galt Maurice Scève. Die 'strengen Gesetze der Männer

verhindern heute die Frauen nicht mehr, sich der Wissenschaft zu befleißigen' ... so leitet die berühmteste dieser Frauen, die schöne Seilerin Louise Labé (1526—66), die Ausgabe ihrer Gedichte ein (1555), die auch sie *jeunesses* nennt. Beide erinnern an eine besondere Figur der italienischen Renaissance, an die gelehrte und schriftstellernde Courtisane, die *cortigiana onesta*. Der romantische Reiz der Persönlichkeit der Louise Labé hat zu einer Überschätzung ihrer wenig umfangreichen dichterischen Leistungen geführt, die übrigens zum größten Teil nach der Zeit Franz' I. entstanden sein werden. Zu den poetischen Huldigungen, die ihr die Zeitgenossen widmeten, fügen sich diejenigen der Gegenwart. In ihren oft sehr ungelenken Sonetten, in ihren Elegien nach berühmten Mustern findet man unter traditionellen Metaphern und Antithesen nicht selten den Ausdruck wahrer Empfindung in Worten der Sehnsucht und des heißen Verlangens:

D'un tel vouloir le serf point ne désire
La liberté ou son port le navire,
Comme j'attends, hélas, de jour en jour,
De toi, ami, le gracieux retour.

Die Prosa ihres *Débat de folie et d'amour* ist reizvoll. Da nach ihrem Geständnis: *Le plus grand plaisir qui soit après amour est d'en parler*, so preist sie die Macht des Amor, aber jenes Amor, der blind an der Hand der Göttin *Folie* durch die Welt der Menschen zieht, und 'in dessen Schlingen ich in jungen Jahren schon fiel . . . *jeune erreur de ma folle jeunesse*'.

In diesem italianisierten Lyon blühte zur Zeit Franz' I. eine Dichterschule eigentümlicher Art. Die Sinnlichkeit der Renaissance hatte in Italien in den spiritualistischen Theorien Platos ein Korrektiv gefunden. Indem sich dieser Spiritualismus mit der Nachahmung Petrarcas verband, entstand in Lyon eine Lyrik, die zu der leichtfertigen und spöttischen Art der Marotschen Schule in Gegensatz trat.

Antoine Héroet (1492—1568) veröffentlichte 1542 zu Lyon eine poetische Übertragung des platonischen *Androgynos* (nach M. Ficino's Übersetzung des Symposions) und begleitete sie mit den drei Gesängen der *Parfaite amie*, einem Lehrgedicht der spiritualistischen Liebe, mit dem auch er auf La Borderie's kürzlich erschienene zynische *Amie de court* (§ 22) antwortete: Der Geist Platos gegen den *esprit gaulois*, der Renaissance gegen den des Mittelalters. Héroet ist ein Schützling Margaretes. Seine anmutige Dichtung weist nach Nérac.

La Borderie und Héroet gehen beide von den Dialogen des *Cortigiano* aus. Jener karikiert die *donna di palazzo*, dieser folgt Bembos platonischen Lehren. So steht der *Cortigiano* am Anfange des literarischen Streites, der sich damals über die Liebe und die Natur der Frau entspann. Diese 'Frauenfrage' erfüllt die Literatur der vierziger Jahre. Fast alle Autoren nahmen zu ihr das Wort, und die Verleger vereinigen die Stücke der *divins poètes* zu modischen Bändchen.

Das Haupt der Lyoner Schule ist Maurice Scève — dessen Lebenszahlen völlig ungewiß sind — ein vielseitig begabter Künstler und Gelehrter, der 1533 mit seiner Entdeckung des Grabes der Laura Petrarcas großes Aufsehen machte, obschon sie auf einer bloßen Mystifikation beruhte.

An der Literatur der *Blasons*, die der sinnliche Marot mit einem Gedicht auf den weiblichen Busen entfesselte, beteiligt sich M. Scève durch Besingung und Deutung der 'Augenbrauen' und des 'Seufzers'. 1544 veröffentlicht er unter dem Titel *Délie, objet de plus haute vertu* eine Sammlung von 449 Gedichten zu Ehren seiner Geliebten Pernette du Guillet. In charakteristischer Weise verbindet sich darin Petrarcasche Inspiration mit geheimnisreichem Platonismus in nationaler Versform: nicht das fremde Sonett, sondern die einheimische Form des 'Epigramms', den *Dizain*, verwendet dieser französische Petrarkist. Daß er den Namen der Tibullschen Delia gewählt hat, weil darin das Anagramm *l'idée* steckt, läßt sich vermuten. Auch liebt er es, mit dem Namen der Diana zu spielen. Die Dizains sind nach einem Zahlenplan angeordnet, in welchem die Quadrate von 3 und 7 die Grundlage bilden. Die Dichtung ist erfüllt von den Metaphern petrarkistischer Rede, in die sich Anspielungen auf moderne Geschehnisse (Th. Morus) und eigene, nicht selten kräftige, aber auch barocke Bildlichkeit mischen. Seine Seufzer vergleicht Scève mit dem Rauch, der aus den Schloten der Fabrikstadt Lyon aufsteigt und den reinen Himmel, der über Pernette-Délie sich wölbt, verdüstert. Das Bild von der Feuerglut der Liebe hetzt er wie Tebaldeo zu Tode, indem er erzählt, wie die Geliebte, auf einem Spaziergang vom Gewitterregen überrascht, keines Obdachs bedurfte, da nicht sie den Regen, wohl aber der Regen ihre sengende Glut gescheut habe! Er geht auch auf der Spur Serafino's. Während in Italien damals das Reich Bembo's längst eingetreten war und Bembo's Herrschaft auf der Höhe steht, ist man in Frankreich mit M. Scève's *Délie* noch bei der Nachahmung der Strambottisten des Quattrocento. Scève ist preziös und, wie die Schule des Danteschen *dolce stil nuovo*, erfüllt er seine Verse mit wissenschaftlichen Argumenten. Im Streben, den im Grunde immer gleichen Gedanken zu variieren, wird seine Gedankenlyrik dunkel, ohne die Monotonie vermeiden zu können. Seine Grammatik und Wortwahl sind diejenigen der rhetorischen Schule. Er liebt das Ungewöhnliche, den lateinischen Neologismus. Er ist in seinem vielfach italianisierenden Satzbau steif und ohne jegliche Anmut, wie die Rhétoriqueurs. Wenn ihm auch einzelne eindrucksvolle Strophen gelungen sind, so ist er doch der bedeutende Sprachschöpfer nicht, als der er jüngst dargestellt wurde.

So gesellt sich Marot gegenüber zum Gegensatz der Inspiration auch derjenige der Form: der sinnliche Marot ist graziös und in seinem Ausdruck leicht verständlich; der spiritualistische Scève ist ungelenk und von dunkler Ungewöhnlichkeit.

Mit Scève befreundet ist Charles de Ste-Marthe. Schüler seiner Kunst ist besonders Pontus de Tyard (§ 49) und zu seinem Kreise gehört auch Guillaume des Autels.

Es entspricht ganz Scève's Auffassung von der ernsten, hohen Aufgabe der Poesie, wenn er sich auch in einem '*grand œuvre*' (cf. § 25) versucht hat. 1562 veröffentlicht er eine enzyklopädische Dichtung in Alexandrinern, *Microcosme*, drei Gesänge von je 1001 Versen, in denen die Geschichte des Menschen auf Erden in großen Zügen erzählt und gelehrte Unterweisung gegeben wird.

Die Plejade mußte im Führer dieser Lyoner Schule, die eine Dichtung abseits von der Heerstraße der leichten Modepoesie suchte, einen verwandten Geist erkennen. Du Bellay besingt ihn:

Gentil esprit, ornement de la France,
Qui, d'Apollon saintement inspiré,
T'es le premier du peuple retiré,
Loin du chemin tracé par l'ingnorance.

Marots Anmut und Scèves hohes Streben hat dann diese Plejade in der Nachahmung der antiken Dichtungsform zu vereinigen versucht.

Der durch Scève vertretenen Richtung gehört der Pariser Verleger Gilles Corrozet (1510—1568) an, der 1539 in seinen *Blasons domestiques* gegen die durch Marot aufgebrachte sinnliche

Blasonliteratur protestiert und in seinem 1547 zu Lyon gedruckten *Conte du rossignol* den platonischen Sieg der Liebe feiert:

L'amour que chacun te propose,
Dont tant d'écrits sont embellis,
Proprement ressemble à la rose,
Car trop poignants sont ses déliz:
Mais l'amour duquel ci tu lis,
Qui en cœur chaste s'enracine,
Ressemble au blanc et très beau lis,
Qui croît sans chardon ni épine.

Der Lyoner Claude de Taillemont prägt endlich in seinen 'Elysäischen Feldern der Liebe' (*Discours des Champs Faëz*, Lyon 1553) aus dem Barren des Platonismus die kleine Münze des galanten Verkehrs. Der steife und ernst-mysteriöse Platonismus Scèves wird umgänglich und heiter in diesem Komplimentierbuch einer preziösen Gesellschaft, in der freilich die Pointen noch nicht alle Poesie und alles Naturgefühl erstickt hatten.

In dieser Lyoner Schule ist eine Hauptquelle der preziösen Literatur zu erkennen, deren Strom sich immer breiter durch das XVI. Jahrhundert ergießt.

L. Feugère, *Les femmes poètes au XVIe siècle*, Paris 1860. — *Rymes de gentile et vertvevse dame D. Pernette dv Gvillet Lyonnoise*, Lyon 1545, cf. Picot, no 637, neueste Ausg. Lyon, Scheuring, 1864. J. Buche, *Pernette et la 'Délie' de M. Scève* in *Mélanges de philologie offerts à F. Brunot*, Paris 1994, p. 33 sowie A. Baur, *M. Scève et la renaissance lyonnaise*, Paris 1906. — Über die *cortigiana onesta* vergl. Baur p. 85; cf. *Giorn. stor.* L. 272. — *Evvres de Loviże Labé Lionnoize*, Lion 1555, cf. Picot, no 638; Le Petit, p. 75. Neueste Ausg. von Ch. Boy, 2 voll., Paris 1887. Cf. J. Favre, *Olivier de Magny*, Paris 1885, p. 111 ff. — A. Héroet, cf. Picot, no 650. J. Arnoux, *Un précurseur de Ronsard, A. Héroet, néoplatonicien et poète*, Digne 1912. Seine poetischen Werke hat F. Gohin für die *STM.* 1909 kritisch herausgegeben. — Zur Liebesdebatte: *Rhl.* IV, 414; *R.Rab.* II, 1 ff.; Picot, no 806, cf. Gohin, p. Lff. — *Délie*, cf. Picot no 635; Crépet I, 643; *Rhl.* II, 146. — Cf. F. Brunot, *De Ph. Bugnonii vita et eroticis versibus*, Lyon 1891. F. Brunetière, *Un précurseur de la Pléiade, M. Scève* in *Etudes critiques*, VI (1899) 79 ff. Ph. A. Becker, *M. Scève* in der *Zeitschr. f. vergl. Literaturgeschichte, N. Folge*, XVII (1908) 225—238. Vianey, *Le pétrarquisme en France*, 1909, p. 58—80. — Daß Scève den *Microcosme* geschrieben, bezweifelt Becker l. c. — H. Hartmann, *G. des Autels, ein französischer Dichter und Humanist*, Zürich, 1907. — Zur Blasons-Litteratur Picot, nr. 810. — Der *Conte du Rossignol* in *Anc. p. fr.* VIII; cf. Picot, no 2864. — Über Cl. de Taillemont cf. *Rhl.* II, 302; Bourciez, *Les mœurs polies et la litt. de cour sous Henri II*, Paris 1886, p. 128 ff., 411 ff.

Verriet die Poetik Fabri's (§ 2) noch keinen Einfluß des Altertums, so ziehen nun im Gefolge der Marotschen Dichtung die Lehren der antiken Theoretiker auf. Zunächst des Horaz, dessen *Ars poetica* *J. Peletier* vor 1545 in Versen überträgt und dabei, 'so weit der Sinn es zulasse', die Vorschriften des Originals den heimischen Verhältnissen anpaßt. Denn er will wirken und die französische Poesie fördern, die das beste Mittel sei, um die Muttersprache zu heben, so daß sie dem Italienischen und Spanischen, ja den alten Sprachen gewachsen sei und ein augusteisches Zeitalter heraufziehe. Diese Ideen werden sich im ersten Teile des Manifestes der Pleiade (1549) wiederfinden. 25.

Ihren Theoretiker hat Marot's Schule in dem Juristen *Thomas Sebillet* (1512—89) gefunden, der, selbst Poet und Übersetzer griechischer und italienischer Dichter, 1548 einen *Art poétique français*, herausgab. Er steht unter dem Einfluß Horazischer Ideen. Seine Beispiele entlehnt er hauptsächlich den Werken Marots: Von 58 Gedichten, die er als Belege zitiert, stammen 40 aus Marot; Melin wird sechs Mal, Scève und Bonaventure werden nur vereinzelt zitiert. Sebillet befindet sich im Gegensatz zu den Rhétoriqueurs. Er entnimmt ihnen auch keine Beispiele. Er scheidet Dichtung und rhetorische Kunst und spricht von der poetischen Inspiration als der Hauptsache. Die Reimkunst der *rêveurs du temps passé* schätzt er gering. Wer den Dichter *rimeur* nenne, halte sich an Äußerlichkeiten. Doch rühmt er noch die *rimes équivoques*, in denen Marot sich ergeht. Den Alexandrinervers bezeichnet er als selten und schwerfällig. In den aus den alten Sprachen geschöpften Neologismen empfiehlt er große Vorsicht. Rondeaux, Lais, Virelais erwähnt er, als unmodisch, nur noch aus Rücksicht auf die alten Zeiten. Er empfiehlt die Nachahmung antiker und italienischer Vorbilder in maßvoller Weise. Er wünscht für den Dichter Kenntnis des Griechischen: *Je désire pour la perfection de toi, poète futur, parfaite connaissance des langues grecque et latine, car elles sont les deux forges dont nous tirons les meilleures pièces de notre harnois.* Er verteidigt das Sonett, das ungefähr dem antiken Epigramm und dem französischen Dizain entspreche. *Tant y a que le sonnet aujourd'hui est fort usité et bien reçu pour sa nouveauté et grâce.* Er findet in den Chorgesängen der antiken Tragödie das Vorbild für rhythmisch bewegte Lieder. Ein Kapitel handelt von: *Cantique, chant lyrique ou ode et chanson.* Sebillet versucht hier als der Erste die neue Lyrik zu definieren. Unter *cantique* versteht er die Psalmen, z. B. Marot's. *Chant lyrique* und *ode* bedeuten dasselbe: das strophische, gesungene Lied, das, wegen seiner Sangbarkeit, kurze Verse liebe. Pindor, Horaz und Melin hätten Muster gegeben. Die *chanson* unterscheide sich von der Ode dadurch, daß sie von geringerer Strophenzahl und noch freierem Bau sei *(de plus inconstante façon de forme et style)*. Für die *chanson* sei Marot vorbildlich, wie für die Ode Melin. Diese sachliche Auseinandersetzung Sebillet's wird Du Bellays Unwillen erregen. Die *Coq-à-l'âne* Marot's stellt Sebillet neben die Satiren des Horaz und Juvenal. Er vergleicht das Theater seines Landes mit dem des Altertums, bezeichnet jenes als inferior, was sich daraus erkläre, daß die Bühne nicht mehr, wie im Altertume, eine Staatsangelegenheit sei, sondern in der Privatspekulation verkomme. Nirgends aber macht er den Vorschlag, das Eigene, Nationale durch das Antike zu ersetzen. Naiv stellt er unter Epos *(le grand œuvre)* den Rosenroman zu Homer. Er verficht so wenig die Einführung der antiken Dramatik als die der antiken Epik. Er läßt den nationalen Bestand intakt und empfiehlt bloß Ausbildung der Formen unter Benutzung der fremden Vorbilder. Er spricht sich z. B. gegen die Versuche aus, antike Metren nachzuahmen und erwähnt zweifelnd die reimlosen Verse.

Die nationale Dichtung ist hier auf dem Wege, nicht durch einen gewaltsamen Bruch mit der Vergangenheit, sondern durch den Prozeß allmählicher Umbildung erneuert zu werden.

Das ist das Wesen der Marotschen Richtung. Von einem Ungelehrten ohne die Sturmglocken eines literarischen Manifestes begründet, bleibt sie auch in den Händen der gelehrteren Schüler ein leichtes Spiel, frei von mühsamer gelehrter Arbeit: *poetæ nascuntur*.

Geringschätzig spricht deshalb von ihr das 1549 erschienene Manifest einer neuen Schule philologischer Dichtung, der Plejade (II, 3): 'Wohl gibt es einige, die, ungelehrt oder wenigstens von nur mittelmäßiger Gelehrsamkeit, in der französischen Sprache durch Kleinigkeiten *(petites choses)* sich großen Ruhm erworben haben. Die Unkundigen schätzen sie hoch; aber die Gelehrten sehen in ihnen weiter nichts als Menschen, die gut französisch sprechen und geistreich, aber auch kunstlos sind. Diese Hofpoeten *(poètes courtisans)* leben ohne Arbeit herrlich und in Freuden. Aber wer Unsterbliches schaffen will, der muß in angestrengter Arbeit die Nächte durchwachen', denn, wenn es wahr sei, daß 'die

Poeten geboren werden', so sei es nicht weniger wahr, daß sie des gelehrten Studiums bedürfen: *fiunt oratores.* —

Zu dieser neuen Schule führt hinüber der eben genannte Peletier, der auf seine horazische Poetik *Les œuvres poétiques de J. Peletier du Mans* hatte folgen lassen (1547). Künstlerisch steht diese ungelenke, mythologiebeschwerte Poesie nicht hoch, aber bedeutsam und zukunftsschwer ist dieses Bändchen des für jene Zeit modernen Autors. Es bietet Eigenes und Übersetzungen aus Altertum und Italien, Sonette und Oden. Ronsard und Du Bellay sind darin zu Gast. Peletier überträgt zwölf Sonette Petrarcas und fügt dazu drei eigene; er überträgt drei Oden des Horaz, denen er achtzehn eigene *(de l'invention de l'auteur)* folgen läßt, für die er indessen die Aufschrift *vers lyriques* wählt. Wir sehen ihn in poetischer Korrespondenz mit Ronsard, den er durch ein Lied aufs Land einlädt und der ihm ein Gedicht *Des beautés qu'il voudrait en s'amie* widmet, das sich selbst 'Ode' nennt, obwohl es nicht zum Singen bestimmt ist. Am Schluß der *vers lyriques* steht ein Dizain Du Bellays.

Mit diesem Oden- und Sonettenbuch Peletiers treten Ronsard und Dubellay im Todesjahr Franz' I. in die Literatur ein (cf. § 46).

Thomas Sebillet, *Art poétique françoys, éd. critique avec une introduction et des notes* p. p. F. Gaiffe, Paris 1910 (*STM.*). Gaiffe gibt p. XXI ff. eine Liste der Poetiken des Jahrhunderts. — Die 'Oden' Melins '*O combien est heureuse*' und '*Laissez la verde couleur*', die Sebillet p. 148 als Muster zitiert, werden im Manifest der Pleiade, II, cap. 4 als *chansons vulgaires* bezeichnet; Melin selbst nennt seine Gedichte *chansons* und nie *odes.* — Zu Sebillets Behandlung des Theaters, die noch ganz mittelalterlich ist, cf. Lanson in *Rhl.* XI (1904), 574ff. Cl. Jugé, *J. Peletier du Mans, essai sur sa vie, son œuvre, son influence*, Paris 1907. Die Vorrede zum *Art poétique*, dessen älteste erhaltene Ausgabe 1545 erschien, ist p. 423 abgedruckt, teilweise auch bei Brunot p. 81 n. — Die *Œuvres poétiques* Peletiers sind 1904 als Supplement der *RRen.* neugedruckt worden; cf. Picot no 699. — Zur Mythologisierung cf. das Gedicht *Des grandes chaleurs de 1547.*

Eine reiche und kräftige volkstümliche Poesie begleitet 26.
während der ganzen Zeit die Wechselfälle der öffentlichen Ereignisse vom Auszug Franz' I. nach Marignano:

Le roi s'en va delà des monts
Il y menra force piétons . . .

bis zum Tode des Königs:

Dedans le château Rambouillet
Le roi François si trépassit.

Prions Jésus que sa pauvre âme
Soit en repos en paradis.
Or prions Dieu pour son doux fils
Que de mal le veuille garder,
Par quoi chantons à haute voix:
Vive Henri, roi des Français!

Der Reihe nach tragen alle die zahlreichen Feinde, mit denen Frankreich in diesen dreißig Jahren Krieg führte, die Kosten dieser patriotischen Dichtung, die Schweizer, Spanier, Deutschen, Engländer (1522):

Retirez-vous arrière,
Anglais désordonnés,
Et bouvez votre bière,
Mangez vos bœufs salés!
Vous êtes dévalés
Pour mener guerre en France
Mais vous serez chassés
Malgré votre puissance.

Déployez vos bannières,
Picards, Normands, Bretons,
Qui tenez les frontières
Contre ces faux godons.
Affûtez vos bâtons
Et votre artillerie,
Bombardes et canons!
C'est la fin de leur vie.

Häufig spricht am Schlusse, wie auch in unseren deutschen Liedern, der Verfasser von sich:

Cette chanson fut faite
D'un franc archer français
Qui a sa maisonnette
Au plus près de Bauvais. (1521.)

Auch die religiösen Kämpfe finden im Liede ihr Echo.

Von all diesen historischen Liedern hat, so viel bekannt, nur eines sich bis heute erhalten: das Lied vom *Roi prisonnier,* das die Gefangennahme des Königs zu Pavia und seine Haft in Madrid (1525) in Balladenform besingt und in vielen Versionen über das Land verbreitet ist.

E. Picot, *Chants historiques français du XVIe siècle: Règne de François Ier*, in *Rhl.* I, 154f. Zum *Roi prisonnier* cf. *Archiv* CXI, 127. Auch das Lied vom Tode des Connétable de Bourbon (1527) ist vereinzelt bis heute geblieben, *Rhl.* VII, 426. — Dem XVI. Jahrhundert entstammen wohl eine Reihe der Romanzen, die Doncieux im *Romancero populaire de la France*, Paris 1904 vereinigt hat, wie *La chanson du roi Renaud* (p. 97); *La fille du roi Louis* (p. 79). — *Mal mariée*-Lieder und Pastorellen aus dem XV./XVI. Jahrhundert hat A. Parducci in *Rom.* XXVIII (1909) und in der *Zeitschr. f. rom. Philologie* XXXIV (1910) veröffentlicht. Cf. jetzt Th. Gerold, *Chansons pop. des XVe et XVIe siècles* in *Bibliotheca Romanica* no 190—92, Straßburg 1913.

Die epische Dichtung bedient sich fast ausschließlich der 27.
Prosa. Sie umfaßt Ritterromane, Schwankbücher und Novellensammlungen.

Was um die Mitte des Jahrhunderts einem leselustigen Publikum an unterhaltenden Geschichten zur Verfügung stand, das zählt ein eifriger Protestant 1552 in einer Klage über die Buchhändler auf, die aus Gewinnsucht drucken:

Livres lascifs, puants, ords et ineptes,
Remplis d'erreurs, de fables et sornettes . .
. . . . . là sont mauvais exemples
De meurtres grands, rapines convoitises
D'impiété et toutes paillardises.

Das ist die 'Schundliteratur'

D'un Amadis, d'un Flammette et Pamphile,
D'un Fierabras, d'un sot Hecatomphile,
D'un Olivier, d'un Oger, d'un Fromont
Jean de Paris, des quatre fils Aimon,
Mile et Ami, Renaut de Montauban
Et d'un Merlin, autant faux que Laban,
D'un Mélusine, d'un Roman de la Rose,
D'un Peregrin, qui a besoin de glose,
Des actes preux du grand roi Charlemagne,
Des vaillants faits d'un Artus de Bretagne,
Les grands hasards d'un Pierre de Provence
Pantagruel qui entre tous s'avance . . .

An der Spitze steht *Amadis von Gallien*, den Schluß bildet Rabelais' Riesengeschichte: so soll auch hier geschehen. Was in ihrem Geleite erscheint, sei nur flüchtig erwähnt: Die alten Ritterromane des Karls- und Arturkreises, der Rosenroman, die Novelle von der schönen Magelone (aus der Mitte des 15. Jahrhunderts), sowie drei aus Italien stammende Bücher: Die dialogischen Liebeslehren des *Peregrinò* von Jac. Caviceo (übers. 1527); die *Ars amatoria* des L. B. Alberti *(Hécatomphile,* 1534) und die *Fiammetta* des Boccaccio. Dieser Roman, 1532 übertragen, bringt in den Kreis der abenteuerreichen Ritterromane die an äußeren Geschehnissen arme Herzensgeschichte einer Verlassenen. *Flammette* ist ein Buch von der Frau für Frauen. Eine Frau hat denn auch zuerst daraufhin solch verinnerlichte Darstellung eines Liebeserlebnisses im Französischen versucht: *Les angoisses douloureuses qui procèdent d'amours, composées par dame* Hélisenne de Crenne (1538). Daß jene Liste gefährlicher Bücher außer dem *Amadis* keinen Roman spanischer Herkunft nennt, ist Zufall, denn an Stoff hätte es nicht gefehlt. So lag damals in vielen Auflagen die Übersetzung der aus Allegorie und Abenteuer gemischten Erzählung *La Cárcel de Amor* des Fernandez de San Pedro vor.

Ob der Amadis aus Frankreich einst nach der iberischen Halbinsel gekommen oder jenseits der Pyrenäen entstanden, ist mit voller Gewißheit nicht zu entscheiden. Doch fehlen in der Romanliteratur des alten Frankreich sichere Spuren eines Amadisbuches. Aus Spanien stammt die erste uns erhaltene Aufzeichnung der Sage durch Garci-Ordoñez de Montalvo in vier Büchern (um 1492). Mit Hilfe der Buchdruckerkunst, die sich seiner um 1500 bemächtigte, dehnte Amadis sich aus. Die Geschichte seiner Söhne und Vettern füllte weitere Bände. Als Franz I. in Madrid (1525) das Werk kennen lernte, war es zwölf Bücher stark geworden.

Auf des Königs Wunsch begann Nicolas d'Herberay des Essarts eine Übersetzung, deren erstes Buch 1540 erschien: *Le premier livre d'Amadis de Gaule, qui traite de maintes aventures d'armes et d'amours.* Bis 1543 waren die vier ersten Bücher abgeschlossen. Diese erzählen, wie der König Perion von Gallien als fahrender Ritter an den armorikanischen Hof kam, wo sich die Königstochter Elisena in ihn verliebte. Die Frucht ihrer heimlichen Verbindung ist ein Sohn, Amadis, der in einem Kästchen den Wassern übergeben wird, die ihn aufs hohe Meer führen. Der späteren legalen Verbindung von Perion und Elisena entspringt ein zweiter Sohn, Galaor, der den Eltern früh geraubt wird. Ein schottischer Ritter findet das auf den Wellen treibende Kästchen mit Amadis, nimmt den Knaben, den er *Damoisel de la Mer* nennt. Dieser wächst am schottischen Königshofe heran, ein Günstling der Fee Urgande, und ist mit zwölf Jahren schon dem Minnedienst der zehnjährigen Oriane, der Tochter des britischen Königs Lisuart, ergeben. Von seinem Vater Perion, dem er das Leben rettet, wird er, unerkannt, zum Ritter geschlagen. Dann folgt die Erkennung. Amadis zieht von neuem auf wundersame Abenteuer aus, immer darauf bedacht, Ritterehre zu gewinnen, Schwache zu beschützen, Trug und Gewalttat zu brechen und immer vom Gedanken an Oriane erfüllt. Seine Irrfahrten führen ihn zu Kämpfen mit Riesen und Zauberern und stellen ihn auch seinem verschollenen Bruder Galaor in den Weg. Galaor, ebenso tapfer wie Amadis, ist in der Liebe sein Gegenstück: so treu und gefühlvoll Amadis, so flatterhaft und leichtfertig ist dieser höfische Don Juan (I. Buch). Langsam, von endlosen Reihen neuer Figuren beschwert und von zahlreichen Episoden unterbrochen, rückt die Handlung vor. Ermüdet folgt ihr der Leser durch dichten Wald und Gestrüpp, wo jeden Augenblick die Wünschelrute der Verfasser Hindernis auf Hindernis türmt. Obwohl Amadis die Zauberprobe der wahren Liebe auf der *Ile-ferme* glänzend bestanden, schöpft Oriane Verdacht an seiner Treue und schreibt ihm einen Absagebrief, der ihn in die Einsamkeit der *Roche-pauvre* treibt, wo er, waffenlos, als *Beau-ténébreux* ein tränenreiches Dasein führt. Hier nimmt der eigentliche Liebesroman seinen Anfang. Die Sentimentalität feiert Triumphe. Nach vielen Abenteuern erfolgt die Versöhnung der beiden Liebenden (II. Buch). Höfische Verleumdungen trennen sie indessen bald wieder. Oriane gibt in Heimlichkeit einem Sohn, Esplandian, das Leben. Dann freit der Kaiser von Rom um sie, und ihr Vater Lisuart opfert sie politischen Erwägungen. Doch raubt sie Amadis auf ihrer Brautfahrt nach Rom und bringt sie nach *Ile-ferme*, deren Schloß ganz fachmännisch unter Beigabe von Grund- uud Aufrissen geschildert wird. Jetzt beginnt ein großer Völkerkrieg mit diplomatischem Apparat; der Sieg fällt dem treuen Amadis zu, und er erhält Orianes Hand:

> .... *Car ce roman assemble*
> *Mars et Vénus; rendant Mars gracieux*
> *Et de servir à Vénus soucieux.*

Auch die folgenden acht Bücher wurden übersetzt. Des Essarts lieferte davon bis 1548 noch vier; die letzten vier (1553—1556) haben andere Bearbeiter. Des Essarts stellte den ersten Band unter den Schutz des zweiten Sohnes des Königs Franz. Die beiden letzten Bücher, deren Heldin eine Diana, 'die schönste Prinzessin der Welt', ist, sind Diana von Poitiers gewidmet. Der Hof Franz' I. und Heinrichs II. ist der Pate des Werkes.

Die Essarts und seine Zeitgenossen sind der Meinung, daß durch die Übersetzung dieses Buches Frankreich altes nationales Gut *en son premier français* restituiert werde. Um so weniger Bedenken konnte der Übersetzer tragen, alles das zu ändern, was ihn am spanischen Texte stieß und was er ohne weiteres für Zutat der Spanier erklärte: er läßt die allzu langen Reden und Betrachtungen weg, mildert die Emphase, ergänzt, wo ihm die Erzählung lückenhaft zu sein scheint, und verleiht dem Ganzen in höherem Maße den Charakter höfischer Feinheit und gesellschaftlicher Etikette. Besonders pflegt er die Liebesgespräche und Liebesbriefe, in deren zartes Netz er eine Blütenlese von Aussprüchen verwebt, die ihm die eigene und die italienische Literatur liefern. Ariostische Reden blühen da auf spanisch-französischem Grunde. Der Franzose gestaltet dramatischer: was der Spanier bloß erzählt, wendet er gelegentlich dialogisch und setzt es in Szene. Das kommt nicht dem Abenteuer sondern dem seelischen Leben zugute. Der Franzose motiviert, wo der naivere Spanier nur das äußere Geschehnis erwähnt. Er vertieft die Darstellung, und indem er sie verinnerlicht, wird sie zarter, sentimentaler. Er weiß liebliche Bilder und bewegte, lebensvolle Szenen zu gestalten, in denen gefühlvolle, zierliche Reden hin und her gehen. Nachdrücklich mahnt er seine Leser an die Notwendigkeit, von diesen *propos d'amour* zu lernen, wie er denn überhaupt den Anspruch erhebt, ein aktuelles Buch zu schreiben, eine Art Handbuch des Edelmannes in Krieg und Frieden. In der Vorrede zum vierten Abschnitt (1545) sagt er geradezu, daß man meinen könnte, der *Amadis* beziehe sich auf die jüngste Vergangenheit und die nächste Zukunft, indem er die Kriege wider die Ungläubigen und deren endliche Besiegung erzähle.

Par Périon, donques, et Amadis
Et leurs enfants, si sages et hardis,
Le puissant roi de France est entendu
Et tout le sang royal d'eux descendu,

heißt es in einem Widmungsgedichte des achten Buches. *Amadis* soll die gesellschaftlichen und militärischen Aspirationen der Gegenwart verkörpern, soll ein Idealbild des zeitgenössischen Lebens sein. So rühmt denn Du Bellay von ihm, daß er

Nous montre au vif quel doit être
Le prince, le courtisan,
Le serviteur et le maître;
Combien d'un fort bataillant
Peut le courage vaillant;
Quel est ou l'heur ou malheur
D'une entreprise amoureuse .....

1559 erschien als *Trésor des douze livres d'Amadis* eine Sammlung der Reden und Briefe des Amadis, ein galanter Briefsteller und ein höfisches Komplimentierbuch, und *Amadiseux* wird zur Bezeichnung des modischen Liebhabers.

Den ungeheuren Erfolg, den gerade dieser langatmige Ritterroman errang, verdankt er diesem sentimentalen Gehalt und dem Zauber seiner sprachlichen Form. Des Essarts hat aus der spanischen Hülle eine völlig französische Gestalt erstehen lassen, deren Sinn und Gewand tadellos modern war. Dieser angeblich aus der spanischen Fremde zurückkehrende Amadis hatte nicht die etwas altväterische Sprache aller jener Ritterbücher von Lanzelot und Tristan, die immer zu Hause in Frankreich geblieben waren, und auf denen eine mehrhundertjährige einheimische Tradition lastete. Amadis zog in strahlendem Glanze auf zu einer Zeit, da Tristan und Lanzelot verstaubt und unansehnlich geworden waren. Und dieser glänzende Ritter hatte alle Sympathien für sich, die der zurückkehrende verlorene Sohn auf Kosten des zu Hause gebliebenen zu gewinnen pflegt. So verkörpert sich in ihm jetzt und für die folgende Zeit der mittelalterliche Ritterroman, denn die Erneuerung der einheimischen *romans de chevalerie* hat nichts künstlerisch Wertvolles geschaffen (z. B. *Le nouveau Tristan* des L. Maugin, 1554).

Und wie man im Ritterroman die Wirklichkeit zu erkennen vermeinte, so erzählte man die Wirklichkeit auch nach Art der Romane. Die Geschichte hervorragender Ritter, Bayard's (gest. 1524) und La Tremouille's (gest. 1525), wurde also geschrieben, und es ist besonders die anmutige *Très joyeuse, plaisante, récréative histoire* des ersteren erwähnenswert, die sein Sekretär *(le loyal serviteur)* anonym erscheinen ließ (1527).

Von den Schwankbüchern fesseln zwei unser Interesse, ein gereimtes und ein ungereimtes. Jenes erzählt die Eulenspiegeleien des Bazochien

Pierre Faifeu, des gaudisseurs insignes
Le parangon et le superlatif,
D'Angers nourri, engendré et natif,
Qui en ses faits partout passa Villon
Et Pathelin . . . .,

welche der Kaplan Charles Bordigné 1532 zu Angers unter dem Titel *La légende joyeuse maistre Pierre Faifeu* drucken ließ. Es sind nach Rhetorikerart bombastisch eingeleitete und reich gereimte Schwänke, mit wenig Witz aber viel Behagen und Unfläterei. In einer prahlerischen Ballade an den Leser wird diese Legende über alle bisherigen Dichtungen der Franzosen gesetzt; insbesondere über die alten Romane von *Robert le diable*, den Haimonskindern und von

Gargantua qui a cheveux de plâtre . . .,

und der Verfasser spottet

Les douze pairs sont devenus éthiques,
Artus et mort et Lancelot gâté,
Merlin, Tristan, Fierabras de Hongrie
Avec Ponthus sont allés en féerie.

Aber die Ritterbücher sind, wie wir sahen, dem Spott dieses Eulenspiegels nicht erlegen, und der Riese Gargantua war eben im Begriff, zu unvergänglicher Herrschaft aufzusteigen. Damals lebte er freilich nur im Munde des Volkes und in den Niederungen der Literatur wie in dem bescheidenen Schwankbuch *Les grandes et inestimables chroniques du grand et énorme géant Gargantua.* Die älteste uns bekannte Form ist in dem Drucke eines Lyoner Verlegers von 1532 vorhanden. Hier wird berichtet, wie der Zauberer Merlin für den König Artus im fernen Orient ein Riesenpaar geschaffen, Grandgousier und Gallemelle, und wie diese einen ihnen ebenbürtigen Sohn erzeugt: Gargantua. Dieser ritt mit ihnen aus dem Morgenlande auf einer riesigen Stute an den Hof des Königs Artus. Auf dem Zug durch die Bretagne verlor er Vater und Mutter. Betrübt und mit dem Bedürfnis, sich zu zerstreuen, kommt das Riesenkind nach Paris, setzt sich dort auf einen Turm der Notredamekirche, läßt seine Füße in die Seine hinunterbaumeln und schafft sich Kurzweil mit den großen Turmglocken. Es hätte nicht so viel gebraucht, um das ganze neugierige und spottsüchtige Paris in Bewegung zu setzen. Ärgerlich reitet der Riese weg, nicht ohne die beiden größten der Glocken seiner Stute als Schellen anzuhängen. Endlich gelangt er an König Artus' Hof, verrichtet da unerhörte Heldentaten, nicht nur auf dem Schlachtfelde, sondern auch bei Tische, bis er nach zwölfhundert Jahren, drei Monaten und vier Tagen durch die Fata Morgana ins Feenland entrückt wird.

Der armselige Stil des Büchleins macht es unwahrscheinlich, daß Rabelais es überarbeitet oder gar verfaßt habe. Aber diese Kunstlosigkeit verhinderte nicht, daß 'von dieser *Chronique gargantuine* in zwei Monaten mehr Exemplare verkauft wurden, als Bibeln in neun Jahren', wie Rabelais scherzend bemerkt. Auch ihm gefiel die Kurzweil, die solche Schwänke schufen.

Die Klage über die Buchhändler in *RRab.* VII (1910) p. 96. Ausgaben der Ritterromane verzeichnet Lanson no 2654 ff. *Pierre de Provence* ist neu hg. v. A. Biedermann, Halle 1913. Zur Übersetzung der drei italien. Bücher cf. G. Reynier, *Le roman sentimental avant l'Astrée*, Paris 1908. — Zum span.-portugiesischen *Amadis*: *Grundriss* IIb 440; 216. Das Ergebnis der Untersuchungen von Menéndez y Pelayo ist resümiert in den *Modern Language Notes*, Baltimore, XXII (1907) p. 17. Zu den franz. Ausgaben des *Amadis* und anderer Ritterromane: Lanson no 1514 ff.; cf. Picot no 1485—5; 2623 ff.; 3060 ff. H. Vaganay's *Amadis en français, livres* I—XII, *essai de bibliographie et d'iconographie*, in *La Bibliofilia, rivista dell' arte antica in libri, stampe* etc. dir. da Leo S. Olschki, Firenze, Band V—VII (1903—6). — Du Bellay's *Ode au seigneur des Essarts* ist 1552 erschienen. — W. Küchler, *Eine dem 'Orlando furioso' entlehnte Episode im französischen Amadisroman* in *Frz. Zs.* XXXIV (1909) p. 274 (betrifft das XII. von S. Aubert 1556 übersetzte Buch). Ders.: *Empfindsamkeit und Erzählungskunst im Amadisroman*, *ib.* XXXV, 158 ff. — Der 'Portraits' des *Amadis* erinnerte man sich in den Salons des XVII. Jahrhunderts, cf. *La Galerie des portraits de Melle de Montpensier* ed. Barthélemy, Paris 1860, p. 497. — E. Schürhoff, *Über den Tristan-Roman des Jean Maugin*, Hallenser Dissertation 1909. — Die Erzählung des *Loyal Serviteur* hat Roman für die *Soc. de l'hist. de France* 1878 herausgegeben.

Zur *légende joyeuse* cf. die Subscriptio (fol. 55 vo): „*mis et rédigé par Messire Charles Bordigné, prêtre, le premier jour de mars l'an 1531 et imprimé à Angers l'an 1532.*" — Zu Bordigné cf. H. Guy (zu § 1) p. 337.

Zum ersten Vorkommen des Namens 'Gargantuas' (sic) als eines Spottnamens (1470) cf. *RRab.* IV (1906) p. 217. — Über das Dunkel der Gargantuasage spricht A. Lefranc in der Einleitung zur kritischen Rabelais-Ausgabe (cf. § 28) p. XXVIII ff. — Zur *Chronique gargantuine:* Le Petit p. 37; eine Facsimile-Wiedergabe in der *RRab.* VIII, (1910) 61—92; cf. *ib.* VII. 1 ff. Zur Frage des Anteils Rabelais' an diesem Schwankbuch, cf. Lefranc l. c. p. XXXIX.

François Rabelais ist gegen 1494 zu Chinon in der üppigen 28.
Touraine als der jüngste Sohn eines juristischen Beamten geboren. Er ward Franziskaner (1510) und lebte als Mitglied dieses Ordens im Kloster Fontenay-le-Comte im Bas-Poitou bis gegen 1524, in welchen Jahren er die verschiedenen Grade bis zur eigent-

lichen Priesterweihe durchlief. Rabelais ist während fünfzehn der besten Jahre seines Lebens Mönch, Bettelmönch, gewesen: das *moniage* hat ihm denn auch seinen Charakter indelebilis aufgedrückt. Da Rabelais sich eifrigen Studien hingab, und namentlich Griechisch zu lernen anfing, Plato studierte und mit Budé in Korrespondenz trat, so traf ihn bald der Verdacht der strengeren Ordensbrüder, der Observanten, die damals zur Herrschaft kamen. Eine Untersuchung führte zur Beschlagnahme der griechischen Bücher. Aus diesen Nöten rettete ihn um 1524 ein päpstlicher Indult, demzufolge er zu den Benediktinern übergehen darf. Bei D'Estissac, dem Bischof des benachbarten Maillezais und in Ligugé findet er eine Zufluchtsstätte inmitten einer humanistischen Gesellschaft. Als Kanonikus der Benediktinerabtei Maillezais ergibt er sich vorzüglich medizinischen und botanischen Studien und mit Erlaubnis seiner Obern scheint er die Studien um 1528 in Paris fortgesetzt zu haben. Dann verließ er ohne Erlaubnis den Dienst seiner Kirche, nahm das Kleid eines Weltgeistlichen *et per sæculum vagatus est.* Er gelangt nach Montpellier, wo wir seinen Namen im September 1530 als den eines Kandidaten des Baccalaureates verzeichnet finden, und wo er 1531 die üblichen Vorlesungen hält, in denen er auf Grund eines ihm gehörigen Manuskriptes den Studenten Hippokrates und Galen neu erklärt. Sein Brot erwirbt er sich, indem er geistliche und ärztliche Praxis verbindet. Im Sommer 1532 finden wir ihn in Lyon; er wird im folgenden Jahre Arzt am großen Hospital der Stadt. Er knüpft briefliche Beziehungen zu Erasmus an.

Jetzt tritt er für uns in die Literatur ein. Er besorgt als Revisor und Editor für einen Lyoner Verleger mehrere gelehrte Publikationen medizinischen und juristischen Inhalts. Auch wendet er sich der volkstümlichen Schriftstellerei zu, gibt der *Chronique gargantuine* eine Fortsetzung seiner Erfindung und wird Kalendermann, offenbar durch die Aussicht auf leichten Gewinn bestimmt.

Er bietet dem Publikum — und vielleicht denkt er dabei an seine Patienten — ein 'Buch derselben Legierung' wie jene *chronique*, um ihm noch mehr Kurzweil zu schaffen. Er gab dem Gargantua des Volksbüchleins einen Sohn Pantagruel und erzählt dessen Leben, sich seinen eigenen Einfällen überlassend. Noch im Jahre 1532 erschien, zur Lyoner Herbstmesse, diese neue *Chronique pantagruéline* unter dem pompösen Titel *Pantagruel, les horribles et épouvantables faits et prouesses du très renomme*

Pantagruel, roi des Dipsodes, fils du grand géant Gargantua. Composé nouvellement par maître Alcofrybas Nasier, der in den späteren Auflagen weiter als *abstracteur de quintessence* bezeichnet wird. Diese Erzählung, welche heute das zweite Buch seines Werkes bildet, ist Rabelais' erste selbständige Schrift.

Im nämlichen Jahre 1532 tut er sich auch als Kalendermann auf und beginnt die Veröffentlichung einer Almanachserie, die sich von 1533 bis 1550 erstrecken wird, und gibt auch eine satirische Prophezeiung aufs Jahr 1533 heraus *(Pantagruéline prognostication).* Zu Anfang 1534 unternimmt er die erste der drei Romfahrten, die ihm als Leibarzt des Bischofs und spätern Kardinals Du Bellay beschieden waren. Eifrig widmet er sich dem Studium des alten Rom. Die Frucht tritt in gelehrten Arbeiten zutage. Rabelais sieht Italien als wißbegieriger Antiquar, dem freilich die Schönheiten der Architektur nicht verborgen blieben. Mit dem archäologischen verbindet er das Interesse des Naturforschers. Die Schönheit des Landes hinterläßt aber in seinen Schriften keine Spuren, und die Poesie der Ruinen scheint ihn nicht zu rühren.

Da ihm mit der Zeit das ärmliche Schwankbuch der *Chronique gargantuine* als eine unangemessene Einleitung zu seinem *Pantagruel* erscheinen mußte, so hatte er sich daran gemacht, unter Benutzung der Angaben desselben, eine ihm angehörende Gargantuageschichte zu schaffen, die er im Sommer 1534 zu Lyon erscheinen ließ: *La vie inestimable du grand Gargantua, père de Pantagruel.* Dieses nämliche Jahr 1535 führte ihn mit Kardinal Du Bellay wieder nach Rom: er benutzt die Gelegenheit, um dem Papst eine Bittschrift zu überreichen, in welcher er um Absolution für sein weltliches Vagabundieren ersucht. Er erhält sie in den schmeichelhaftesten Ausdrücken, mit denen sein Wissen und seine Lebensführung gelobt werden. Von neuem darf er den Benediktinerrock tragen. Doch bleibt sein Leben unstät. Im Mai 1537 erwirbt er die Doktorwürde in Montpellier und verbringt die nächste Zeit in Südfrankreich als Arzt. Er hat Beziehungen zu König Franz. Er steht im Rufe eines hervorragenden Gelehrten. Ein Zeitgenosse bezeichnet ihn 1538 in einem Gedicht 'An die Philosophie' als deren Liebling:

In primis sane Rabelaesum principem eundem,
Supremum in studiis, diva, tuis Sophia.

Für eine neue Ausgabe seiner Gargantua- und Pantagruelgeschichten, die 1542 bei Fr. Juste zu Lyon erscheint, mildert und verwischt er, unter dem Drucke der religiösen Verfolgungen, die direkten Ausfälle gegen die Theologen der Sorbonne. Inzwischen hat der Bruder des Kardinals Du Bellay, der französische Vizekönig des Piemont, ihn als Leibarzt und Historiker nach Turin in seinen Dienst genommen (1540—1542). Vom Sommer 1543 bis Herbst 1545 verlieren wir seine Spur. Während sein *Gargantua* und *Pantagruel* vom Tadel der Sorbonne getroffen sind, arbeitet er an einer Fortsetzung und erlangt vom König (1545) ein Privileg dafür. Bald erscheint auch zu Paris mit der Jahreszahl 1546 und unter seinem wirklichen Namen dieser dritte Band *(Tiers livre des faits et dits héroïques du noble Pantagruel.)* Auch der verfällt sofort der Verurteilung durch die Sorbonne. Die Zeiten sind gefährlich, des Königs Schutz unzuverlässig. Rabelais wird der Boden der Hauptstadt zu heiß. Er wendet sich nach Metz, wo er zu Ostern 1546 Stadtarzt wird. 1548 finden wir ihn wieder in Rom im Hofhalt des Kardinals Du Bellay, während in Lyon ein Teil des *Quart livre des faits et dits héroïques du noble Pantagruel* erscheint. Wir sehen Rabelais in Beziehungen zu den mächtigen Guisen und Châtillon: ein interessanter, von Rabelais an den Kardinal de Guise erstatteter Bericht über große Festlichkeiten der französischen Kolonie in Rom ist uns erhalten (1549).

Inzwischen erheben aber seine Feinde in Frankreich ihre Stimme lauter, und ein Mönch schreibt 1549 ein heftiges Pamphlet, *Theotimus sive de tollendis et expungendis malis libris*, in welchem Rabelais nicht nur in den üblichen Phrasen als Ungläubiger dargestellt, sondern auch seine Lebensführung als diejenige eines Schlemmers von zynischem Wandel denunziert wird. Es ist die erste Anklage dieser Art. So wenig glaubwürdig sie ist — denn solche Schmähungen gehören zum Tone der religiösen Kontroverse der Zeit — so hat sie doch dauernd auf die Vorstellung gewirkt, welche Mit- und Nachwelt sich vom Menschen Rabelais gemacht haben. Zu den Angriffen von katholischer Seite gesellt sich Calvins Pamphlet *De scandalis* (1550).

Rabelais arbeitet sein *Quart livre* aus: seine stilistische Arbeit läßt sich auf Grund des Teildrucks von 1548 verfolgen. Unter dem Schutze der Guisen und Châtillon kehrt er 1549 seinen Feinden zum Trotz in die Heimat zurück. Er erhält in der Nähe von Paris in dem den Guisen gehörenden Meudon eine Pfründe (1551). Indessen behält er sie nur zwei Jahre: Im Januar 1553 gab er sie mit einer andern, deren Einkünfte er seit längerer Zeit besaß, auf. Er war leidend. Auch an seine Tätigkeit als *Curé de Meudon* hat sich die Legende geknüpft; doch hat er nicht selbst offiziert, sondern seinen Vikar amten lassen.

Inzwischen, zu Anfang 1552, war der Druck des nun vollendeten vierten Buches seiner Riesengeschichten abgeschlossen, so daß man wohl mit Recht das Erscheinen dieses neuen, sehr angriffslustigen Teils mit seinem Rücktritt von geistlichen Ämtern in Zusammenhang setzen darf.

Ein Sturm erhob sich. Auf Veranlassung der Sorbonne wird das Buch vom Parlament verdammt. So haben die Theologen die Etappen des Werkes mit ihrem Fluche begleitet. Verfolgungen wurden eingeleitet; doch siegte der Einfluß von Rabelais' Gönnern, und der Verfasser blieb unbehelligt. Es ist die Zeit, da König Heinrich II. mit dem Papst im gallikanischen Streite lag, so daß ihm Rabelais als willkommener Bundesgenosse erscheinen mußte. Im Anfang des folgenden Jahres, 1553, scheint er, und zwar in Paris, gestorben zu sein. Die Berichte über seine letzten Stunden gehören in das Gebiet der Legende.

Eine lateinische Grabschrift sagt von ihm: er wird für die Nachwelt ein Rätsel sein. Und er ist eine rätselhafte Mischung von hohem Fluge der Gedanken, ernster Arbeitsfreudigkeit, humanistischem Streben, gründlichem Wissen, kühner Forscherlust und von Ungeschmack, Vulgarität und ungeschlachter Freude am Unsauberen.

Wir ersehen schon aus seinen durchaus ernsten Briefen, daß sein Verkehr mit Freunden und Gönnern nicht auf der Grundlage schmarotzender Hanswursterei beruhte. Rabelais ist nicht ihr Bouffon, sondern ihr gelehrter Genosse, ihr Arzt, ihr juristischer Berater, der freilich auch trefflich zu plaudern und ein heiterer Kommensale zu sein verstand. *Omnium horarum homo,* sagt von ihm Du Bellay.

Der bleibende Eindruck, den er gerade bei den Zeitgenossen hinterlassen, welche ihm am nächsten standen, schreibt sich nicht von der tollen Laune des Spaßvogels, sondern von dem umfassenden Wissen des Denkers, des Gelehrten, des Enzyklopädikers her.

Das fünfte und letzte Buch seines Werkes erschien erst nach seinem Tode: Zunächst die 16 ersten Kapitel, die unter dem Titel *L'île sonnante* 1562 nachlässig gedruckt wurden, dann 1564 das ganze, *Le cinquième et dernier livre des faits et dits héroïques du bon Pantagruel.* Es ist unmöglich, daß es in dieser Form aus der Feder Rabelais' stammt. Eine fremde, schwerere Hand ist unverkennbar; sie verrät sich in Interpolationen, in Plagiaten, im Satzbau, in der Lädierung der Charaktere. Die Allegorie herrscht vor. Es klingt etwas wie der scharfe Ton der inzwischen ausgebrochenen Religionskriege hinein. Aber ebenso unverkennbar ist an hundert Stellen Rabelais' Art, der Stempel seines Geistes und seiner sprachlichen Kunst: ein Entwurf von seiner Hand muß dem Herausgeber gedient haben.

So erstreckt sich die Veröffentlichung des ganzen Werkes über dreißig Jahre: ein Vierziger, hat er es 1532 begonnen; während zwanzig Jahren hat er es bei unstetem Leben und mit vielen und langen Unterbrechungen fortgeführt, und zehn Jahre nach seinem Tode hat ein Anonymus mit fremden Zutaten den Schluß veröffentlicht. Es ist nicht ein Werk aus einem Guß.

Was sonst von Rabelais' Werken auf uns gekommen ist, ist unerheblich: einige Trümmer seiner Kalenderschriftstellerei, einige Briefe. Von seinen gelehrten Arbeiten ist nur wenig erhalten geblieben. Auch, was er italienisch geschrieben haben will, ist uns verloren. Die unbedeutenden Verse, die wir von ihm besitzen, verraten keine besondere lyrische Begabung.

Das erste Buch der Riesengeschichten erzählt die Geburt, die Jugend und Ausbildung Gargantuas, des friedliebenden Königs von Utopien. Dieses Utopien ist die Touraine, Chinon mit seiner Umgebung, das elterliche Besitztum *(La Devinière)*, und Rabelais hat in Staffage und Personen Jugenderinnerungen hineingewoben. Gargantua kommt als Student nach Paris, treibt hier enormen Schabernack, hängt, wie in der *Chronique*, die Glocken von Notredame seinem Maultier um, so daß die Sorbonne eine Abordnung zu ihm sendet mit dem Auftrag, über die Rückgabe der Glocken zu verhandeln: in Janotus de Bragmardo, dem Redner der Fakultät, ist das unvergeßliche Urbild scholastischer Pedanterie gezeichnet.

Gargantua studiert erst unter der Leitung des bornierten Theologen Thubal Holoferne und hierauf unter dem weisen und humanen Ponocrates, der einen neuen, lebensvollen, humanistischen Erziehungsplan mit ihm befolgt. Dann ruft ihn sein Vater nach Hause, weil sein Land von dem Nachbarkönig Picrochole überfallen worden ist. Der Krieg, die Überwindung Picrocholes wird berichtet, und insbesondere werden die Heldentaten des braven und lebenslustigen Mönches Jean des Entamures, Johannes des

Dreinhauers, erzählt, den König Gargantua damit belohnt, daß er ihm ein Kloster nach seinem Geschmack erbaut, die berühmte Abtei Thelema, die Abtei des freien Willens.

Das zweite Buch gibt Bericht über Jugend und Erziehung des Pantagruel, der auf seinem Studiengange den Panurge (πανοῦργος, *factotum*) findet, jenen so lebensvoll geratenen sinnreichen, witzigen, feigen und prahlerischrn Spitzbuben, der von nun an Pantagruels Genosse, eine Art Schalksnarr, der Falstaff dieses Königssohnes wird. Pantagruel hält sich studierenshalber in allen französischen Universitätsstädten auf, lernt in Toulouse tanzen und fechten, in Avignon lieben — 'denn es ist päpstliches Land' —, in Orléans Ball spielen. Hier begegnet er dem aus Paris kommenden limousiner Studenten, der ihn durch die 'Lateinschinderei' seiner gelehrten Rede ärgert. In Paris selbst findet er zunächst die Bibliothek von Saint-Victor, in deren tollen Büchertiteln Rabelais die Scholastik und ihre Träger mit Spott überschüttet. In Paris beginnt Pantagruel wirklich zu studieren. Dann wird ein neuer Krieg erzählt, den Pantagruel und Panurge mit ihrem Freunde Epistemon gegen die Dipsodes, die Durstigen, führen. Epistemon wird dabei der Kopf abgeschlagen; doch versteht Panurge ihn mit Salbe und weißem Wein glücklich wieder zu heilen und zum Leben zu bringen, worauf Epistemon erzählt, was er mittlerweile in der Hölle unten gesehen hat.

Das dritte Buch ist das lebendigste, reifste von allen. Sein Held ist Panurge. Er ist zum Schloßherrn von *Salmigondin en Dipsodie* ernannt worden zum Lohne für seine Hilfe im Kriege. Er führt schlechte Wirtschaft und beschließt zu heiraten, um im Krankheitsfalle eine Pflegerin zu haben. Was ihn aber in der Wahl zögern läßt, das ist die Furcht, von seiner Zukünftigen betrogen zu werden. In dieser Not wendet er sich in komischer Weise an alle möglichen Berater. Von nun an ist der Gang der Erzählung ganz durch die Frage bestimmt, ob Panurge heiraten soll oder nicht. Alle folgenden bunten Ereignisse sind Episoden, zu welchen die gründliche Unterssuchung dieser Frage Panurge und seine Freunde führt. Panurge berät Vergil und Homer, Traum und Sibylle, den alten Poeten Raminagrobis, den Theologen Hippothadée, den Mediziner Rondibilis, den skeptischen Philosophen Trouillogan, den Richter Bridoye, der seine juristischen Entscheidungen mit dem Knobelbecher trifft, und endlich den Narren Triboulet, der ihn an das Orakel der *Dive Bouteille* mit ihrer Priesterin Bacbuc weist.

So stellt das dritte Buch, das elf Jahre nach dem zweiten erschien, eine Digression Rabelais' in das Gebiet der 'Frauenfrage' dar, die damals (§ 24) alle Literatur beschäftigte. Die kirchliche Satire tritt bei den gefährlichen Zeiten ganz zurück.

Im vierten Buche macht sich das Kleeblatt Pantagruel, Panurge und Jean des Entamures mit seinen Begleitern auf, um dieses Orakel der *Dive Bouteille* zu finden: es beginnt die Odyssee der drei Reisenden nach dem fabelhaften Lande Catay, in 'Oberindien', wo Bacbuc wohnen soll. Sie kommen zu einer Reihe von Inselreichen, durch deren Beschreibung Rabelais irgend eine menschliche Torheit allegorisch verlacht: so zum Lande *Procuration*, wo ein Volk *Chiquanoux* wohnt — die Juristen; zur *Ile de Tapinois*, wo das groteske Ungeheuer *Carême-prenant*, der Aschermittwoch, regiert — die Katholiken; zur *Ile farouche*, dem *manoir antique des andouilles*, dem Lande der Fleischesser, die nicht fasten — der Protestanten; zur *Ile des Papefigues*, dem Wohnorte derer, die verfolgt werden, weil sie den Papst gehöhnt haben; zur *Ile des Papimanes* — der Papstwütriche; und endlich auch zu jener Insel, deren Gouverneur *messer Gaster* (der Bauch) ist, *premier maître ès arts du monde*, der von lästigen und verabscheuungswürdigen Leuten umgeben ist, welche den Kultus des *dieu ventripotent* treiben.

Die tollsten Einfälle, die Geschichte von den Schafen des Panurge, die berühmte Schilderung des Seesturmes usw. sind über diese Reise ausgegossen. So phantastisch sie ausgeschmückt ist, so sehr ist doch ihre Grundlage wissenschaftliches Erlebnis. Die zeitgenössischen Entdeckungsfahrten erfüllen Rabelais. Auf Grund der neuesten Reisewerke und Karten hat sich in ihm die Vorstellung der nordwestlichen Durchfahrt gebildet, eines Seeweges, der erst in unsern Tagen von Amundsen (1903—1906) bezwungen worden ist. Rabelais' Helden fahren von Saint-Malo um Nordamerika herum in zwei Monaten nach Ostasien.

Diese Reise wird im fünften Buche fortgesetzt. Sie führt zur *Ile sonnante*, der Bimmelinsel des Katholizismus, die von buntscheckigen Vögeln wie Clergaux, Monagaux, Evêgaux, Cardingaux und einem Papegaut mit zugehörigen Weibchen bewohnt ist. Die Satire wird schärfer, übelgelaunter. Auch die Richter werden von neuem und härter als im vierten Buche hergenommen unter dem Bilde der *chats fourrez* — eine Verballhornung der *chape fourrée* des mittelalterlichen Advokaten — mit ihrem Erzherzoge *Grippeminaud*. Dann kommen die Reisenden ins Königreich der

Dame Quinte-Essence, das Land der Abstraktionen und Hirngespinste, wo die Leute auf die Jagd gehen, um den Wind mit Netzen zu fangen. Endlich, von der Dame Lanterne geleitet, gelangen sie zum Lande der *Dive Bouteille*, steigen in den unterirdischen Tempel hinab und die Priesterin Bacbuc läßt durch allerlei geheimnisvolle Hantierungen aus einer Flasche eine Stimme erschallen, welche Panurge die Lösung seiner Sorgen und Zweifel bieten soll. Die Stimme sagt: *Trinc. Car Trinc est un mot célébré et entendu de toutes nations et nous signifie: Buvez!*

Die Genossen hören dies in freudigem Erstaunen und bemühen sich, das Wort, jeder nach seiner Art, zu deuten, während es der Autor im Sinne jenes Durstes nach Erkenntnis versteht, der die Männer der Renaissance, die *buveurs*, erfüllt. Es schließt das Buch mit der Andeutung, daß Panurge sich nun wohl verheiraten wird, und mit einer ernsten Rede der Priesterin über das Thema: 'Es gibt so vieles für die menschliche Wissenschaft zu erforschen; die Alten haben es lange nicht erschöpft: nehmt dabei Gott zum Führer und die Menschen zu Genossen.' Sie entläßt die Schar mit den Worten: *Allez, amis, en gaîté d'esprit.* —

Die übersprudelnde Heiterkeit und das reiche epische Leben dieser Geschichten soll einen tieferen Sinn bergen. Wir merkten dies, auch wenn der Verfasser nicht ausdrücklich in der Vorrede uns aufforderte, 'die Knochen seines Buches zu zerbeißen, um das Mark zu saugen'.

Was soll diese *substantifique moelle* sein? Es ist die Lehre einer freieren humaneren Lebensauffassung, die sich gegen den Zwang mittelalterlicher Askese und Hierarchie auflehnt, wie sie oben (p. 5—7) skizziert ist.

Rabelais trägt diese Lehre der Verweltlichung des Lebens, der Emanzipierung des Menschen mit steten Belegen aus der Literatur des Altertums vor. Das Altertum ist der unzertrennliche Begleiter seiner Feder, und, wenn Gargantua zu Tisch sitzt, so diskutiert er mit Hilfe der herbeigeschafften griechischen und lateinischen Bücher über die Natur und Zubereitung der Speisen.

An derselben Stelle, wo Rabelais uns auffordert, den Knochen seines Buches zu zerbeißen und das Mark zu saugen, spricht er von der *doctrine absconse* und den *mystères horrifiques,* welche sein Buch enthalte. Diese bombastischen Ausdrücke verraten, daß er scherzt. Sein Buch enthält keine *mystères horrifiques.* Er verhöhnt hier die Sucht des Mittelalters, alles allegorisch zu deuten und die

Mysterien des Jenseits in den Metamorphosen des Ovid oder im Leben des Vogels Phönix zu finden. Er warnt uns vor einer systematischen, allegorischen Interpretation der ganzen Erzählung. Er hat vieles nur aus Lust am Fabulieren erzählt, besonders Unflätereien, und die hier tiefere Bedeutung suchen, gleichen den Offizieren der Dame Quinte-Essence, welche den Wind mit Netzen fangen wollen. Anderseits hat er vieles nach augenblicklicher Eingebung hineingeheimnist, was nach Jahrhunderten nicht mehr verständlich ist. So bleibt vieles für uns dunkel.

Das große Mysterium des Buches ist, daß es, auf einem Gang durch die Gesellschaft des 16. Jahrhunderts, ein fortwährendes Genecke gegenüber den mächtigen Hütern des mittelalterlichen Lebensgrundsatzes von der Weltflucht und der Weltherrschaft der Hierarchie darstellt. Und dieses Genecke ist gutmütig; nie tönt es gehässig, giftig; selten leidenschaftlich; selten persönlich. Wird er ernst, so geschieht's unabsichtlich, wie im Traum, aus dem er lachend wieder erwacht. Ohne methodischen Plan kombiniert er sein Buch, nachlässig von Einfall zu Einfall gelangend, nicht gewillt, aus dem lachenden Vergnügen des Fabulierens sich eine Mühsal zu schaffen. Er hat, wie er uns selbst sagt, sein *livre seigneurial* bei Tisch komponiert: *buvant et mangeant.*

Mit vollen Händen hat Rabelais aus antiken und neueren Quellen geschöpft. Den antiken hat er vieles nicht direkt, sondern z. B. durch Erasmus entnommen, dessen Gedankenwelt überhaupt mächtig auf ihn gewirkt hat, wie er ja selbst gerne anerkennt. Aber diesen humanistischen Gedanken gibt er sein eigenes Gepräge, kleidet sie in seine Bildlichkeit, leiht ihnen seinen Witz. Auch mit der stofflichen Erfindung hat er es sich ziemlich leicht gemacht, wie so viele große Menschenschilderer. Aber, welches Leben hat er diesen entlehnten Erfindungen einzuhauchen verstanden; welch kräftiger Pulsschlag geht durch seine Figuren trotz ihrer grotesken Erscheinung! Wie wahr, wie realistisch sind sie, die Riesen eingerechnet, deren riesige Dimensionen er unter zehn Malen neunmal selber vergißt! Gargantua und Pantagruel sind in der Volkstradition der eine ein Riese, der andere eine Teufelsfigur — jener die ungeschlachte Verkörperung der Kraft und des Appetits, dieser des Durstes. Aus ihnen macht Rabelais in komischer etymologischer Deutung überlebensgroße Repräsentanten der irdischen Lebensfreude, der körperlichen und der geistigen. Welche Figur ist dieser Bruder Jean des Entamures, diese robuste, hochgewachsene Gestalt voller Lebenslust und Lebenskraft, dessen ganze Erscheinung, Gebärden und Worte eine herausfordernde Verneinung aller mönchischen Askese sind: die Verkörperung des Widerspruchs zwischen Mönchskleid und gesundem Menschenleib. Und dieser Schelm Panurge, der drollige Lump. Und der Riese Pantagruel, der Held nach dem Herzen Rabelais': *l'idée et exemplaire de toute joyeuse perfection* — der Vertreter der Philosophie des *pantagruélisme*, worunter man verstehen mag: jene Lehre des *vivez joyeux*, jene Lehre der *gaîté d'esprit*, mit welcher der Mensch, immer wohlgelaunt, gutmütig und nachsichtig, dem Leben die besten Seiten abgewinnen, sich humorvoll in die Schickungen des Zufalls fügen und aus den Zufälligkeiten sich ein sinnvolles Geschick gestalten soll. Rabelais vereinigt den heiteren Glauben an *celui grand, bon, piteux Dieu* mit dem Geiste wissenschaftlicher Forschung. Er ist Deist. Er konnte sich vorübergehend der Täuschung hingeben, daß er dauernd mit den kirchlichen Neuerern würde gehen können, da ihn mit diesen gemeinsame Gegnerschaft gegen das Mittelalter verband. Aber Calvin's neuer Glaubenszwang enttäuschte ihn. In den Konflikten Frankreichs mit Rom steht Rabelais, ein Vorläufer des Gallikanismus, auf seiten der Landeskirche. Er will auch eine starke Monarchie.

Bekanntlich nehmen die Obszönitäten einen breiten Raum in Rabelais' Buch ein, und es ist unbestreitbar, daß er sie mit Behagen erzählt und ihnen seine stilistische Meisterschaft reichlich zugute kommen läßt. Rabelais ist obszön, aber nicht lüstern; schamlos, aber nicht lasziv. Seine naive Ungeniertheit ist diejenige des Mittelalters, der Farcen und Fabliaux. Mittelalterlich und mönchisch ist auch seine Stellung zur Frau, die ihm Gegenstand der Geringschätzung ist: *des femmes je n'ai cure.* Mittelalterlich ist auch seine Vorliebe für das Groteske, sein Mangel an Schönheitssinn. Rabelais benutzt die Darstellungsmittel der zeitgenössischen ernsten Schriftstellerei (der Geschichtschreibung, der Ritterromane etc.) zur burlesken Ausführung seiner spassigen Einfälle und Vulgaritäten. Auf diesem burlesken Grunde baut er groteske Erfindungen, indem er seine Gestalten in behaglich heiterer Übertreibung ins Phantastisch-Ungeheuerliche wachsen läßt.

Er schreibt ein Französisch voller Erdgeschmack und voll der originellsten fesselndsten Bildlichkeit. Aber wahllos rafft er zusammen, was ihm die Sprache seines Landes an Material bietet:

Mundartliches, Veraltetes, vermischt mit eigenen kühnen Neologismen. Das heutige Französisch verdankt ihm über 600 Wörter. Ja, mit kecker Hand greift er nach den Sprachen des Auslandes. Alles ist ihm gut. Und dieses wunderbare und oft unschmackhafte Ragoût wird vollends mit einer üppigen lateinisch-griechischen Sauce angerichtet. Rabelais' Latinismen sind zum Teil ein Mittel seiner burlesken Darstellung, zum Teil beruhen sie auf seiner pedantischen Gewöhnung, der er in toller Laune nachhängt. Er, der die Pedanterie der 'Lateinschinder' im *écolier limousin* verspottet hat, ist für unser Empfinden selbst ein Pedant des Latinismus. Es ist ein tolles Sprachtreiben in seinem Buche, eine wahre sprachliche Orgie. Da werden in unsinniger Verschwendung Metaphern und Sprichwörter gehäuft; da kollern zu Dutzenden die Synonymen übereinander, da drängen sich die Onomatopöen, die Wortspielereien, die Neologismen, Verdrehungen.

So steckt dieses Manifest einer neuen Weltanschauung noch voll Mittelalter. Dieses Vehikel der neuen Ideen zeigt deutlich, daß es von der Hand eines mittelalterlichen Mönchs und Pedanten gezimmert ist. Rabelais, der hoch aufgerichtet der französischen Renaissance voranschreitet, trägt noch die Last seines *Moniage* auf seinen kraftvollen Schultern.

Auch dieser unkünstlerische Rabelais steht unter dem Einfluß italienischer Literatur, aber weniger der heiteren Erzählungskunst des Ariost, als des spöttischen Mummenschanzes, den Luigi Pulci mit dem Sagenstoff des Mittelalters, besonders mit dessen Riesenfiguren (Morgante, Margutte) treibt; hauptsächlich aber unter dem Einfluß der tollen Laune Teofilo Folengo's, der mit kecker Hand die Spässe und Unfeinheiten des Schwanks in die alte ritterliche Welt gemischt und in seinen *Macaroneæ* (1517 bis 1521) zu den Riesen burleske Spitzbuben, Schelme wie Cingar (Panurge) gesellt hatte. Während aber bei Pulci und Folengo die Satire auf das altmodische Bänkelsängerepos gerichtet ist und wesentlich literarisch bleibt, hat die Satire Rabelais' ein weiteres und höheres Ziel und streift den Charakter einer Travestie der Rittersagen fast völlig ab.

Rabelais fand Nachahmer, welche seine Erfindungen ausschlachteten und meist fade Gerichte daraus zubereiteten.

P. Plan, *Les éditions de Rabelais de 1532 à 1711*, Paris 1904, wozu *RRab.* III, 93 und V, 286ff.; Le Petit, p. 40—53; Picot, no 1508—21 und 3063; Tilley I, 263. — Die neueren Ausgaben: *Editio variorum*, 9 vol., Paris 1823

—1826; v. Marty-Laveaux, 5 vol., Paris 1868ff.; v. Burgaud des Marets und Rathery, 2 vol., 2. Aufl., 1870ff.; v. P. Jannet, 7 vol., Paris 1873ff.; v. L. Moland, 1 vol., Paris 1881. Von einer auf 8 Bände berechneten kritischen und reich kommentierten Ausgabe sind seit 1912 zwei Bände erschienen: *Œuvres de Fr. Rabelais, éd. critique p. p.* A. Lefranc, E. Boulenger, H. Clouzot, P. Dorveaux, J. Plattard et L. Sainéan, cf. *Archiv* CXXIX, 279. Eine Art Vorbereitung dieser Ausgabe bilden die zehn Bände der *Revue des études Rabelaisiennes* (1903—12), über deren Inhalt H. Schneegans seit 1904 referiert in *Frz. Zs.* XXVIIff. Cf. von dems. *Der heutige Stand der Rabelaisforschung* in *Germ.-roman. Monatsschrift* II (1910). Neben der *Revue* erschienen als *Publications de la Soc. des études Rabelaisiennes: Pantagruel, édition de Lyon*, Juste *1533*, 1904; *L'isle sonante 1562*, 1905; *Le quart livre de Pantagruel, édition dite partielle, Lyon 1548*, 1910; *Lettres écrites d'Italie p. Fr. Rabelais, déc. 1535 — février 1536*, 1910. — Zur Urheberschaft des fünften Buches: *Rhl.* III, 608; die Einleitung zum Neudruck der *Isle sonante*, wozu *RRab.* IV, 405. — Über die Änderung von 1542 cf. Ch. Dejob, *De l'influence du Concile de Trente sur la littérature chez les peuples catholiques*, Paris 1884, p. 199 und die Ausgaben (z. B. Moland, p. I—VIII; *Ed. critique* I, p. XXII; CXIII).

Gesamtdarstellungen: P. Stapfer, *R., sa personne, son génie, son œuvre*, Paris 1889. R. Millet, *Rabelais (Gr. Ecr.)* 1892. A. Tilley, *Fr. Rabelais*, London, 1907, cf. *RRab.* V, 430; *Frz. Zs.* XXXIII², 179. Weitere Literatur über Rabelais: Lanson no 859ff.

Die sichern Daten seiner Biographie stellt H. Clouzot zusammen in der *Ed. critique* I, CXXVIIIff. — Rabelais' gelehrte Publikationen: *RRab.* II (1904) 67—77. — Rab. in Italien: Picot, *Fr. ital.* I, 95; zum ersten Aufenthalt: *RRab.* V, 233ff. Rabelais' Kunstsinn: *RRab.* IV, 192. — Zur Datierung der ersten *Gargantua*-Ausgabe cf. *Ed. critique*, I, p. XVIIIff. — Zur *supplicatio pro apostasia RRab.* II, 110—34. — Das Distichon in *RRab.* I, 202. — Zum *Theotimus, RRab.* IV, 337. Ronsards bekannte Grabschrift ist ein anakreontischer Scherz, cf. *RRab.* I, 205. — Rabelais stilistische Arbeit am vierten Buch charakterisiert Plattard in der Einleitung zum Neudruck. — Zu Rabelais Versen: *RRab.* X (1912) 291. — Das Erlebnis in Rabelais Dichtung: *Ed. critique* I, Lff. — Zu 'Rabelais und die Frauenfrage' cf. *RRab.* II, 1ff. — — Lefranc, *Les navigations de Pantagruel, étude sur la géographie Rabelaisienne*, Paris 1905, cf. *Archiv* CXV, 479. Zu Gœthe's Nachahmung (*Reise der Söhne Megaprazons*), cf. *Germ.-Rom. Monatsschrift* III (1911) 648ff. — Rabelais' Quellen: L. Thuasne, *Etudes sur Rabelais (Sources monastiques – Erasme – Folengo – Colonna – Mélanges) BR.* V, 1904. — L. Delaruelle, *Ce que Rabelais doit à Erasme et à Budé* in *Rhl.* XI (1904) 220ff. und W.-F. Smith, *Rab. et Erasme* in *RRab.* VI (1908) 215ff. J. Plattard, *L'œuvre de Rabelais, sources, invention, composition*, Paris 1910 und von Dems, *L'Écriture Sainte et la littérature scripturaire dans l'œuvre de Rabelais* in *RRab.* IX, 423ff. Zu L. Thuasne, *Villon et Rabelais*, Paris 1911, cf. *Rhl.* XIX (1912) 457ff. und *RRab.* IX, 335. — Zum Styl Rabelais' cf. Lanson, *L'art de la prose*,⁸ Paris 1908, p. 28ff. — P. Barbier, *Ce que le vocabulaire du français littéraire doit à Rabelais* in *RRab.* III (1905) p. 280ff.; dazu L. Sainéan *ib.* IV, 391ff.; VI, 285ff. H. Vaganay *ib.* V, 310 etc. Über technische Ausdrücke bei Rab.: für Nautik, *RRab.* VIII (1910) 1ff.; für Falknerei, *RRab.* X (1912) 356. — L. Spitzer, *Die Wortbildung als stilistisches Mittel, exemplifiziert an Rabelais*,

Halle 1910, cf. *Archiv* CXXVIII, 417. Rabelais' Kunst bei H. Schneegans, *Geschichte der grotesken Satire*, Straßburg 1894, p. 171—270. Seine Nachfolger, auch Fischart, *ib.* p. 271—427; cf. *RRab.* VII, 1 ff. V. Buonanno, *Fischart e Rabelais* in *Studi di filologia moderna*, III (1910), 1—108. — Zu 'Rab. und die Nachwelt' enthalten die zehn Bände der *RRab.* zahlreiche Beiträge.

29. Die Novelle italienischen Stils kommt immer mehr in Aufnahme.

Der Sattler Nicolas aus Troyes, wohnhaft zu Tours, vollendet 1536 eine zweibändige Sammlung, meist anstößiger Abenteuer (*Le grand parangon des nouvelles nouvelles*), von denen uns nur das Manuskript des zweiten Bandes (mit 180 Geschichten) erhalten geblieben ist. Der ungelenke Verfasser schöpft aus den *Cent nouvelles nouvelles*, aus Boccaccio und anderen. Etwa 50 seiner Novellen entlehnt er dem mündlichen Berichte 'wackerer Kumpane'. Er verrät deutlich den Einfluß Rabelais'.

Im Jahre 1558 erschienen zwei Novellensammlungen, deren Verfasser beide schon verstorben waren und die ganz in die Zeit Franz' I. gehören: 1) das später so geheißene *Heptameron des nouvelles* der Königin Margarete von Navarra, mit erst 67 und dann 72 Erzählungen, die längst handschriftlich umgingen und zu denen die Verfasserin 1547 einen Prolog geschrieben hatte; 2) *Les nouvelles récréations et joyeux devis de feu B. Desperiers*, neunzig Erzählungen, deren einige nachträglich von fremder Hand eingeschwärzt sind.

Die Erzählerin des *Heptameron* geht von Boccaccio aus. Daß sie Bandello nachgeahmt habe, ist nicht nachweisbar und wenig wahrscheinlich. In Anlehnung an das Dekameron, dessen Übersetzung durch Ant. Le Maçon (1545) sie inspirierte, hat die Königin eine abenteuerliche Rahmenerzählung erfunden, die zehn Tage zu zehn Erzählungen umfassen sollte; doch ist es bei einem Siebentagewerk geblieben. Die fingierten Namen der fünf Herren und fünf Damen, welche die Unterhaltung führen, sind mit Wahrscheinlichkeit zu identifizieren. So ist Madame Parlemente Margarete selbst, Oisille ihre Mutter, Luise von Savoyen; Mr Hircan der König von Navarra. Es sollen nur wahre Geschichten erzählt werden (*une chose différente de Boccace, c'est de n'écrire nouvelle qui ne fût véritable histoire*, sagt die Vorrede) und hauptsächlich solche der jüngsten Vergangenheit. Nur eine Novelle (Nr. LXX) ist einer alten geschriebenen Quelle (*La châtelaine de Vergi*) entlehnt. Aber auch viele von den übrigen sind trotz der

Verbindung mit historischen Persönlichkeiten nicht 'wahr', sondern verraten altes Schwankgut oder tragen in ihrer Abenteuerlichkeit den Stempel der Erfindung oder doch der Ausschmückung.

Die große Angelegenheit dieser Novellenwelt ist die Liebe, *ce petit dieu qui prent son plaisir à tourmenter les princes et les pauvres et les forts plutôt que les faibles* (n° XII). Wenn auch die meisten Geschichten sich in den Kreisen der Gesellschaft und des Hofes bewegen — der Held von XXV ist König Franz; X ist ihre eigene Lebensgeschichte —, so fehlt doch Städter und Volk keineswegs. Nur etwa ein halbes Dutzend eigentlich schwankartiger Erzählungen finden sich. Die Mehrzahl sind Liebesgeschichten und zwar echte Herzensgeschichten sowohl als solche roher Begehrlichkeit. Einzelne, gelegentlich mit Versen untermischt, sind weit ausgeführt, fast Novellen in unserem Sinne. Wenn die verschiedensten Formen der Liebe zum Ausdruck kommen, so überwiegt doch die Schilderung der Sinnlichkeit und damit eine Einförmigkeit der Motive: Alle möglichen Kombinationen des '*coucher avec*', alle möglichen Verhältnisse der '*cornes*', von den diskreten, die niemand sieht (III), bis zu denen, die so 'mächtig sind wie das Geweih eines Damhirsches' (VIII). An Anstößigkeit bleibt das *Heptameron* nicht hinter dem Dekameron zurück, das das Werk eines jungen Mannes ist. Vor der Gattin spricht der Gatte frivol von seinen Liebesabenteuern. Im Namen der Wahrheit werden Stücke erzählt, deren eines die Verfasserin selbst als *ord et sale* bezeichnet. Sie läßt einen Herrn eine ganze Weile unanständig reden, ehe sie zu ihm sagt: *tout beau, tout beau — vous oubliez!* Und diese Frau kann von sich sagen (IX), daß sie sei *une bien amante, bien requise, pressée et importunée, et toute fois femme de bien, victorieuse de son corps et de son ami.* Und sie läßt sich von einem andern das Zeugnis ausstellen, daß sie besser als eine andere wisse, was *honnête et parfaite amitié* sei (XII).

Margarete macht aus ihren Erzählungen jeweilen einen Gegenstand der Diskussion, der Neckerei und moralisierender Betrachtungen, wobei es ihr auf das glücklichste gelingt, die persönlichen Eigentümlichkeiten der zehn Sprecher und Sprecherinnen festzuhalten und ins Licht zu setzen: die Frömmigkeit und Milde der ernst mahnenden Oisille, die kundige, subtile Galanterie der beredten Parlemente, der Heroets *Parfaite amie* so wohl vertraut ist, die skeptische frivole Art Hircans, des La Rochefoucauld dieser Gesellschaft, die Diskretion und Beständigkeit Dagoucins etc.

Platonische Ideen, ernste, religiöse, protestantische Stimmung, weltliche Freude und Sinnenlust wechseln in diesen dialogisierten Laienpredigten lebensvoll und geistreich ab. Besonders charakteristisch sind die Reden zu XII, XIX, XXV. Die Glätte und Leichtigkeit des Stils, die Geschwätzigkeit der Ausführung, die Geziertheit der Komplimente und Neckereien erinnern an Fräulein von Scudéry. Wenn man von den übrigen Schriftstellern des 16. Jahrhunderts kommt, so erscheint einem der Stil des Heptameron etwas marklos.

Eine fünfzigjährige fromme Fürstin, deren Lebensführung untadelhaft war, schreibt Geschichten sittenloser Weiberjägerei und schildert als Rahmen dazu eine vornehme Gesellschaft verheirateter Männer und Frauen, in der die undelikatesten Anspielungen auf eheliche Untreue hin- und herfliegen. Das *Heptameron* gibt uns das Bild eines Salons des 16. Jahrhunderts. An der Unfeinheit der damaligen gesellschaftlichen Unterhaltung haben, wie man sieht, auch die besten Frauen teil. Auch eine Frau wie Margarete läßt die Roheit ihrer höfischen Umgebung achtlos in ihre Geschichten eindringen.

Fehlt im *Heptameron* jeglicher Einfluß von Rabelais' Stil und Geist, so ist dieser in den *Nouvelles récréations* wohl erkennbar. Aber sie bleiben maßvoll und verfallen weder in die Übertreibungen des Rabelaisischen Witzes, noch in die Ungeheuerlichkeiten seines Stiles. Kommt man von einem Gange durch die knorrigen Sätze Rabelais', so wirkt die einfache Natürlichkeit von Desperiers' kräftiger Sprache wie ein erfrischendes Bad. Das Buch ist mehr bloß Anekdotensammlung; die Liebesgeschichten treten hinter den Schwank zurück. Erinnert das Heptameron an Boccaccio, so erinnern die *Joyeux devis* an Sachetti. Die meist sehr kurzen Erzählungen spielen in Frankreich: *Je ne suis point allé chercher mes contes à Constantinople, à Florence ni à Venise*, sagt der Autor nicht ohne Stolz in der köstlichen Vorrede, mit der er seine Schwanksammlung in den Dienst eines — feineren — Pantagruelismus stellt, *en vous donnant de quoi vous réjouir, qui est la meilleure chose que puisse faire l'homme.* Also, lieber Leser, *rions! de la bouche, du nez, du menton, de la gorge et de tous nos cinq sens de nature.* Munter lehnt er jede allegorisierende Deutung ab. Die Kosten des Lachens tragen hauptsächlich die Priester, Mönche, Ärzte, Richter, die Gelehrten und die Frauen. Auch die Satire auf einzelne Landesteile hat ihre Stelle. Selten erklingt ein ernsterer Ton; tragisch ist nur eine der Geschichten. Gelegentlich glaubt man den Spott des *Cymbalum mundi* zu hören. Die meisten Schwänke entstammen gewiß der mündlichen Überlieferung, ja der eigenen Lebenserfahrung des Autors. Mit wenigen Strichen wird eine Situation, eine Persönlichkeit gezeichnet. Einzelne Stücke sind darin geradezu musterhaft. Der Ton ist stellenweise ein recht freier; aber die meisten Geschichten sind durchaus harmlos. Gestattet sich auch der Verfasser gelegentlich ein häßliches Wort, das sich im Heptameron nicht findet, so ist der ganze Habitus seiner *Joyeux devis* doch weit anständiger als derjenige der Geschichten der Königin von Navarra. Und mit welch liebenswürdigem Humor spricht er von seinen Freiheiten in der Vorrede!

Dieses reizende Buch, das vom Geiste irdischer Lebensfreude der Renaissance durchdrungen ist, erlebte bis 1625 siebzehn Auflagen; dann wurde es für ein Jahrhundert so vergessen, daß nur noch Leute vom Fache, wie La Fontaine, nach ihm griffen. —

Gibt also das Dekameron in Frankreich das Beispiel der Novellensammlungen, so ist die französische Novelle stofflich doch von ihm und den Büchern der andern italienischen Novellisten fast unabhängig geblieben. —

Nic. de Troyes, *Le grand parangon des nouvelles nouvelles* p. p. E. Mabille, Paris 1869. — Die anonyme Originalausg. des *Heptameron* trägt den Titel: *Histoires des amants fortunés*, 1558, cf. Le Petit, p. 59—63; Picot nr. 1697. Neuere Ausg. v. Leroux de Lincy, 3 vol., Paris 1853; v. F. Frank, 3 vol., Paris 1879. — Zur Geschichte der Veröffentlichung des *Heptameron* cf. *Rhl.* XI (1904) 537. — *A. Le Maçon et sa traduction du 'Decaméron'* von H. Hauvette in *B. it.* VIII (1908) 285 ff. — Über das Verhältnis zu Bandello: A. Stiefel in *Frz. Zs.* XXXVI (1910), 103 ff.; cf. *Archiv* CXXIV, 180 ff. — Über den Zusammenhang von Heroets *Parfaite amie* und dem *Heptameron* cf. *RRab.* II. 93 ff. — Weitere Lit. über Margarete cf. zu § 23. — *Les nouv. récr.*, Originalausg. bei Le Petit, p. 73; cf. Picot Nr. 1696. *Bon. Desperiers, Contes suivis du Cymb. mundi*, p. p. P. L. Jacob, Paris, Garnier, s. d. (cf. § 18; 22). — Daß J. Peletier der Verfasser der *Nouv. récréations* sei, wird schon durch das ausdrückliche Zeugnis E. Pasquiers widerlegt. Vergl. Tilley I, 259—61, dagegen umsonst Jugé, *J. Peletier*, Paris 1907, p. 287 ff. — P. Toldo, *Contributo alla storia della novella francese del XV° e XVI° secolo*, Rom 1895; cf. G. Paris im *J. des Sav.*, Mai und Juni 1895.

So reich, vorzüglich unter dem Einfluß spanischer und italie- 30.
nischer Epik, ein neuer Quell erzählender Dichtung in dieser Zeit aufgebrochen ist, so bescheiden sind die Anzeichen neuen Lebens auf dem Gebiete der dramatischen Literatur. Diese bleibt

noch völlig mittelalterlich und zehrt von den Schätzen, die das 15. Jahrhundert aufgespeichert hatte.

Im 'Passionssaal' des Hospitals de la Trinité zu Paris spielten die Passionsbrüder ihre Mysterien. Noch besaßen sie kein Monopol. Wohl aber hatten sie seit langer Zeit allein von sämtlichen *Confréries* der Hauptstadt, die alle ihre besonderen Feste mit dramatischen Schaustellungen feierten, das Recht, an jedem beliebigen Sonn- und Festtag gegen Eintrittsgeld zu spielen. Dieses Recht hatte ihnen 1518 Franz I. bestätigt. Unter ihm wurden die biblischen Geschichten mit dem traditionellen Pomp, aber auch mit der ganzen traditionellen Unfeinheit, wie vordem, von den bürgerlichen Gesellschaften nicht nur in Paris, sondern in ganz Frankreich gespielt. Doch fing in der Hauptstadt der Widerspruch sich zu regen an.

Im Jahre 1541 erreichten die Passionsbrüder einen Riesenerfolg mit der Aufführung der Apostelgeschichte, deren *journées* während eines halben Jahres sonn- und festtäglich jeweilen von 8 Uhr morgens bis 5 Uhr abends mit einer kurzen Mittagspause über die Bretter gingen. Als 1542 die Aufführung des Alten Testaments folgen sollte, da erhob der Staatsanwalt Einsprache. Seine Gründe waren dreifach: Es spricht aus seiner Rede der gebildete Laie, dem diese ganze Dramatik der *gens non lettrés* zuwider ist; der Gläubige, dessen Empfinden durch die Religionskämpfe geschärft ist, so daß ihn die Mischung von Mysterium und Farce verletzt; und endlich der für die öffentliche Ordnung und Sittlichkeit besorgte Beamte, der mit Schmerz das Volk den Sonntag im Theater verbringen und die Priester aus den leeren Kirchen ihm dahin folgen sieht.

Diese Opposition hat für einmal nur einen halben Erfolg. Die Aufführung findet statt; aber es wird die Spielzeit auf den Nachmittag beschränkt und verboten, in die heilige Geschichte *choses profanes, lascives et ridicules* zu mengen. Sechs Jahre später, 1548, wird der Sieg der Opposition ein vollständigerer sein.

Die Protestanten haben keinen großen Eifer gezeigt, auch ihrerseits die biblische Geschichte auf die Bühne zu bringen. Die Königin Margarete macht sich daran, das Leben Jesu in einem dramatischen Zyklus darzustellen; doch vollendete sie, wie es scheint, nur vier Stücke, welche die Geburt, die heiligen drei Könige, den Kindermord und die Flucht nach Ägypten im überlieferten Mysterienstile behandeln, wobei das dramatische Element noch mehr als üblich hinter dem lyrischen zurücktritt. Komödien nennt Margarete diese kleinen Dramen (z. B. *Comédie des Innocents*), offenbar in rein mittelalterlicher Weise wegen des glücklichen Ausgangs der jeweiligen Handlung. Denn die Darstellung des Kindermordes schließt fröhlich mit einem Liede, das die Seelen der ermordeten Kleinen nach der Melodie *Si j'aime mon ami* anstimmen.

Margarete pflegt auch die Moralité. Sie läßt 1547 im engeren Kreise eine originelle '*Comédie*' aufführen, deren vier weibliche Personen die irdische Lebenslust (*la Mondaine*), die katholische Kirchlichkeit (*la Superstitieuse*), den Geist des Calvinismus (*la Sage*) und die göttliche Liebe (*la Ravie de l'amour de Dieu*) darstellen. Zu den drei ersten, die zusammen streiten, tritt die vierte, im Hirtenkleid, ihr Glück und ihren Frieden in jubelnden Liebesversen verkündend. Erst meinen die drei '*une nouvelle loi*' zu vernehmen; da aber die Bergère auf alle ihre Fragen nur mit neuen Liebesliedern antwortet —

Je ne sais rien sinon aimer,
Ce savoir-là est mon étude —

so erklären sie dieselbe als Närrin und lassen sie in ihrem *grand déluge d'amour* stehen. Die Liebe, von der Paulus sagt, daß sie die größte sei, und die ungelehrt, in überschwenglichen Worten sich ausspricht, ist Margaretes Religion, die sich über die streitenden Parteien erhebt.

Unter den Moralités sind besonders die sogenannten Moralités historiques, die dem Mirakel nahestehen, und die Moralités polémiques erwähnenswert. Moralités historiques sind kleine erbauliche Dramen profanen Inhalts mit wirklichen Personen, wie z. B. das Stück von dem tugendhaften Bauernmädchen, das den Verführungskünsten eines Seigneur widersteht (*La pauvre fille villageoise*), oder 'Vom Kaiser, welcher seinen Neffen tötete' (gedruckt 1543), das recht hübsch und lebendig durchgeführt ist, oder die *Moralité nouvelle, récréative et profitable* von Pyramus und Thisbé (um 1535). Von allen Formen der mittelalterlichen Bühne steht die Moralité historique dem heutigen Drama am nächsten. Sebillet und Charles Estienne haben in ihr die Bühnenform zu erkennen geglaubt, die dem antiken Theater entspreche.

Die mit den typischen allegorischen Figuren arbeitende Moralité polémique wird besonders von den Protestanten zu Angriffen auf die katholische Kirche und zur Propaganda verwendet. So wird in dem Stück von den *Theologastern* (oder *Theolonginqui*, 1523) wo auch *Raison*, *Foi* und das Evangelium auftreten, Deutschland als das Land der Vernunft und des Glaubens und Berquin als der *Mercure d'Allemagne* gefeiert. Solches Spiel ward aber mit der Zeit gefährlich. 1540 wurden in Paris fünf Schauspieler, wohl Studenten, die dergleichen aufführten, von der aufgeregten Menge ergriffen und in der Seine ertränkt.

Der Moralité hat sich mit der Zeit die Sottie sehr genähert. Aus dem ursprünglichen Narrendialog war ein kleines Drama geworden, und es wurden die schellentragenden, langohrigen oder gehörnten Narrenfiguren, besonders von Gringore, mit tieferem allegorischem Inhalt erfüllt. Hervorragende Exemplare dieser erlöschenden Gattung finden wir zur Zeit Franz' I. nicht mehr. In Margaretes Stück, dessen vier gehörnte und geöhrte Figuren 'Zuviel, Viel, Wenig, Weniger' *(Trop, Prou, Peu, Moins)* heißen und eine kirchlich-politische Allegorie darstellen, ist der Charakter der Sottie stark verblaßt.

Der dramatische Schwank blüht. Besonders sind es die Korporationen der studierenden Jugend, die ihn pflegen. Rabelais erinnert sich mit Vergnügen (III, 34), wie er einst zu Montpellier den Schwank *De celui qui avait épousé une femme mute* hatte mitspielen helfen. Ein recht gelungenes Stück ist *La Farce de la Cornette* (gedruckt 1545), deren Molière sich erinnerte, als er den *Avare* schrieb, oder die *Farce nouvelle d'un savetier nommé Calbain* (gedruckt 1548). Leicht mischt sich natürlich in die Farce lehrhafte Absicht mit Allegorie und Satire, so in Margaretes *Le Malade*, eine häusliche Szene darstellend, in welcher der Kranke als Sinnbild der päpstlichen Kirche aufzufassen ist, oder in der Farce *Le maître d'école, la mère et les trois écoliers*, die sich gegen die Lutheraner richtet.

So verschwimmen die Gattungen der Moralité, Sottie und Farce ineinander, und dementsprechend schwanken die Benennungen der einzelnen Stücke.

Während Ludwig XII. die Freiheit der dramatischen Satire geschützt hatte, auch wenn sie sich bis an den Thron wagte, zeigte Franz I. gleich im ersten Jahre seiner Regierung, daß er weniger einsichtig und auf alle Fälle weniger nachsichtig war. Körperliche Züchtigung und Gefängnis wartete seit 1515 desjenigen, dessen Satire zu kühn wurde. Später, in den dreißiger Jahren, wurde eine Art Zensur eingeführt, welche den persönlichen Charakter dieser Satire mildern sollte, und zugleich wurde Zuwiderhandlung unter die Strafe des Strickes gestellt.

An allen Ausgelassenheiten des öffentlichen Theaters hatte auch das Schultheater der Studenten teil, das nichts anderes ist als eine Übertragung dieses öffentlichen Theaters ins Latein der Schule. Die lehrhafte Allegorie der Moralité, die kecke Satire der Sottie, die rohe Karikatur und schmutzige Unfläterei der Farce wurde von den *écoliers* vor Lehrern und Eltern aufgeführt. Das ist ein Mittel, sagt ein Zeitgenosse, *de faire parvenir les enfants en éloquence.* Wir besitzen eine höchst interessante Sammlung *(Dialogi,* 1536) von vierundzwanzig lateinischen Schulkomödien (neunzehn Moralités, drei Farcen und zwei Sotties, in welchen die *stultitia cornigera* regiert) meist in Distichen, die längste von fünfhundert Zeilen. Sie sind von dem gelehrten Professor des *Collège de Navarre* Tissier aus Ravisy (Ravisius Textor, 1470 bis 1524) verfaßt. In allen Stücken ist die lehrhafte, erbauliche Absicht augenscheinlich; häufig tritt die Figur des Todes auf. Einzelne Stücke sind förmliche Repetitorien des Schulwissens. Damit ist Indezenz der Rede nicht ausgeschlossen. Doch belehrt uns das Vorwort, daß die hier gedruckten Dramen aus den anständigsten ausgewählt sind. Politische Stücke finden sich nur zwei darunter, und wir vernehmen, daß auch auf dem Schultheater das strengere Regiment Franz' I. lastet. Tissier verfügt über einen frischen, anschaulichen Ausdruck; es fehlt ihm weder an Kraft des Gedankens, noch an poetischer Empfindung. Seine *Dialogi* enthalten das Beste, was vom Theater dieser Zeit auf uns gekommen ist.

Als Stücke, die für die damaligen Salons bestimmt gewesen sein müssen, sind zu nennen Margaretes Komödie *La Vieille* und Marot's *Dialogue de deux amoureux* (gedruckt 1544), in denen Fragen des galanten Verkehrs erörtert werden. —

Seit dem XV. Jahrhundert waren aus den bürgerlichen Korporationen, in deren Hand das Theater lag und zur Blüte gekommen war, namentlich aus den *Sociétés joyeuses*, allmählich Truppen von Berufsschauspielern hervorgegangen: *des hommes qui n'ont métier autre que farcerie*, wie Jean Bouchet geringschätzig sagt. Sie durchzogen das Land und traten an Stelle des bürgerlichen Dilettanten. Diese Entwickelung, welche das Theater in die Hände wandernder Berufsschauspieler legte, ist beim Tode Franz' I. im wesentlichen vollzogen. Der bekannteste Pionier dieser Bewegung ist *Jehan de L'Espine*, genannt *Du Pont-Alais* oder *Songecreux*, aus den Pariser *Sots* hervorgegangen, der mit seinen 'Kindern' *Malmesert, Peu-d'aquêt, Rien-ne-vaut*, in Paris am Pont-Alais spielte (daher sein Name *Jean du Pont-Alais*) und ganz Frankreich durchzog:

tant Anjou que Poitou,
Auvergne aussi, partout je ne sais où,

ja, wohl auch nach Italien gelangte — wo die französischen Farceurs Gastrollen gaben, ehe die italienischen Komödianten nach Paris kamen — um schließlich am lothringischen Hofe fast seßhaft zu werden.

Über die Tätigkeit der italienischen Theaterunternehmer und Schauspieler, die zur Zeit Franz' I. nach Paris gekommen sind, wissen wir näheres nicht. Doch ist ihre Anwesenheit seit 1517 sehr wahrscheinlich und seit 1530 urkundlich belegt. Ihre Konkurrenz wird für die einheimischen Unternehmer empfindlich. Gringore weicht vor ihr zurück. Jean du Pont-Alais muß sich begnügen bei der Übernahme der *Entrée*, mit der die Stadt Paris den Einzug des Königs feiert, in zweiter Linie, hinter *Maître André, Italien*, zu stehen und ihm untertan und gehorsam zu sein. —

Die eigentliche, dem Altertum nachgeahmte Renaissancedramatik schickt unter Franz I. nur bescheidene Vorläufer voraus. Das Schultheater gebiert die lateinische Komödie nach dem Muster von Plautus und Terenz und die lateinische Tragödie nach dem Muster Senecas. Buchanan's biblische Stücke wie *Jephthes sive votum* (Richter, Kap. 11; um 1540) und Murets Cæsar (1544) zeigen bereits die Infektion Senecascher Rhetorik. *J'ai soutenu les premiers personnages ès tragédies latines de Buchanan et de Muret qui si représentèrent en notre collège de Guyenne avec dignité*, berichtet Montaigne aus dieser Zeit. (*Essais* I, 25.)

Neben den antiken Stücken werden auch italienische Renaissancedramen wie Ariosts *Suppositi* (1545) ins Französische übersetzt. Da ist besonders die älteste dieser Übertragungen, die dem Dauphin gewidmete Wiedergabe einer italienischen Komödie (*Gl'ingannati* von Lad. Castelvetro) von Interesse, die Ende 1540 zu Paris erschien unter dem Titel *Comédie à la manière des anciens et de pareille matière, intitulée 'Les abusés'. Composée premièremeut en langue toscane par les professeurs de l'académie vulgaire senoise, nommés Intronati et depuis traduite en notre langage françai par Charles Estienne.*

Die *Ingannati* sind auf dem Zwillingsmotiv *(Menaechmi)* aufgebaut. Sie haben einen europäischen Erfolg gehabt. Übersetzungen der *Ingannati* treten führend in die Renaissancedramatik Frankreichs, Spaniens und Englands ein.

In der Vorrede der *Abusés*, welche das förmliche Manifest eines neuen französischen Theaters ist, faßt der Übersetzer die bestehende französische Grammatik als ein Verderbnis der antiken auf, aus der man zum alten Brauch zurückkehren solle. Aus der Farce, die regelmäßig durch persönliche Satire und dummes Gerede *sans rime ni raison* erfüllt werde, solle wieder die Komödie des Terenz erstehen, in welcher geringer Leute Liebesgeschichten mit wunderbaren Heimlichkeiten und unerwarteten Entdeckungen dargestellt werden. Die Handlung solle ordentlich in fünf Akte zu fünf bis sechs Szenen geteilt werden, innerhalb deren das Auf- und Abtreten der Personen geregelt verlaufe. Die Zwischenakte seien — nach Art der Italiener — mit Maskerade und Ballett *(vers et plusieurs ébattements)* auszufüllen. Der Zwang des Verses sei zu verwerfen und die freie Prosa zu wählen. Für all das gebe es kein besseres Muster als diese Komödie der *Intronati*, die Terenz selber nicht anders geschrieben haben würde, und die wirklich geschickt gebaut aber auch äußerst lizenziös ist.

Und für diese neue, regelhafte, der persönlichen Satire und dem mittelalterlichen Narrengerede entrückte Terenzianische Komödie wünscht Charles Estienne zugleich ein neues Haus, das auf bequemen, amphitheatralisch gebauten Sitzen auch einem anspruchsvolleren Publikum größere Behaglichkeit biete. Die Renaissance beansprucht ein komfortableres Haus für ein kunstvolleres Schauspiel; feinere Sitte beansprucht sie nicht! —

So regt sich zur Zeit Franz' I. auf allen Gebieten der Dichtkunst, doch nicht gleich stark, ein neues Leben. Es spricht am vernehmlichsten durch Rabelais, aus der irdischen Lebensfreude seines satirischen Romans, und durch Marot, aus dem Mutwillen seiner autobiographischen Lyrik. Die Dichtkunst bleibt dabei trotz der Spuren italienischen und antiken Einflusses wesentlich national.

So scheint es fast, als ob die nächste Entwickelung der gärenden Literatur auch weiter in dieser allmählichen Umbildung des ererbten Nationalgutes werde verlaufen können. Aber schon kündet das dramaturgische Programm Charles Estienne's die Absicht gewaltsamerer Neuerungen an.

Lanson no 2767—3000. W. Creizenach, *Geschichte des neuern Dramas*, I. Band² 1911; II. Band 1901. Die Passionsbrüder bei Le Petit de Julleville, *Les Mystères*, Paris 1880, I, p. 412ff.; cf. *Romania* XXI, 606. — Wie zu jener Zeit in Genf besonders das Mitspielen der Frauen in den Mysterien Widerspruch erregte, cf. G. Bapst, *Essai sur l'histoire du théâtre*, Paris 1893, p. 58.

Margaretes *Comédies* in den *Marguerites* und den *Dernières Poesies*, (cf. § 23).

Die Moralités und Farcen behandelt L. Petit de Julleville, *La Comédie et les mœurs en France au moyen âge*, Paris 1886; cf. dess. *Répertoire du théâtre comique au moyen âge*, Paris 1886. Abgedruckt sind sie meist in *Anc. th. fr.*, Band I—III; *Pyr. et Thisbé* im *Bulletin du bibliophile* 1901. — Ch. Estienne's Urteil in der Vorrede zu den *Abusés*. — E. Picot, *Les moralités polémiques* im *Bulletin du protestantisme français*, 1887 und 1892. Cf. auch J. Frank im *Archiv* CXXV (1910) 457. — Das Ereignis v. 1540 im *Archiv*, 1884, p. 299. — Zur Entstehungszeit der *Farce de Calbain: Rhl.* VII, 421. — G. Cohen, *Rabelais et le théâtre* in *RRab.* IX (1911) 1—72; ebenda p. 365—420: E. Philipot, *Notes sur quelques farces de la Renaissance.* — Franz I. und die Farceurs, cf. L. Petit de Julleville, *Les comédiens en France au moyen âge*, Paris 1885, p. 112ff. — J. Vodoz, *Le théâtre latin de Ravisius Textor*, Winterthur 1898. — Über Jean du Pont-Alais cf. Picot, *Sotties* II, 115; auch oben zu § 8. Bei den Berufsschauspielern finden sich auch schon Weiber, cf. Bapst, *l. c.* p. 177. — E. Picot, *P. Gringore et les comédiens italiens*, Paris 1878. — Die franz. Farceurs in Italien: L. Petit de Julleville, *Les Comédiens*, p. 180; *Anc. p. fr.* XII, 329. — *L'idée de la tragédie en France avant Jodelle* v. G. Lanson, in *Rhl.* XI, 541—580. Zu Buchanan *ib.* p. 560ff. cf. C. Fries in *Neue Jahrbücher für das klassische Altertum* VIII, 176ff. — Über Muret spricht Lanson, *ib.* p. 563. — *Gl'ingannati* des Lod. Castelvetro (cf. *Giorn. stor.* XL, 343ff.), von den Senesischen Intronati 1531 gespielt. Cf. *Rhl.* IV, 379ff.; A. Stiefel, *Über die Comedia 'La Española de Florencia'* in *Bausteine zur roman. Philologie, Festgabe für Mussafia*, Halle 1905, p. 341ff. — Über die Abweichungen der *Abusés* von den *Ingannati:* A. Kuhnke, *'Les abusés' und ihre Quelle*, Breslauer Dissert. 1912. Der Name *Commedia del sacrificio*, unter dem das Stück auch geht, bezieht sich auf die einleitende Maskerade. Das Spiel ist von 1531; die älteste italienische Ausgabe wohl von 1537, cf. Brunet III, 454.

Drittes Kapitel.

HÖHEZEIT UND NIEDERGANG DER RENAISSANCE-LITERATUR.

(Die Zeit der letzten Valois und Heinrichs IV., 1547—1610.)

31. In der zweiten Hälfte des XVI. Jahrhunderts sah Frankreich in rascher Folge die letzten Könige aus dem Hause der Valois sich ablösen: Heinrich II. (1547—59), Franz II. (gest. 1560), Karl IX. (gest. 1574) und Heinrich III. (gest. 1589), und den ersten Bourbon, Heinrich IV., den Thron besteigen.

Unter diesen Herrschern wurde die Ernte eingebracht, für welche die ersten Generationen des Jahrhunderts das Feld bestellt hatten:

Der mehr als halbhundertjährige Kampf um Italien führte zur Demütigung durch den Frieden von Câteau-Cambrésis (1559), in welchem Frankreich seine Eroberungen verlor. Auf die *guerres d'Italie* folgten die *guerres de religion*, in denen das Land sich selbst zerfleischte, so daß es nur mit Mühe seine Unabhängigkeit vor der herrschsüchtigen Einmischung Spaniens rettete. Frankreich, das am Anfang des Jahrhunderts stolz ausgezogen war, um sich das Renaissanceland jenseits der Berge zu erobern, mußte am Ende des Jahrhunderts zufrieden sein, den Feind aus seinen eigenen Marken abziehen zu sehen.

Inzwischen machte die moralische Eroberung Frankreichs durch Italien mächtige Fortschritte. Der Italianismus beherrschte mit dem Hof auch Literatur und Sitte, und die französischen Patrioten klagten über ihn nicht weniger laut als über die spanischen Waffen und die spanische Diplomatie.

Der Sturz des Hauses Valois bedeutete nicht nur eine Verdrängung der spanischen Herrschaft, sondern auch eine Verminderung des Italianismus. Heinrich IV. steht am Anfang nicht nur einer nationaleren Politik, sondern auch einer nationaleren Literatur. —

Heinrich II. betätigte eifrig kirchliche Gesinnung. Das Edit de Chateaubriant vom 3. September 1551 unterwarf Buchdruck und Buchhandel der Überwachung durch die theologische Fakultät. Der König verfolgte seit den ersten Jahren seiner Regierung eifrig die Protestanten. Er tat sogar Schritte, um die Inquisition einzuführen, und Ketzer verbrennen wurde zu einer Art Dekoration religiöser Aufzüge, an denen der Hof teilnahm. Doch war gegen Ende seiner Regierung der neue Glaube in weiten Kreisen des Bürgertums und besonders der Magistratur verbreitet. Das Tridentiner Konzil verschärfte die Gegensätze und tat auch zwischen Kirche und Renaissancegeist eine Kluft auf.

Am Hofe Heinrichs II. herrschte bei aller Ausgelassenheit mehr Feinheit der Lebensform als unter Franz I., und damit wurde der Hof auch immermehr zum literarischen Zentrum. Der Ausländerei kann man ihn nicht bezichtigen. Nicht die Königin Katharine von Medici führte an diesem leichtfertigen Hofe das Zepter, sondern die Maitresse Diana von Poitiers.

In merkwürdiger Weise vereinigen sich in den Sitten dieser Gesellschaft die Formen des unter Franz I. neu erwachten Feudalismus und die Vorstellungen der antiken Mythologie, jene vorzüglich von den persönlichen Neigungen des Königs getragen, diese vorzüglich den Bedürfnissen der höfischen Adulation entsprechend.

Heinrich II., ein Mann von großer physischer Kraft, liebte das Turnier. Im Jahre 1559 wird er bei diesem ritterlichen Spiel, die Farben seiner Diana tragend, zum Tode verwundet. Der französische König stirbt als mittelalterlicher Chevalier, nachdem er als Chevalier nach den galanten Lehren des *Amadis* gelebt. Aber dieser Ritter liebte es auch, seinen von Turnier und Ballspiel wiederhallenden Hof durch Dichter und Künstler als Olymp gefeiert zu sehen, wo neben Jupiter Juno (Katharine) und Venus (Diana) thronen. Die Hoffeste werden zu mythologischen Maskeraden, bei welchen das Heidentum die Nacktheit entschuldigt. An die Stelle der mittelalterlichen Dekorationen *(échafauds)* und der *Mistères mimés* treten beim festlichen Einzug des Fürsten in seine Städte Nachbildungen der Antike. *Les antiquités et échafauds qui furent préparés* ... betitelt sich die Beschreibung der Entrée Heinrichs II. in Lyon (Sept. 1548), deren Anordner wahrscheinlich Maurice Scève war. Die Triumphbogen sind antiken Mustern nachgebildet; ihre Mauern durch Bilder aus antiken Sagen und mit antiken Waffen geschmückt. Die Schiffe, mit welchen eine Naumachie aufgeführt wird, zeigen die Formen antiker Triremen. Dem einziehenden König tritt die Göttin Diana, von Jagdgenossinnen begleitet und einen gezähmten Löwen führend, entgegen. So stark antikisiert waren damals die Pariser *Entrées* noch nicht. Lyon war voraus, und wie sehr das nach Italien weist, läßt sich daraus erkennen, daß im Anschluß an diesen festlichen Einzug von 1548 der Erzbischof von Lyon, ein Este, von der Königin Katharine durch eigens berufene florentinische Schauspieler die Komödie *Calandria* des Bibbiena glanzvoll aufführen ließ. Diese neue italienische Theaterkunst war eine Offenbarung für die Franzosen. Die Aufführung machte Epoche: Noch Brantôme preist sie.

Unbestreitbar hatte diese Mythologisierung damals etwas Lebensvolles. Man erfaßte sie mit dem Ungestüm der ersten Liebe und huldigte ihr wie einer Wirklichkeit. Diese Menschen glaubten sozusagen an die neu erweckte Welt des sinnlichen Olymp, den sie in den Dienst der Feier irdischer Herrlichkeit gezogen hatten, und entrüstet warfen ihnen glaubenseifrige Protestanten die *dieux terrestres jupitrisants* ihrer Kunst und Dichtung vor. Das Leben sollte indessen bald schwinden, während die Figuren als kalte dekorative Symbole blieben. Es ist ein anderes, ob ein Dichter zur Zeit Heinrichs II. den Flußgott der Seine anruft, oder ob Malherbe das tun wird.

Nach der kurzen Regierungszeit Franz' II. gelangte Katharine von Medici als Regentin zur verhängnisvollen Herrschaft. Von ihrer *cour florentine* aus ergießt sich in breitem Strom der Einfluß der Ausländerei. Es beginnt die eigentliche Epoche der Religionskriege, deren Entsetzlichkeit ihren Gipfel erreicht in der Bartholomäusnacht von 1572. Die religiöse Kontroverse durchdringt das ganze Schrifttum, und da sich mit den konfessionellen Ansprüchen je länger je mehr politische Ambitionen verbinden, so entsteht auch eine Literatur der heftigen politischen Diskussion. Von Frankreich sagt Jean de la Taille im *Prince nécessaire* (1572)

C'est le vent des Grands qui l'émeut à tempête
Sous ombre de l'Eglise.

Karl IX. hatte ernste künstlerische und literarische Interessen. Er schuf 1570, trotz des Widerspruchs des Parlamentes und der Universität, die darin eine Neuerung sahen, geeignet *à corrompre, amollir, effréner et pervertir la jeunesse*, eine *Académie de poésie et de musique*, um deren Gründung sich hauptsächlich Baïf bemüht hatte, in dessen Hause auch die Sitzungen stattfanden. Doch kam das Institut zu keiner eigentlichen Blüte. Die bösen Zeiten ließen das gute Wollen des jungen Fürsten nicht fruchtbar werden und führten den Schwindsüchtigen selbst in ein frühes Grab.

Ihm folgte sein dreiundzwanzigjähriger Bruder Heinrich III., der Lieblingssohn seiner italienischen Mutter, die er schalten und walten ließ. In seiner Jugend hatte er eine starke Neigung zum Protestantismus gezeigt, dessen leidenschaftlicher Gegner er später wurde. Die zweimonatliche Reise durch Oberitalien, die am Anfang seiner Regierungszeit steht (1574), entfaltete vor ihm und seinen erstaunten französischen Begleitern den ganzen raffinierten Luxus der italienischen Höfe. Sie verstärkte nicht nur seine Neigung für italienische Literatur, insbesondere für das Theater; sie ward für ihn auch eine eigentliche hohe Schule der Ausschweifung und Sittenlosigkeit.

Il n'est rien pire, ma foi,
Qu'est un Français italiqué

heißt es schon bei Gringore. In Heinrichs III. Günstlingswirtschaft sowohl, als bei seinen unbeständigen literarischen Beschäftigungen spielten Italiener die Hauptrolle. 'Am Hofe, wo wir einst nur vierzig oder fünfzig Italiener sahen, erblicken wir jetzt ein kleines Italien', klagt 1578 Henri Estienne und er konstatiert, daß an dem italianisierten Höflingsjargon, diesem '*langage farci d'italien . . Sa Majesté prend un grandissime plaisir*'. Unter des gelehrten Corbinelli Führung nahm Heinrich III. einen Anlauf, Petrarcas Sonette ins Französische zu übersetzen. Greift er nach Tisch zu Tacitus oder Polyb, so sind derselbe Corbinelli und Bartolommeo Delbene die Erklärer. Diesem letzteren verdanken wir die wenigen eingehenden Nachrichten über jene Akademie, die Heinrich III. von seinem Vorgänger übernommen und der er ein Sitzungszimmer im Louvre angewiesen hatte. Diese *Académie du Palais* bestand bis 1585; auch Damen gehörten ihr an. Delbenes Aufzeichnungen zeigen uns Mitglieder dieser Academie auf Schloß Ollainville um den König versammelt, der Themata unter sie verteilt, in deren Behandlung das Italienische neben dem Französischen erscheint. Französische Dichter greifen zur Sprache Petrarcas. Odet de la Noue, der Sohn des trefflichen protestantischen Feldherrn und Patrioten, schreibt zwar seine *Poésies chrétiennes* französisch; für seine Liebesgedichte aber verwendet er in gleichgesinnter Gesellschaft das Toskanische (gegen 1586).

Zu Heinrichs III. Zeit wird die französische Dichtung ein großes Plagiat an der italienischen. Die Stellung des Hofes als eines maßgebenden sprachlichen und literarischen Zentrums wird erschüttert: 'Viele Leute glaubten einst, schreibt Pasquier (*Lettres* II, 12), daß das beste Französisch am Hofe unserer Könige gefunden werde; ich leugne das rundweg und glaube vielmehr, daß es keinen Ort gibt, wo unsere Sprache mehr verdorben sei.' Auch Th. de Bèze klagt über den Sprachverfall, der den Sittenverfall am Hofe begleite.

Zum Italianismus des Hofes gesellte sich bei den Gegnern die Hinneigung zu spanischer Art. Groß war, nach dem Zeugnis Brantôme's, die Zahl derer, die sowohl italienisch als spanisch verstanden. Und als J. Peletier in einem Büchlein die französische Aussprache behandelte (§ 32), nahm er Italienisch und Spanisch gleich mit: *Ainsi j'espère que mon labeur servira aux trois nations.*

Daß die Literatur in dieser Zeit der Entfesselung aller bösen Geister überhaupt darniederliegt, läßt sich denken. 'Die Wirren, die über Frankreich hereingebrochen waren, sagt Pasquier (*Recherches* VII, 6), trübten die Quelle des Parnasses.' Die bildende Kunst liegt brach. Die königlichen Bauten stocken. Nur Mausoleen für die Mignons erheben sich.

Die Ermordung Heinrichs III., aus dessen Namen Henri de Valois die Pariser das Anagramm *vilain Hérodes* gemacht hatten, brachte den Frieden nicht. Heinrich IV. mußte erst einen mehrjährigen Krieg um den Besitz seiner Krone gegen die von den Guisen geleitete Liga führen. Auch sein Übertritt zum Katholizismus — zur *religion catholique apostolique, mais non romaine,* wie H. Estienne sagt — beendete die unseligen Streitigkeiten nicht. Und doch war Frankreich aufs äußerste erschöpft. *Il n'y a paix si inique qui ne vaille mieux qu'une très juste guerre,* ruft der Vertreter des dritten Standes in der *Satyre Ménippée* (1593) aus.

Endlich macht das Jahr 1598 mit dem Toleranzedikt von Nantes und dem Frieden von Vervins dem Kampf der Waffen ein Ende.

In den dreißigjährigen Schrecknissen des Bürgerkrieges war das bildungsfreudige Geschlecht der Renaissance verschwunden; eine unglaubliche Verwilderung hatte Platz gegriffen. Die Sterilität der Literatur war der Ausdruck dieses allgemeinen Niederganges. Doch fand unter Heinrichs IV. Regierung Frankreich wenigstens den Frieden wieder und nahm, vom redlichen Wollen des Königs unterstützt, bis 1610 einen materiellen Aufschwung, der auch für das literarische Leben bessere Zeiten vorbereitete.

So umschließt dieser Zeitraum die eigentliche Blütezeit der Renaissanceliteratur in Frankreich unter Heinrich II., deren Zurückgehen unter Karl IX. und ihren Verfall unter Heinrich III. und Heinrich IV. Doch kehrte die Literatur nicht mehr zum Mittelalter zurück; der Bruch war endgültig vollzogen. Die griechisch-römischen Formen hatten die nationalen bleibend verdrängt.

Aus der Anarchie des XVI. Jahrhunderts erhob sich siegreich der Absolutismus. Dem Traum einer Abtei Thelema mit der Devise: *Fais ce que voudras* war im Bürgerkrieg ein schreckliches Erwachen gefolgt. So erschien der Individualismus als eine Gefahr. Man verlangte die Autorität auf allen Gebieten. —

E. Bourciez, *Les mœurs polies et la littérature de cour sous Henri II*, Paris 1886. — Zu Heinrichs II. Stellung zu den Protestanten cf. *Revue du seizième siècle*, I. (1913) 99ff. — Brantôme ed. Lalanne, III, 256. — Zu Odet de La Noue: Picot, *Fr. ital.* II, 249ff. — Ch. Dejob, *De l'influence du concile de Trente*, Paris 1884. — Die Geschichte der *Académie de poésie et de musique* bei M. Augé-Chiquet, *La vie, les idées et l'œuvre de Baïf*, Paris 1909, p. 426ff. — P. de Nolhac und A. Solerti, *Il viaggio in Italia di Enrico III*, Torino 1890, cf. *Giorn. stor.* XVII, 447. — A. Morel-Fatio, *Etude sur l'Espagne* I, 2. Aufl., Paris 1895 (*L'Espagne en France*, p. 24ff.).

32. In der französischen Sprache herrschte in der zweiten Hälfte des XVI. Jahrhunderts wie in den Köpfen starke Gärung. H. Estienne spricht vom *grand remue-ménage* der Muttersprache, und Montaigne meint (III, 9), daß er sein Buch, hätte er ein Werk von Dauer schreiben wollen, in eine festere sprachliche Form hätte gießen müssen als die französische sei, die, 'seit ich dabei bin, zur Hälfte sich verändert hat'. Die Sprache stand, der festen Norm entbehrend und vor große Aufgaben gestellt, im Zeichen der individuellen Diktion, des Neologismus. Frei, kühn und oft genug maßlos, als ob der Wortreichtum ein untrügliches Zeichen der Vollkommenheit wäre, schuf sie sich neues Material mit Hilfe der alten Sprachen, der Dialekte und des Italienischen.

Das griechische Lehnwort durchdringt die Sprache der Wissenschaft und gelangt in Rede und Schrift des Gebildeten. Der Latinismus in Wortwahl, Wortbildung und Satzbau droht das geschriebene Französisch fortwährend vom gesprochenen zu entfernen. Die Schriftsteller schreiben Proteste gegen die 'Lateinschinderei'; in der Praxis aber verfallen sie mehr oder weniger dem Latinismus: Jeder sieht und kündet gerne den Splitter im Auge des Nächsten.

Reich ist der Import mundartlichen, besonders südfranzösischen Wortmaterials, den die herrschende Sprache der Gebildeten (das Pariserische) auf dem Wege des mündlichen Verkehrs erfuhr. Die Buntheit provinzieller Aussprachen zugunsten der Lautgebung des gebildeten Hauptstädters zu bekämpfen, unternimmt 1584 Th. de Bèze (*De Francicæ linguæ recta pronunciatione*). Das dialektische Wort heißen auch die Schriftsteller willkommen. 'Die Worte sind die Diener der Gedanken und haben ihnen Heerfolge zu leisten, sagt Montaigne (I, 25), und da mag denn das Gascognische sich einstellen, wenn das Französische nicht dran will.' Die Dichter nehmen grundsätzlich das Recht in Anspruch, mundartliche Rede in freier Wahl zu verwenden. In der Praxis haben sie indessen davon wenig Gebrauch gemacht.

Auch fehlte es nicht an Verteidigern archaischer Rede: *Pourquoi ne pas feuilleter nos romans et dérouiller force beaux mots qui ont pris la rouille pour avoir été longtemps hors d'usage*, frägt H. Estienne zu Anfang seiner *Deux dialogues* (1578).

Der Italianismus diente namentlich den Bedürfnissen der eleganten Welt und verlieh der Sprache den modischen Flitter des Galakleides und der Hoffähigkeit *(courtisanisme)*. Der Import italienischer und später auch spanischer Formen wurde begünstigt durch die verwandte Lautgebung der südfranzösischen Mundarten, besonders des Gascognischen. Er lieferte die Ausdrücke für die Verkehrsformen und den Luxus des vornehmen Müßigganges (z. B. *altesse*, *grandesse*, *disgrâce*, *carrosse*, *gondole*, *carneval;* spanisch: *basquine*, *vertugadin)*, für die Sprache der Kunst *(baldaquin*, *fresque*, *feston*, *balcon*, *concert*, *sonnet)* und des Kriegshandwerks *(cavalerie*, *escadron*, *fantassin*, *soldat;* spanisch: *algarade*, *casque)*. Doch hat besonders das Italienische noch Hunderte anderer Wörter geliefert, von denen eine große Zahl bis heute geblieben ist (z. B. *bagatelle*, *banque*, *caprice*, *caresse*, *leste*, *pédant*, *réussir*, *risque*). Auch von den italienischen und spanischen Wortbildungselementen, mit denen damals höfische Geckenhaftigkeit argen Mißbrauch trieb, ist einiges der Sprache zu dauernder Verfügung geblieben (*—esque*, *—issime*, *—ade)*:

car de tout temps désir de nouveauté
A nos Français reproché a été,

sagt H. Estienne in seinen holprigen Versen. Die Sprache wurde wortreich, und die Schriftsteller lieben es, mit ihrem Wortreichtum zu prahlen. Sie schwelgen in Synonymen, so daß es bei vielen zu einer Stilgewohnheit wird, neben das Erbwort jeweilen das gleichbedeutende neue Wort zu setzen.

Ein eigentümliches Programm der (lateinischen, mundartlichen und archaisierenden) Neologie hat für die Sprache der Poesie die Plejade 1549 aufgestellt (cf. § 37).

Der Eindruck der Regellosigkeit, den dieses gärende Idiom machen mußte, wurde noch erhöht durch die Buntscheckigkeit des Schriftbildes. Es ist das Schicksal einer jeden Schrift, daß sie, konservativ, hinter dem sich entwickelnden Laute zurückbleibt, in Widerspruch mit der Lautung der Sprache gerät und eine Verwirrung schafft, deren Opfer sie selbst wird. Diese Verwirrung war damals in Frankreich um so größer geworden, als seit langem die Neigung aufgetreten war, das französische Schriftbild dem Latein anzunähern und dadurch, daß man z. B. *escribre* statt *écrire* schrieb, das entlaufene Kind zur Mutter zurückzuführen. Diese etymologisierende Graphie mit ihren stummen Buchstaben öffnete der Willkür der Schreibenden Tür und Tor.

Kein Wunder, daß dem gebildeten Franzosen die starre Regelhaftigkeit, die der Tod dem vornehmen Latein in Schrift, Grammatik und Lexikon verliehen, als etwas Edles, Beneidenswertes, und die üppige, ungeberdige Lebensfülle seiner Muttersprache als etwas Vulgäres erschien. So geht denn der Wunsch der Grammatiker, die, dem Beispiel Geoffroy Tory's folgend, sich jetzt eifrig der Beschäftigung mit der französischen Muttersprache zuwenden, dahin, dieser Sprache feste Regeln zu geben, indem sie dieselbe nach dem überlieferten Schema der lateinischen Grammatik behandeln. Doch fehlt es auch nicht an solchen, die dieses Schema für eine Fessel halten und die Grammatik der Muttersprache auf eigene Füße stellen wollen. Der erste und kühnste ist der Lyoner Louis Meigret, dessen *Tretté de la grammęre françoęse* 1550 zu Paris erschien, eine Art nationaler Grammatik, nach dem Grundsatz: Die lebende Sprache den Lebenden! Die französische Sprache den Franzosen! Den *accord du participe passé* verwirft er als eine *lourde incongruité* sprachlicher Gecken: man sage *les graces que je vous ai fait* und nicht: *que je vous ai faites*. Angeregt durch die Ideenbewegung die zwanzig Jahre zuvor, Trissinos Vorschläge in Italien hervorgerufen hatten, will Meigret besonders die Orthographie von jeder Rücksicht auf die angebliche Abstammung der Wörter, dieser *grande superstition*, wie er sie heißt, befreien und vollständig auf den Laut, unter Benutzung seiner eigenen lyonesischen Aussprache, gründen. Schon damals führten solche Forderungen zu leidenschaftlichen Erörterungen. Der jugendliche Guillaume des Autels fällt unbesonnen über Meigret her. Peletier ergreift die Feder zur Verteidigung der Meigretschen Grundsätze einer phonetischen Rechtschreibung; da er aber zugleich eine etwas abweichende Graphie vorschlägt, so erweckt auch er Meigret's Zorn. Peletier führt darauf seine Lehren in einem *Dialogue de l'orthographe et prononciation française* (1551) näher aus, der zugleich die erste vergleichende Darstellung der romanischen

Lautlehre (französisch, italienisch, spanisch) ist. Zu den Neuerern gesellt sich auch *le grand professeur du roi, Pierre de la Ramée dit Ramus,* wie ihn Pasquier nennt, der ebenfalls sein eigenes System bringt. In der Praxis bekannte nur einer von den bedeutenden Schriftstellern des Jahrhunderts sich zur Reform: Baïf, der Ramus folgte. Andere, wie Ronsard (Vorrede zu den Oden, 1550), D'Aubigné (*Œuvres*, I, 456) stehen ihr zwar mit Sympathie gegenüber, ziehen es aber vor, der Tradition treu zu bleiben und, wie Du Bellay sagt, mehr *le commun et antique usage que la raison* (Schlußwort der *Défense* und des Vorworts zur *Olive*[2]) zu befolgen. Noch andere, wie de Bèze oder der konservative Montaigne (III, 9) verhalten sich ablehnend. So auch Pasquier, der von den Orthographiereformern meint (*Recherches de la France*, VII, 6): *Tous lesquels, ores qu'ils conspirassent à même point d'orthographe et qu'ils tinssent pour proposition infaillible qu'il fallait écrire comme on prononçait, si est-ce que chaqun usa de diverses orthographes . . Et de fait leurs orthographes étaient si bizarres ou, pour mieux dire, si bigarrées qu'il était plus malaisé de lire leurs œuvres que le grec.* Die Uneinigkeit, die in den Reihen der Reformer herrschte, die Buntheit ihrer Vorschläge und der Widerstand der Verleger verhinderte den Erfolg.

Die historische Orthographie war besonders getragen von dem neu erwachten Interesse an der Geschichte der vaterländischen Sprache und Literatur. Die alte Anschauung, die längst das Französische in einen engen Zusammenhang mit dem Latein setzte, verlangte wissenschaftliche Erkenntnis zu werden. Bereits hatte man angefangen, die lateinisch-französischen Entsprechungen des nähern zu prüfen (Rob. Estienne, *Dictionnaire français-latin*, zweite Auflage von 1549). Dabei ergab sich ein größerer Rest französischen Sprachmaterials, der nicht im Latein aufgehen wollte und zu dessen Erklärung andere Sprachen herangezogen wurden. Die herrschende Ansicht war dabei die, daß das alte gallische Idiom die eigentliche Grundlage des Französischen bilde (H. Estienne, Pasquier, Fauchet, Ramus), daß aber dieses Gallische, über welches die seltsamsten Vorstellungen herrschten, durch die Sprache der Völker, die in Gallien mit der Zeit festen Fuß faßten, besonders durch die lateinische, doch auch durch die griechische und die fränkische, modifiziert worden sei. Allgemein wurde dabei dem Lateinischen der Löwenanteil zugestanden. Sehr verschieden aber wurde der Anteil des Griechischen geschätzt. Einige übertrieben ihn in fanatischer Weise; andere, wie Pasquier, lehnten ihn ganz ab. Der große Philologe Henri Estienne spottete über die *âneries* der erstern; auch er war überzeugt, daß das Französische im wesentlichen Latein ist. Aber er glaubte an eine nahe geistige Verwandtschaft des Griechischen und Französischen und unternahm es, diese in seiner 1565 erschienenen, bisweilen rabulistischen und nicht selten naiven Schrift *Traité de la conformité du langage français avec le grec* zum Ruhme seiner Muttersprache nachzuweisen. Als der philologische Theoriker der Schule Ronsards — die er aber als konfessioneller Gegner bekämpft — macht er aus der griechischen, welche die vollkommenste Kultursprache sei, die nächste Geistesverwandte des Französischen, das sie sich zur Führerin auf dem Wege zu literarischer Vervollkommnung nehmen solle. Eifrig zieht er deshalb gegen die Führerschaft zu Felde, die sich das Italienische immer mehr angemaßt hatte. In einem *Précellence du langage français* betitelten Schriftchen verteidigt er (1579) die Vortrefflichkeit der französischen Sprache gegenüber der italienischen und in seinen berühmten anonymen *Deux dialogues du nouveau langage français italianisé et autrement déguisé, principalement entre les courtisans de ce temps* (Genf 1578) verspottet er die *gâte-français* in der Person des Philausone, *gentilhomme Courtisanopolitois*, der im Vorwort seine '*lecteurs tutti quanti*' folgendermaßen anredet:

Messieurs, il n'y a pas longtemps qu'ayant quelque martel en tête (ce qui m'advient souvent pendant que je fais ma stance en la cour) et à cause de ce étant sorti après le past pour aller un peu spaceger, je trouvai par la strade un mien ami, nommé Celtophile.

Herr Celtophile tadelt: . . . ' *ces lopins*
De ces volables transalpins.'

Es entspinnt sich ein langes Gespräch, das über 600 Seiten füllt und in dem nicht nur die Italianisierung der Sprache, sondern auch die der Sitten gegeißelt wird. 'Küß die Hand', sagt Philausone am Schluß zu Philalethes (Estienne), der als Schiedsrichter zu den Streitenden getreten ist. Aber Celtophile: *Je vous dis: Adieu, simplement en bon français, laissant tout le baise-main à Monsieur Philausone.* Estienne haßt Italien auch als Protestant und meint, Italien habe der französischen Sprache keine Neologismen zu liefern, außer für diejenigen Begriffe, die Frankreich überhaupt erst von ihm bezogen habe, wie *assassin*, *poltronnerie, charlatan, intrigant* usw. Der zeitgenössischen Geziertheit wirft er bereits die sprachlichen Gebrechen vor, die das Wesen der späteren Pretiosität ausmachen. Er klagt über die *métaphores . . . fort hardies, enragées* (II, 113), die aus der Poesie nun auch in die Alltagsprosa dringen, und nennt diese Schreibart *pindariser, pindariquement dithyrambiser, pléiadiser.* Er tadelt die geschmacklos angebrachten bildlichen Ausdrücke, *qui sentent trop leur poésie,* und ihre Häufung (z. B. *étant emporté en poste par le vent de son ambition*). Er mißbilligt den modischen Gebrauch gewisser Steigerungswörter wie *divinement, infiniment* und affektiert nennt er eine Wendung wie: *je désirerais infiniment avoir un petit coin au cabinet de vos bonnes grâces.* Gegenüber solcher Ziererei und der Verderbnis der Sprache der Höflinge verweist er spöttisch auf Lastträger und Fischweiber *(crocheteurs, harangères,* I, p 12; II, 233), deren Redeweise daneben die reine Eleganz sei.

Während Henri Estienne sich hauptsächlich gegen den italienischen Neologismus wandte, bekämpften andere speziell das lateinische Lehnwort und ersetzten es durch kühne französische Neubildungen *(habitus* durch *ayance; identitas* durch *mêmeté* usw.). Es wurden auch Stimmen laut, die sich überhaupt gegen das ganze neologistische Treiben der Literatursprache richteten. Rückkehr zum gewöhnlichen Sprachgebrauch ist ihr Losungswort. 1558 erklärt Jacques Grévin in der Vorrede zu seiner Tragödie, die Griechen darin zum Muster nehmen zu wollen, daß er, wie sie, die Muttersprache ohne fremde Flicken brauche. Später spottet Montaigne (III, 5) über die *misérable affectation d'étrangeté* unverständiger Schriftsteller, die in ihrer törichten Neuerungssucht den echten markigen Ausdruck durch einen wirkungslosen Neologismus ersetzen. Pasquier schreibt (*Lettres* XXII, 2), nachdem er die Übertreibungen vieler Dichter getadelt: '*Pour ma part je serai toujours d'avis de prendre les paroles du commun usage . . .* die Wörter verdanken wir dem Volke; ihre Anwendung lehren uns die guten Autoren' nach Ciceros Wort: *Usum loquendi populo concessi, scientiam mihi reservavi.* Und Ramus bestätigt es: *Le peuple est souverain seigneur de sa langue.* Aber auch Pasquier läßt noch individuelle Entlehnungen aus dem Griechischen, Lateinischen und Italienischen zu — *non pour les écorcher, mais en les ménageant sagement.* Und 1605 liest man in Vauquelin's Dichtkunst:

Si quelques mots nouveaux tu veux mettre en usage,
Montre-toi chiche et caut à leur donner passage.

Vor dieser veränderten sprachlichen Empfindungsweise weicht mit dem antiken Lehnwort auch die entlehnte Syntax, der Latinismus der Satzkonstruktion, welcher der französischen Sprache des XVI. Jahrhunderts eigentümlich ist und welcher den natürlichen Anlagen dieser Sprache so sehr widerspricht. Wie bei Boccaccio, so ist bei Schriftstellern wie Seyssel, Rabelais, Montaigne diese antikisierende Phrase nicht ohne Reiz. Aber wie verderblich diese Art des Satzbaues werden konnte, wenn die Sprache sich ihn dauernd anquälte, das zeigt die Geschichte der italienischen Schriftsprache. Für das Französische waren glücklicherweise die antiken Allüren nur eine vorübergehende Übung; es war ein Bad, aus welchem die Sprache geschmeidiger und glänzender hervorging.

Mit dem wachsenden Übergewichte der Hauptstadt wuchs auch die Gegnerschaft gegen das mundartliche Sprachgut. Mancher mochte es halten wie Pasquier, der in der Theorie zwar den Dichter ermahnte, den Honig seiner Poesien aus allen Blüten landschaftlicher Rede zu bilden, der aber in der Praxis sich am Provinzialismus stieß und z. B. Montaigne freundschaftlich seine Gascognismen vorwarf (*Lettres* II, 12 und XVIII, 1). Es mehren sich die Stimmen derer, die den Pariser Sprachgebrauch für maßgebend erklären. Und gerade die sprachlichen 'Korrekturen', denen Montaignes *Essais* seit 1588 anheimfielen, sind bezeichnend für diese Auffassung, der auch Henri Estienne sein Wort lieh.

So erwächst schon im XVI. Jahrhundert die Reaktion gegen die Maßlosigkeiten der neugeschaffenen Literatursprache. Das Vorurteil des Wortreichtums wird bekämpft und der Schriftsteller ermahnt, den alten Bestand durch metaphorischen Gebrauch zu variieren: *surtout les mots qui sont figurés embellissent et enrichissent la langue* (Amyot, *Projet d'éloquence royale*). Es bereitet sich jenes Programm des *commun usage*, und zwar des hauptstädtischen, und der Wortbeschränkung vor, das seine eigentliche Formulierung durch Malherbe finden wird.

Darin aber sind Freunde und Gegner des Neologismus einig, daß es gilt, Französisch und nicht Latein zu schreiben. 'Es ist ein Majestätsverbrechen, schreibt Ronsard in der Vorrede zu seinem Epos, die lebende und blühende Sprache seines Landes beiseite zu setzen.' Er spottet über die *latineurs*, die da meinen, daß man zu ihren Büchern greifen werde. Pasquier ruft dem Philologen Tournebu zu: 'Latein soll ich schreiben? Gott bewahre! so lange diese meine Hand lebt und das Herz mir im Leibe schlägt, werde ich einen solchen Gedanken nicht hegen!' (*Lettres* I, 2). Und Tahureau hatte sich schon vorher (1555) an die *dégorgeurs de latin* mit Worten gewendet, deren Stolz kaum zu überbieten ist: '*Jamais langue n'exprima mieux les conceptions de l'esprit que ne fait la nôtre; jamais langue ne fut plus douce à l'oreille et plus coulante que la française; jamais langue n'eut les termes plus propres que nous en avons en français. Et dirai davantage que jamais la langue grecque ni latine ne furent si riches ni tant abondantes en mots qu'est la nôtre... notre France est pleine d'une infinité d'Homères, de Virgiles, d'Euripides, de Sénèques, de Térences, d'Anacréons, de Pindares, d'Horaces, de Cicérons français et, bref, en quelque manière d'écrire que ce soit, la France pour le jour d'huy ne doit rien à l'antiquité des Grecs et des Latins — o France heureuse!*'

Auch auf dem Gebiete der wissenschaftlichen Literatur dringt diese Bewegung zugunsten der Muttersprache mächtig vor. Der erste, der sich gegen das Latein als Unterrichtssprache erhebt, ist Bodin (1559). Ramus schreitet an der Spitze derer, welche die Muttersprache im akademischen Vortrag verwenden. Er wollte nicht nur die Dialektik, sondern auch 'Arithmetik, Geometrie, Musik, Astronomie, Physik, Ethik und Politik französisch reden lehren'.

Brunot, *Hist. de la langue française* II. — Th. Beza, *De franc. linguæ recta pron.* hat A. Tobler, Berlin 1868, neu herausgegeben. — M. Lanusse, *De l'influence du dialecte gascon sur la langue française*, Paris 1893. — L. Meigret's Grammatik im Neudruck v. W. Förster, Heilbronn 1888; cf. Ritter in der *Revue de philologie franc. et provençale* XI, 136. Zu Meigret und Trissino cf. P. Villey, *Les sources italiennes de la 'Deffence' de Du Bellay*, 1908, p. 82ff. Meigret's orthogr. Reformvorschlag ist zuerst in einer Broschüre von 1542 erschienen; darauf folgt G. des Autels' Angriff (1548 od. 49); dann Peletiers *Apologie à L. Meigret Lyonnais* zu Poitiers 1550 (n. Stils). Mit dieser *Apologie* erscheint Meigret's Grammatik zu Lyon 1550, und das nämliche Jahr bringt Meigret's Abwehr sowohl jenes Angriffs als dieser Apologie cf. Picot no 2571. 1551 (n. Stils) läßt dann Peletier die *Apologie* von neuem in seinem *Dialogue de l'orthographe et prononciation française* abdrucken. Cf. die Darstellung des Streites im Neudruck durch Foerster (Einleitung) und, im weitern Umfange, von Brunot p. 95—123. — Ronsard's zweite Vorrede zu den Oden ist jetzt in der *Bibliotheca Romanica* no 188/89 p. 5ff. abgedruckt. — Gelegentliche Äußerungen zur Orthographiefrage: *RRab.* IV, 75 (1557); *Rhl.* XVIII, 153 (1572). — Ramus' Grammatik ist von 1562. — Zu R. Estienne's *Diction-*

naire: Rom XXXIII, 618. — L. Clément, *H. Estienne et son œuvre française*, Paris 1898. Der *baise-main* kam über Italien aus Spanien, cf. B. Croce *La lingua spagnuola in Italia*, Roma 1895, p. 86; und *Rassegna bibl. della lett. italiana* VII (1899) 289. — H. Estienne's Urtheil über die Sprache von Paris (= Athen) bei L. Clément, p. 383—88. — H. Estienne's *Conformité* hat L. Feugère, Paris 1853, die *Précellence* P. Huguet, Paris 1896 u. die *Deux dialogues* P. Ristelhuber, 2 vol., Paris 1883 neu ediert. — Die Äußerungen zugunsten des literarischen Gebrauchs der Muttersprache stellt Chamard in seiner Ausgabe der *Deffence* (1904) p. 7 ff. zusammen. Dazu auch P. Villey l. c. p. 2 n.

33. Wiederholt wird in diesem Kampfe für die Würde der Muttersprache auf das reiche Gut verwiesen, das halb oder ganz vergessen in der älteren Literatur liegt. Am nachdrücklichsten haben die beiden Juristen Claude Fauchet (1530—1601) und Etienne Pasquier (1526—1615) auf die ältere Sprache und Kultur des Landes hingewiesen. Ein Dritter freilich ist ihnen zuvorgekommen, der berüchtigte Jean de Notredame, dessen Büchlein *Vies des plus célèbres et anciens poètes provençaux* zu Lyon 1575 erschienen ist. Notredame hat altprovenzalische Liederhandschriften benutzt; doch mißversteht er seine Quellen und ergänzt sie durch Fabeleien, für die er sich auf erfundene Gewährsmänner beruft. Erst die Forschung des letzten Jahrhunderts hat sein Lügengespinst zerrissen und die Fäden, aus denen es gesponnen, aufgezwirnt. Von Fauchet haben wir den ersten ernsten Versuch einer Literaturgeschichte des französischen Mittelalters in seinem wertvollen, auf wirklichen Forschungen beruhenden *Recueil de l'origine de la langue et poésie française, rime et romans; plus les noms et sommaires des œuvres de 127 poètes français vivant avant l'an 1300*, 1581 erschienen, aber von Zeitgenossen und spätern wenig beachtet. In einem andern Werke über *Antiquités gauloises et françaises* (1579) bekämpft er die herrschende unwissenschaftliche Annahme, daß die Franken trojanischen Ursprungs seien. Hierfür findet er einen Bundesgenossen in Pasquier, der besonders um zweier Werke willen hier an hervorragender Stelle genannt zu werden verdient: *Recherches de la France* deren erstes Buch 1560 erschien, und seiner *Lettres*, die bis in den Anfang der 50er Jahre zurückreichen und deren Druck 1586 begann. Die zehn Bücher der *Recherches*, deren drei letzte erst nach dem Tode des Verfassers 1621 gedruckt wurden, enthalten die mannigfachsten Forschungen über die politische und Kulturgeschichte Frankreichs, insbesondere auch über seine Literatur (VII. Buch) und Sprache (VIII). Er ist der erste Franzose,

der Petrarcas Schuld gegenüber den Minnesängern Frankreichs erkennt und sie auch belegt. Und zu einer Arbeit über die Universität (IX) war er um so mehr berufen, als er deren Privileg in einer berühmten Rede (1565) vor dem Parlamente gegen die Jesuiten verteidigt hatte. Seine *Lettres*, von denen zehn Bücher bei seinen Lebzeiten und weitere zwölf nach seinem Tode (1619) erschienen, stehen am Anfang der reichen französischen Briefliteratur. Sie zeigen ihn in Korrespondenz mit den bedeutendsten Männern und sind in ihrer inhaltsvollen Vielseitigkeit ein trefflicher Kommentar jener schicksalsreichen Zeit. Sie umspannen sechs Jahrzehnte. Ein neues Geschlecht entstand allmählich unter des alternden Pasquiers Augen, und als er seine letzten Briefe schrieb, schrieb Balzac seine ersten. Der Formgequältheit und Inhaltsleere der Balzacschen Briefe gegenüber verkörpern diejenigen Pasquiers die Art des XVI. Jahrhunderts: das Überwiegen des Inhalts über die Form, die etwas ungelenk ist; die Wißbegierde, die allen Interessen freudig sich öffnet, und den Anspruch der Persönlichkeit, nach eigenem Empfinden zu urteilen.

Nostredame, *Les vies*, nouv. éd. préparée p. C. Chabaneau et publiée p. J. Anglade, Paris 1913. — Zu Fauchet cf. Langlois, *Et. rom. déd. à G. Paris*, Paris 1891, p. 92ff. Eine Sammlung ausgewählter Werke Pasquier's erschien 1723 zu Amsterdam (2 vol. fol.). *Œuvres choisies d'E. Pasquier* p. p. L. Feugère, 2 vol. 8°, Paris 1849. G. Wenderoth, *Est. Paquiers poetische Theorien und seine Tätigkeit als Literarhistoriker*, in Vollmöllers *Roman. Forschungen* XIX, 1ff.; cf. *Archiv* CXII, 235.

Nous ferons renaître le siècle d'or, ruft Pasquier 1552 in dem 34.
angeführten Briefe an Tournebu voll patriotischer Begeisterung aus. Man weiß, daß ein Hauptmittel, dieses goldene Zeitalter zu schaffen, darin gesehen wurde, den Inhalt der antiken Literatur ins Französische überzuführen. Die Arbeit des Übersetzers stand in der öffentlichen Wertschätzung immer noch fast so hoch, wie diejenige des schöpferischen Schriftstellers, und Pasquier ist fast der einzige, der sie gering einschätzt. Der Übersetzer erschien wie ein ruhmreicher Eroberer im Reich der Geister, ein Konquistador des klassischen Eldorado, der die Überlegenheit der neugeschmiedeten sprachlichen Waffen Frankreichs *urbi et orbi* offenbarte:

Ein Übersetzer des Valerius Maximus läßt diesen Römer seinem alten Vaterland zugunsten Frankreichs förmlich den Abschied geben.

Rom! sagt er

Ne prends plus gloire en moi, plus ne suis tien,
. . . . . Français ores me nomme.
Et si tu quiers de quel sieur me renomme,
La ville aussi où je me veux tenir —
Je te réponds que Paris, c'est ma Rome,
Et mon César, Henry, pour l'avenir.

Wir finden unter den Übersetsern die berühmtesten Namen wie: La Boétie (Xenophons *Œconomicus* unter dem Titel *la Ménagerie*), Ronsard, Du Bellay, Belleau. A. Baïf gibt eine gute Übertragung der Sophokleischen Antigone, sowie des *Miles gloriosus (Le Brave).*

Der einflußreichste dieser Übersetzer ist Jacques Amyot aus Melun (1513—1593), Professor des Griechischen und Lateinischen an der Universität zu Bourges. Er lebt 1548—52 in Italien und ist seit 1554 Erzieher der Söhne Heinrichs II., welche später die Dienste ihres Lehrers mit kirchlichen Würden reich belohnten. Amyot starb als Bischof von Auxerre. Er ist durch seine Übertragung Heliodors, Longus' und Plutarchs berühmt geworden. 1547 erschien seine *Histoire éthiopique de Héliodorus, traitant des loyales et pudiques amours de Théagènes Thessalien et Chariclėa Ethiopienne,* die auf die Geschicke des französischen Romans von großem Einfluß sein sollte. 1559 folgten *Les amours pastorales de Daphnis et Chloé*, die in der französischen Hirtendichtung tiefe Spuren zurückgelassen haben. Für seine königlichen Schüler vollendete er die Übersetzung des Plutarch, die er einst auf Befehl Franz I. begonnen und von der 1547 sieben *Vitae* abgeschlossen waren. Heinrich II. widmete er die zwei Foliobände seiner Übersetzung der *Vies des hommes illustres de Plutarque* (1559) und Karl IX. die *Œuvres morales* (1572).

Seit einem Jahrhundert hatten italienische Humanisten es unternommen, Plutarchs Werke ins Lateinische zu übertragen. Bald folgten Übersetzungen ins Italienische, Spanische, Deutsche. Frankreich blieb zurück. Die Übersetzungen einiger Bruchstücke ließen dieses Zurückstehen nur um so fühlbarer werden. So war denn Amyot's Unternehmen ein höchst dankbares. Er hatte Glück. Er erschloß seinen Landsleuten einen Quell moralischer und historischer Bildung, nach welchem sie lange gedürstet. 'Plutarch, sagt Montaigne (II, 10), ist mein Lieblingsbuch, seit er französisch geworden ist', und wirklich pflegt er ihn ohne weiteres nach der

Übersetzung Amyot's zu zitieren. Und an einer andern Stelle (II, 4): 'Für uns des Griechischen Unkundige gab es kein Heil, wenn nicht dieses Buch uns aus dem Sumpfe half. Ihm verdanken wir es, wenn wir es heute wagen, auch zu reden und zu schreiben. Mit seiner Hilfe schulmeistern unsere Damen jetzt die Lehrer; es ist unser Brevier.'

Das Beipiel Montaigne's zeigt die Bedeutung, welche die Plutarchübersetzung für die Verbreitung der Kenntnis des Altertums, insbesondere auch als Lektüre der Frauen, hatte und zeigt, wie es Amyots Hauptverdienst ist, zur rechten Zeit gekommen zu sein. Von nun an heißt Plutarch in der französichen Literatur Amyot und beherrscht das Schrifttum, insbesondere die Tragödie und die politische Beredsamkeit, aber auch die Malerei. Corneille liest ihn, um seinen *Horace* oder *Pompejus* zu schreiben.

Aber ein solcher Erfolg war nicht möglich ohne Trefflichkeit der Leistung. Der Gräzist Amyot übersetzt auf Grund des griechischen Originals, und sein Aufenthalt in Italien diente ihm auch dazu, die handschriftlichen Lesarten schwieriger Stellen zu vergleichen und den gedruckten Text zu emendieren. Seine Schreibweise ist reizvoll. Plutarchs Geplauder über Fragen der Ethik, seine maßvolle Erörterung politischer und philosophischer Fragen, sein neugieriges und liebevolles Sichversenken in die Persönlichkeit seiner Helden, die Verständigkeit seiner praktischen Moral, das alles kommt in Amyots Stil zu glücklicher Geltung. Amyot vermeidet Latinismen und Gräzismen des Satzbaues nicht; er liebt relativische Verknüpfung, die '*quamquam*' wie François de Sales sagt; er substantiviert Infinitive *(compenser avec le non avoir jamais été vaincu)* usw. Er schreibt nicht moderner als seine Zeitgenossen, aber er schreibt so gut wie die besten unter ihnen. Der Faltenwurf der antiken Phrase steht dem antiken Inhalt seines Werkes wohl und hindert die anmutsvolle Natürlichkeit seiner Bewegungen kaum. Obschon er mit den Neuerungen des Wortschatzes vorsichtig ist, enthalten die vielen hundert Seiten seines Plutarch manches neue Wort, das der Sprache dauernd erhalten blieb. Seine angeblichen Italianismen jedoch sind fast alle altes französisches Sprachgut. Eine Vergleichung der Manuskripte und Neuauflagen seiner *Vies* zeigt, wie sorgsam er bessert, wie er das moderne Wort, den Wohlklang des Satzes sucht.

Man hat Amyot mit Recht Ungenauigkeit der Übersetzung vorgeworfen. Aber man ist viel zu weit gegangen, wenn man ihm geradezu Fälschung des Textes aus rhetorischen Rücksichten zur Last gelegt hat. Amyot häuft die Synonyma; er vereinfacht die Subtilitäten und Gesuchtheiten des Plutarch; er läßt Gedankenkeime des Originals sich auswachsen und führt nachlässige Pinselstriche desselben sorgfältiger aus. Sein Text wird nicht selten zur Glosse. Zu *Plutus* fügt er hinzu: *qui est le dieu de la richesse.* Er leistet gelehrte Arbeit, bestimmt sie aber für Laien. Er ist für seinen Griechen besorgt; er macht ihm Toilette, damit er unter Franzosen sich ausnehme wie ein Franzose. Amyot hat, seiner Zeit entsprechend, eine andere Auffassung der Aufgabe des Übersetzers als wir. Ihn leitet nicht ein ideengeschichtliches philologisches Interesse, sondern die patriotische Absicht, die vaterländische Literatur um eine wertvolle Gabe zu bereichern,

afin que sans danger
Le Français fût vainqueur du savoir étranger,

wie Ronsard sagt. Amyot ist auf Eroberungen ausgezogen. Konquistadoren aber sind gewalttätig. So französisiert Amyot die antiken Lebenszustände, übersetzt Vestalinnen mit *religieuses* und gibt Alexander dem Großen *huissiers à verge* und *gentilshommes de la chambre.*

Eine ähnliche Travestierung des Altertums hatte im Mittelalter bestanden. Aber sie war anderen Geistes: sie beruhte auf naiver Ignoranz. Die Travestierung, die das Renaissancezeitalter vollzog, wurde gegen besseres Wissen vorgenommen und hat von anfang an Widerspruch gefunden.

Amyot hat mit der Autorität seines Plutarch-Breviers die französische Übersetzungskunst endgültig in die Bahn dieser Travestierung der alten Welt, dieser fortlaufenden Reinigung und Umschreibung der alten Texte gedrängt, auf welcher Bahn dann die Übersetzer des XVII. Jahrhunderts weiter fortgeschritten sind.

Die Übersetzungen aus dem Griechischen, cf. E. Egger, *Hellénisme, XIe leçon.* — Neuausgaben des Amyotschen *Plutarque* z. B. bei Didot, 25 vol., Paris 1818—21. Eine kritische Ausgabe beabsichtigt die *STM.*; ein erster Band davon (*Perikles* u. *Fabius Maximus*) ist 1906 erschienen. R. Sturel, *J. Amyot traducteur des Vies parallèles de Plutarque,* Paris 1909 (*BR.* VIII); cf. *Rhl.* XVII, 190. — Amyot's Infinitive: *Roman. Forschungen* XXIX (1911) 212. A, de Blignières, *Essai sur Amyot et les traducteurs franç. du XVIe s.,* Paris 1851. — Wie Montaigne Amyot benutzt, cf. *Rhl.* II, 604; Corneille: *ib.* XI, 540.

35. Die theologische Literatur ist von der konfessionellen Polemik beherrscht. Ihre Wortführer sprechen vielfach aneinander

vorbei. Während die Katholiken meist in leidenschaftlicher Sprache, in gelehrten geschichtlichen Ausführungen sich auf die Autorität von Kirchenvätern und Kirchenversammlungen berufen, stützen sich die Protestanten, ihrer Lehre gemäß, ausschließlich auf den Text des Evangeliums und verwerfen die kirchengeschichtlichen Zeugnisse als *fatras*. Und dabei waren sie um so mehr im Vorteile, als ihre Gegner in der Erklärung des neuen Testaments weniger geübt waren und die offen liegenden Schäden der katholischen Kirche für Angriffe ein erfolgreiches Feld boten. Überdies wandten die Protestanten sich grundsätzlich an das Urteil aller Gläubigen, schrieben also französisch und verwandten alle Mittel einer populären Darstellung (so z. B. der Waadtländer Pierre Viret, 1511—1571), auf welchem Gebiet ihnen die Gegner, von der Tradition gefesselt, nur zögernd und unsicher folgten.

Ein Muster der protestantischen Kontroverse ist Henri Estienne's *Apologie pour Hérodote* (1566), die trotz ihres Titels weniger eine Verteidigung des wundergläubigen Vaters der Geschichtsschreibung ist, als vielmehr — eine Anthologie menschlicher Narrheit — darauf ausgeht, zu zeigen, wie wir keinen Grund haben, den Geschichten Herodots gegenüber ungläubig zu sein, da diese doch von der Schlechtigkeit und Dummheit der Menschen keine tollern Dinge berichten, als deren in der gegenwärtigen katholischen Gesellschaft und namentlich in der Kirche geschehen. Die Verteidigung Herodots wird zur Satire des Katholizismus und der verhaßten Italiener. Sie schlägt namentlich in ihren zahlreichen Schwänken, deren Entlehnung und Aufreihung sich der Verfasser recht leicht gemacht hat, einen so derben Ton an, daß das Genfer Konsistorium selbst dieses Buch verurteilte.

Henri Estienne hat wenig von Rabelais' grotesker Kunst. Mehr davon zeigen kleinere anonyme Pamphlete, wie z. B. die *Satires chrétiennes de la cuisine papale*, die in grotesker Darstellung die katholische Kirche als Küche, ihre Türme als Schornsteine und den Papst als *grand grand grand rôtisseur* schildern, unter dessen Vorsitz die Theologen der Sorbonne,

Aussi luisants qu'une lanterne,
Sont au milieu de la taverne.

Am meisterlichsten handhabt Graf Marnix de Sainte-Aldegonde (1538—1599) in seinem *Tableau des différends de la religion* (1598) die Rabelaisische Form, indem er, als angeblicher Verteidiger des Katholizismus, ein ungeheuerliches Bild desselben entwirft, das der Papstkirche mehr Sympathien raubte, wie P. Bayle sagt, als die Werke Calvins.

König Heinrichs und so vieler anderer Bekenntniswechsel wird von Agrippa d'Aubigné in einem Pamphlete, *La confession du sieur de Sancy* (gedruckt erst 1660), in welchem beredte Stellen mit Unsauberkeiten und Beschimpfungen abwechseln, grausam ironisiert.

Als aber die Protestanten anfingen, sich auf das Gebiet der kirchengeschichtlichen Diskussionen verlocken zu lassen, da kamen sie in Nachteil. Das erfuhr einer ihrer hervorragendsten Männer, Du Plessis-Mornay (1549—1613). Dieser veröffentlichte 1598 ein gegen die Messe (die *cabale des philomesses et théophages* mit ihren *mystères hyperbadino-morologiques*, wie H. Estienne sagt) gerichtetes Buch *(De l'institution de l'Eucharistie)*. Der gewandte und elegante katholische Kontroversist Du Perron (1556—1618), damals Erzbischof und später Kardinal, beschuldigte Mornay, falsch zitiert zu haben. Die Herausforderung Du Perron's führte zu einer öffentlichen Disputation der beiden Gegner zu Fontainebleau in Gegenwart des Königs (4. Mai 1600). Wohl scheint es, daß Mornay durch höfische Intriguen, denen sein früherer Kampfgenosse und Freund, Heinrich IV., nicht ferne stand, Schwierigkeiten bereitet wurden, sodaß dadurch teilweise die Aufsehen erregende Form seiner Niederlage erklärt wird. Sicher ist, daß die Sache der Protestanten durch diesen Ausgang viele Sympathien verlor.

Neben dem Kampfe der Konfessionen spielt innerhalb der katholischen Partei der Kampf zwischen ultramontanen und gallikanischen (landeskirchlichen) Ideen, der im Prozeß der Universität gegen die Jesuiten gipfelt, die sich das Recht, in Paris zu lehren, erzwingen wollten. E. Pasquier war der Sprecher der Universität vor dem Parlament und hielt 1565 eine berühmte Rede voll leidenschaftlichem Gallikanismus gegen die „renardise des Ignaciens", deren Zulassung eine Fremdherrschaft in Frankreichs heiligsten Interessen bedeute. Das Parlament schob die Angelegenheit auf die lange Bank und die Jesuiten blieben. Dreißig Jahre später (1594) nahm die Universität den Prozeß wieder auf. Antoine Arnauld (gest. 1619) sprach nicht weniger leidenschaftlich, wohl aber weniger fein als einst Pasquier. 1595 wird der Orden aus Frankreich verwiesen, weil man in wiederholten Attentaten auf den König Heinrich IV. seinen Einfluß erkannte. Als derselbe König mit dem Gedanken umging, ihn zurückzurufen, schrieb Pasquier seinen *Catéchisme des Jésuites* (1602) in der Form eines Gespräches zwischen einem Jesuiten und einem Edelmanne, in das sich dann auch ein Jurist (Pasquier) mischt, der schließlich das Wort fast allein behält. Dieses bald ironische, bald zornige Pamphlet ist mit Recht ein erster Entwurf der Provinzialbriefe Pascal's genannt worden.

Heinrich IV. schlug die Warnung in den Wind und rief 1603 den Orden zurück. Die Strömung des Ultramontanismus wurde so mächtig, daß 1611 die französischen Bischöfe unter dem Vorsitze des klugen Du Perron das Buch Richer's *(De ecclesiastica et politica potestate)* verurteilten, das die Freiheiten der Landeskirche verteidigte.

Über diese streitenden Parteien stellt sich Jean Bodin in seinem *Colloquium Heptaplomeres* (siebenteiliges Gespräch, so genannt, weit in den sechs Büchern dieses Dialogs sieben Interlokutoren zu Worte kommen), das lateinisch geschrieben (1593) und erst im vorigen Jahrhundert gedruckt worden ist, seinerzeit aber eine viel gelesene und einflußreiche Schrift war. Den fünf Wortführern des Judentums, des Islams, des Katholizismus, des Luthertums, des Zwinglischen Bekenntnisses gegenüber steht Senamus, der Vertreter des aufgeklärten hellenischen Heidentums, der mit leichtem Spott die theologischen Kontroversen der übrigen begleitet, bereit, nach Landessitte überall die kirchlichen Formalitäten zu erfüllen, um niemanden zu verletzen und Unannehmlichkeiten zu entgehen und der in letzter Linie übereinstimmt mit Toralba, dem Vertreter des Deismus, 'jener einfachsten und ältesten Naturreligion, die dem Gemüte eines jeden vom unsterblichen Gotte eingepflanzt ist'. Bodin hat, Montesquieu gleich, mit dem ihn auch sonst manches verbindet, eine große Fähigkeit, fremder Denkweise gerecht zu werden, und eine solch ruhige Objektivität in der Gesprächsführung seiner sieben Kommensalen, daß die einen seiner Leser ihn für einen heimlichen Juden, die andern für einen heimlichen Protestanten gehalten haben. Darüber aber war niemand im Zweifel, daß das Buch die große Lehre der religiösen Duldung predige.

Dieser Lehrer der Toleranz, der dem religiösen Bekenntnis so kühl gegenübersteht, hängt indessen dem Aberglauben an und schreibt auch über Magie und Hexenwerk.

Zur theol. Kontroverse cf. C. Lenient, *La satire* etc. II. Buch. H. Schneegans, *Gesch. d. grotesken Satire*, p. 318—45. V. Rossel, *Hist. litt. de la Suisse romande*, 2 vol., Genf 1889, I, 93—203. Picot no 96 ff. — *Apologie pour Hérodote*, Neudruck v. P. Ristelhuber, 2 vol., Paris 1879. P. Toldo, *L'Apologie pour Hérodote* von *H. Estienne* in *Frz. Zs.* XXXI (1907), 166—238. — Zu M. de Sainte-Aldegonde cf. *Rhl.* III, 440. — Zu d'Aubigné cf. §§ 42 und 52. — Lalot, *Essai hist. sur la conférence tenue à Fontainebleau*, Alençon 1889. — Douarche, *L'université de Paris et les Jésuites*, Paris 1889. — Das Heptaplomeres des J. Bodin ed. G. E. Guhrauer, Berlin 1841; auch von L. Noack, Schwerin 1857. Bodin's *Demonomania magorum* übertrug Fischart ins Deutsche (Vom außgelassenen wütigen Teufelsheer der besessenen unsinnigen Hexen etc., Strassburg 1581). Cf. § 39.

36. Die Kanzel wird in diesen erregten Zeiten zur Tribüne. Die Kirchen widerhallen nicht nur von religiösem, sondern auch von politischem Streit, der in maßlos leidenschaftlichen Worten sich ausspricht. Dabei ist die katholische Predigt noch ganz in der Manier des Mittelalters befangen; im dürren Schematismus endloser Zergliederungen, deren Kunst an eine an den Haaren herbeigezogene figürliche Auslegung — *miraclifiquement subtile* höhnt H. Estienne — des biblischen Textes verschwendet wird und in der Vermischung von Ernst und Posse (cf. *Heptameron* II, 1) von priesterlicher Würde und burlesker Vertraulichkeit. Dazu gesellt sich jetzt die neu erworbene Kenntnis des Altertums, und neben die Bibelstelle tritt anmaßend ein Zitat aus Ovid, oder die Figur der Dreieinigkeit hüllt sich in das Gewand heidnischer Mythologie. Von diesen Geschmacklosigkeiten hat sich die Predigt unter Heinrich IV. noch nicht zu befreien vermocht; das beweisen auch die Leichenreden, die 1610 auf diesen König gehalten wurden. Der einzige Fortschritt, der sich zu Anfang des XVII. Jahrhunderts erkennen läßt, besteht darin, daß die politische Hetzerei, der Ruf nach den Waffen, auf der Kanzel verstummt. Wenn die Regierung gegen aufrührerische Prediger streng vorgeht, so läßt sie hingegen, dem religiösen Frieden zum Trotze, dem konfessionellen Hader nach wie vor das injuriöse Wort: Der Père Gontier nannte in seiner Weihnachtspredigt von 1608 in Gegenwart des Königs die Hugenotten *vermines* und *canailles*, und Valadien heißt sie die Rotte Kains: *'de fait, de Calvin, il faut ôter peu pour y trouver Caïn'*.

Die protestantische Kanzelberedsamkeit ist, von der Polemik abgesehen, wesentlich edler, was damit zusammenhängt, daß sie, die Rechtfertigung durch die Werke verwerfend, die moralische Unterweisung hinter die Erörterung der Glaubenssätze zurücktreten läßt und den biblischen Stil sucht. Das Altertum hält sie sich ferne.

L. Jacquinet, *Les prédicateurs du XVIIe s. avant Bossuet*, Paris 1885, p. 1—118. Lezat, *De la prédication sous Henri IV*, Paris 1871.

Der literarisch bedeutendste theologische Schriftsteller dieser 37.
Zeit ist ohne Zweifel der savoysche Graf François de Sales (1567—1622), seit 1602 Bischof von Genf *(Monsieur de Genève*; der Titel *Monseigneur* war italienische Mode, die er ablehnte), 1665 kanonisiert. Ursprünglich Jurist, wird er Theologe und macht sich als katholischer Missionar im protestantischen Chablais und als Kontroversist einen Namen. Später widmet er sich vorzüglich der Predigt und der Gewissensführung. Von seinen Predigten ist sehr wenig auf uns gekommen, immerhin genug, um zu zeigen, wie auch die Besten damals dem Ungeschmack verfallen waren. Zwar warnt er in seinen Briefen *sur la méthode de bien prêcher* (1604) vor der übermäßigen Betonung des figürlichen Sinnes der heiligen Texte, vor der häufigen Verwendung profaner Materien, die nur in geringen Dosen gebraucht werden sollen, 'wie die Champignons zur Erweckung des Appetits', und sagt: *le souverain artifice est est de n'avoir point d'artifice.* Aber wenn er auch etwas maßvoller und natürlicher ist, als seine Zeitgenossen, so verstößt er nach unserem Geschmack noch stark genug gegen seine eigene Unterweisung.

An dem nämlichen Gebrechen krankt der Ausdruck seiner zahlreichen trefflichen geistlichen Briefe *(Epîtres spirituelles)*. Viele derselben sind an Madame de Chantal, die Großmutter der Frau von Sévigné, gerichtet, die mit seiner Unterstützung den Orden der krankenpflegenden Visitandinerinnen gründete (1610). An eine Verwandte, die er Philothée nennt, schrieb er einen förmlichen Kursus christlicher Lebensführung. Freundeswort und der Wunsch des Königs, der ihn überhaupt gerne für Frankreich gewonnen hätte, bewogen ihn, diesen Kurs 1609 unter dem Titel *Introduction à la vie dévote* zu veröffentlichen. Das Buch errang einen mächtigen Erfolg, der bis auf den heutigen Tag fortdauert. Die Auflagen, die sich schon damals drängten, veranlaßten den Autor, sein *pauvre petit livret*, wie er sagt, stets zu ergänzen und *petites chosettes regardant les gens qui vivent en la presse du monde* hinzuzufügen. Die letzte von ihm besorgte Ausgabe stammt von 1619.

Das Buch ist der Spiegel der christlichen Tugend des Verfassers, seiner Demut, seiner Liebe. Es ist belebt und erwärmt vom Hauche reiner Überzeugung und warmer Werktätigkeit. Aber es ist auch ein Zeugnis seiner Klugheit und Menschenkenntnis. Er verlangt von den Leuten, *qui vivent parmi le monde et les cours*, nicht gleich die Summe aller christlichen Entsagung: *nous nous amusons quelquefois tant à être bons anges que nous en laissons d'être bons hommes et bonnes femmes.* Unvollkommenheit ist des Menschen Angebinde: *nous ne pouvons aller sans toucher terre.* Halten wir uns also an gewisse kleine Tugenden, die unserer eigenen Kleinheit entsprechen: Geduld, Dienstfertigkeit, Demut, Sanftmut, Nachsicht mit dem Nächsten: '*A petit mercier, petit panier*'. Er sucht den kleinen Finger zu gewinnen, um dann die ganze Hand zu erhalten. Er macht dem Menschen Mut, indem er ihm die Frömmigkeit weniger klösterlich, weniger weltabgewandt darstellt und ihm so das Ziel näher rückt.

Der *langage de la paix*, wie er, im Gegensatz zum kriegerischen Worte seiner Kontroversschriften, die Sprache dieses Erbauungsbuches nennt, ist einschmeichelnd, von Liebkosung überströmend und außerordentlich bilderreich. Zu saint François sprechen Natur und Literatur (Plinius) in Gleichnissen über die Heilswahrheiten. Er sucht sie nicht; sie drängen sich ihm auf, und sein Fehler ist, daß er dem von der Mode begünstigten Spiel seiner dichterischen Phantasie zu wenig Zucht auferlegt. Sein Stil enthält sich der Pedanterie des Latinismus. Er schreibt, dem Programme des *commun usage* folgend, vortreffliches, fast modernes Französisch. Savoyen, dessen Bewohner Henri Estienne ihrer breiten Aussprache wegen die Dorier unter den Franzosen nennt, hat Frankreich mit saint François, mit Vaugelas und de Maistre von den ersten Meistern seiner modernen Sprache geliefert.

Der blütenreiche Stil und das liebevolle Entgegenkommen gegen den Sünder, der im Getriebe der Welt steht, haben dem Buche den ungerechten Vorwurf eingetragen, daß es die christliche Moral für Weltleute billig gemacht habe. Saint François verfährt suaviter in modo et fortiter in re: seine Lehre ist bei aller Weltklugheit streng und würdig. Sein Buch, in dem zum ersten Male für Weltleute, in ihrer Sprache, eine christliche Moral geboten wird, welche die Einzelheiten des praktischen Lebens umfassen will, ist ein Buch edler Vulgarisation, ein Vorbote der beginnenden Verinnerlichung der christlichen Kirche, der *renaissance religieuse.*

Die erste Gesamtausg. der Werke saint François' von P. Bosc und A. Colomiez, Toulouse 1637. (1 vol. fol.); seither zahlreiche. Die Visitandinerinnen von Annecy haben durch Dom Mackey († 1906) und den Abbé Navatel eine *Edition complète d'après les autographes et les éditions originales* herauszugeben unternommen, von der seit 1892 siebzehn Bände erschienen sind. Der neueste siebzehnte Band (1912) ist der siebente in der Reihe der Briefwechselbände. Neudruck der *Introduction* (nach der Ausgabe von 1610) v. Perrin, 2 vol. Moutiers 1895; cf. *Frz. Zs.* XX^{2}, 44. F. Strowski, *Saint François de Sales, introduction à l'hist. du sentiment religieux en France au XVIIe s.* Paris 1898.

Die Beschäftigung mit der Geschichte der Republiken des 38.
Altertums und das Studium der Bibel mit ihren revolutionären Propheten, ihrem Buche der Richter, erfüllte die Köpfe mit den Bildern freierer Zustände und den Gedanken an Auflehnung gegen die Tyrannei. Es entstand eine von Altertum und Bibel inspirierte politische Literatur. Der jugendliche Etienne de la Boétie (sprich Boéti, 1530—63), den mit Montaigne eine Freundschaft verband, 'wie sie kaum einmal in drei Jahrhunderten sich findet' (*Essais*, I, 27), schrieb um 1548 eine von glühender Freiheitsliebe erfüllte aber vielfach schülerhafte Rede, die stürmisch das Recht, ja die Pflicht des Volkes predigt, sich gegen die Gewaltherrschaft des Einzelnen aufzulehnen, und die er selbst *La servitude volontaire* betitelt. Die Rede ist nach Humanistenart voll antiken Geistes und fast ohne Anspielung auf die Zeitläufte. Das Bild des Tyrannen zeigt den nach den antiken Historikern gebildeten Typus. Die das Buch seit 1574 zum Drucke beförderten, nannten es treffend *Le Contr'un.* Es war namentlich den Hugenotten willkommen; später, bis auf Lamennais herunter (1835), haben auch andere Parteien es ihren Zwecken dienstbar gemacht. Besorgt nahm Montaigne an der angeführten Stelle der *Essais* das Andenken seines Freundes als eines guten und ruheliebenden Bürgers in Schutz.

Den eigentlichen Nährboden der politischen Literatur bildete der konfessionelle Hader. Die politischen Theorien erwuchsen auf dem Boden der Reformation, und rasch (seit 1560) durchdrang der politische Meinungsstreit den religiösen. Der Kampf um die politische Macht spiegelt sich in der konfessionellen Literatur.

Hatte Calvin selbst mit Nachdruck das Gottesgnadentum der Staatsregierung behauptet, so drängte der im Grunde demokratische Charakter der reformierten Kirche und die Not der Verfolgung, besonders die Bartholomäusnacht, die Hugenotten zur Rechtfertigung des Aufruhrs. In leidenschaftlichen Pamphleten wurde diese Lehre, vorzüglich gegen den Wortführer der Tyrannis, Machiavell, bis zur Verteidigung des Königsmordes gepredigt. Unter dem Drucke des überall in Europa sich befestigenden Absolutismus entstand auch in anderen Ländern eine Literatur der politischen Opposition, deren Schriften nach Frankreich drangen und hier das Feuer schürten. Auf die Beispiele der Bibel stützte sich Du Plessis-Mornay, als er unter dem Pseudonym des französischen Brutus seine *Vindiciæ contra tyrannos* schrieb (1579, übersetzt 1581) und darin lehrte, daß der König, dessen Befehle dem Worte Gottes zuwiderlaufen, keinen Gehorsam verdiene; daß das Volk überhaupt über dem König stehe und die fremden Herrscher ihre Glaubensgenossen gegen den einheimischen König zu schützen die Pflicht hätten. Auf die Geschichte des keltischen und fränkischen Gallien aber beruft sich der Jurist François Hotman in seiner *Franco-Gallia* (1573, französisch *La France-Gaule* 1574), um zu zeigen, daß die französische Monarchie eigentlich eine Wahlmonarchie sei, und daß die Generalstaaten, in denen übrigens die Geistlichkeit als eine nichtpolitische Körperschaft keinen Platz habe, über der Königsmacht ständen. Er stellt der verderblichen absoluten Monarchie die uralten Rechte des Volkes entgegen.

Als nun in der Mitte der achtziger Jahre die Verhältnisse es mit sich brachten, daß der protestantische König Heinrich von Navarra als der legitime Nachfolger des kinderlosen letzten Valois erschien, da vertauschten die sich bekämpfenden Parteien ihre Lehren mit einer Leichtigkeit, welche Montaignes Spott über die Unbeständigkeit der menschlichen Urteile einen willkommenen Stoff gab. Jetzt verteidigten die Katholiken das Recht der Auflehnung, ja des Mordes, und die Protestanten die Lehre der Legitimität.

Zur polit. Kontroverse cf. Lenient, *La satire,* III. Buch. K. Glaser, *Beiträge zur Geschichte der politischen Literatur Frankreichs in der zweiten Hälfte des 16. Jahrhunderts* in *Frz. Zs.* XXXI (1907)-XXXIV und XXXIX ff. Hier p. 240 ff.: *François Hotman.* — *Œuvres compl. d'E. de la Boétie* p. P. Bonnefon, Bordeaux 1892. Zur Diskussion über *Le Contr'un:* L. Delaruelle, *L'inspiration antique de 'La servitude volontaire'* in *Rhl.* XVII (1910), 34—72 und *Jahresbericht* XI, II, 151. Die Aussprache des Namens '*Boéti*' ist durch die Graphie des Fräuleins de Gournay '*Boittie*' sichergestellt. — Zu den *Vindiciæ* cf. A. Elkan, *Die Publizistik der Bartholomäusnacht und Mornays 'Vindiciæ'* Heidelberg 1905, wozu Frank in *Frz. Zs.* XXIX[2] p. 249f. zu vergleichen.

Über diese politische Gelegenheitsliteratur erheben sich die 39. Werke des Juristen Jean Bodin (1530—96). Inmitten der Wirren der Zeit sucht er nach den ewigen Grundlagen des Rechts *(justitiæ naturam æterna lege definitam)* und beschreitet dazu den Weg der weltgeschichtlichen Forschung. Er verwirft die Alleinherrschaft des unzureichenden römischen Rechts und wendet sich an alle Völker des Altertums und der neuern Zeit. Seine Forschungsmethode legt er 1566 in einer umfangreichen Schrift, *Methodus ad facilem historiarum cognitionem*, einer echten Renaissanceschrift, nieder. Er will in den Schicksalen der Völker das zu erkennen suchen, was auf unveränderliche, natürliche Ursachen zurückzuführen ist *(quæ non ab hominum institutis sed a natura ducuntur*, cap. V), und den Menschen als Naturprodukt betrachten. So unternimmt er eine Psychologie der Völker und stellt den Charakter der nördlichen und südlichen, der östlichen und westlichen Nationen dar, ergründet den Einfluß der Bodenbeschaffenheit und des Klimas — Dinge, über welche die antiken Schriftsteller in ihrer ungenügenden Kenntnis der Natur nur ungenügend, auf Grund von Konjekturen, gesprochen hätten. An einen Verfall der Menschheit glaubt er nicht; doch kommt er auch nicht zur Annahme eines steten Fortschrittes: der Wechsel der Dinge bewegt sich in ewigem Kreislauf *æterna quadam lege naturæ conversio rerum omnium velut in orbem redire videtur*, cap. VII. Die Lehre des Fatalismus lehnt er ab: nicht nur die Macht Gottes, sondern vorübergehend auch der gekräftigte Wille des Menschen vermag die natürlichen Einflüsse zu überwinden. Bodin, der in der Geschichte nach irdischen, natürlichen Gesetzen sucht, auf welche eine heilbringende Rechtsordnung gegründet werden könnte, ist Aufklärer, ein Vorläufer Montesquieus, der ihm über das XVII. Jahrhundert hinweg die Hand reicht.

Auf die methodologische Einleitung von 1566 läßt er 1576 sein großes Werk über den Staat *(Les six livres de la république)* folgen, in welchen er das politische Fazit seiner Geschichtsforschung zieht. Wenn das Staatsschiff durch Sturm in Gefahr gebracht wird, heißt es in der Vorrede, dann müssen auch die Passagiere Hand anlegen. Auch dieses Buch steht mit seinen grundsätzlichen Erörterungen über dem Kampfe der Parteien. Es will ein Buch politischer Philosophie sein, deren 'heilige Mysterien' durch Schriftsteller wie Machiavell und andere *courtiers des tyrans* profaniert worden seien. Ziel seiner Untersuchungen ist die *res publica*, und so wählt er den Titel seines Buches in offenbarem Gegensatz zu Machiavells '*Principe*'. Seine Darstellung ist trotz ihres schwerfälligen Stiles fesselnd. Er belebt sie durch historische Beispiele und druckt z. B. zum erstenmal den Text der Straßburger Eide von 842 ab (I, 8). Er gibt die Bedingungen einer staatlichen Einrichtung, die von den beiden Polen der Anarchie und der Tyrannei in gleicher Weise entfernt sei, und findet sie in einer Monarchie (*monarchie royale ou légitime*, II, 3), in der er das Abbild der Familie zu sehen vermeint. Doch ist seine Lehre widerspruchsvoll. Er stellt die Souveränität des Fürsten als von allen menschlichen Gesetzen unabhängig dar (I, 10), aber in seinem Bestreben, die Politik mit Sittlichkeit und Recht zu versöhnen, umgibt er diese absolute Herrschergewalt mit moralischen und politischen Garantien, welche seiner eigenen Definition widersprechen. So haben Absolutisten und Liberale seine Lehre für sich in Anspruch genommen. Er hat die materielle und sittliche Wohlfahrt des Volkes im Auge. Er verwirft, als der erste unter den Modernen, die Sklaverei (I, 5). Sein Interesse gilt besonders den nationalökonomischen Fragen. Eine ernstliche Gefährdung des Staates sieht er im Atheismus, der eine Folge der verderblichen Glaubensdiskussionen sei (IV, 7): über göttliche Dinge sollte es nur eine, undisputierbare Lehre geben. Der Verfasser des *Heptaplomeres* verlangt Unterwerfung unter die kirchliche Autorität — wie Montaigne.

Ausführlich spricht er (V, 1) von neuem vom Einfluß des Klimas auf die Art der Menschen, ihrer Rechtsvorstellungen und Staatseinrichtungen und sucht nach den natürlichen Grundlagen des staatlichen und gesellschaftlichen Lebens. Sein Buch gibt in sturmbewegter Zeit das Beispiel ruhiger wissenschaftlicher Überlegung und predigt den verwirrten Gewissen Lehren des allgemeinen Wohles.

Und manche unterstützen ihn.

So verficht d'Aubigné in seinem *Traité sur le devoir des rois et des sujets*, der wundervolle Stellen enthält, die Lehre von einer kräftigen Königsmacht, die aber ganz im Dienste des Volkes stehen soll.

Andere machen die nationale Arbeit zum Gegenstand ihrer mahnenden Erörterungen. So der Töpfer Bernhard Palissy, der, zu Anfang des Jahrhunderts in der Nähe von Agen geboren, eine leidensvolle aber siegreiche Schaffenszeit zu Saintes (1543 bis 1563) verlebte, dann in Paris (1565—1575) Anerkennung, Gönner und aufmerksame Zuhörer fand und, nachdem er als Protestant den Schrecken der Bartholomäusnacht entgangen, im Elend, wahrscheinlich in der Bastille, endete (1589?). Er veröffentlichte 1563 seine *Recette véritable par laquelle tous les hommes de la France pourront apprendre à multiplier et à augmenter leurs trésors* und 1580 seine *Discours admirables de la nature des eaux et fontaines etc.* Er ist der Typus des Erfinders, der alles opfert, um endlich nach sechzehnjährigem Kampfe das Geheimnis der italienischen Emailkunst zu finden. Ein rastloser Forscher, den der Verdacht des abergläubigen Volkes verfolgt, doch ohne gelehrte Bildung (*terrassier dénué de toutes langues sinon de celle que sa mère lui a apprise*, wie er sich nennt), ist er einer der markantesten Vertreter des wissensdurstigen Geschlechts der Renaissance, zu dem er zugleich einen Gegensatz bildet. In den *Discours* stellt er der *théorique*, d. h. der aus den Büchern des Altertums geschöpften Naturkenntnis, die *pratique*, d. h. die Erkenntnis, die auf direkter Beobachtung und auf dem Experiment beruht, entgegen. Er ist, wie Ambroise Paré (§ 42), den Philologen gegenüber der Naturforscher und der Techniker. Cuvier nennt ihn den Begründer der Geologie. Er ist Künstler. In den *rustiques figulines* seiner Vasen spiegelt sich lebensvoll und farbig die Natur, deren Evangelium er in seinen Büchern als eine Quelle der moralischen und ökonomischen Regeneration predigt. Er gibt eine Philosophie des Landlebens. Markig und originell ist seine Diktion, deren Wortwahl und Bildlichkeit den Kunsthandwerker verrät und zeigt, welcher Schatz malerischer und plastischer Rede in der Sprache der Technik liegt.

Der südfranzösische Landedelmann Olivier de Serres (1539 bis 1619), der als Protestant an den Religionskriegen (1573) Anteil genommen, ließ in ruhigeren Zeiten (1600) sein *Théâtre d'agriculture et ménage des champs* erscheinen, mit dem er sich um den Wohlstand Frankreichs große Verdienste erworben hat. In liebenswürdiger Weise stellt er die Arbeit des Landbaues, der Viehzucht und besonders der Seidenkultur dar. Inmitten seiner technischen Ausführungen läßt er der Erregung seines Herzens freien Lauf, preist die Poesie und die Sittlichkeit der ländlichen Arbeit, die zu jener Poesie führe: *de trouver sa maison plus agréable*, *sa femme plus belle et son vin meilleur que ce d'autrui.* Albrecht von Haller spricht mit großem Lobe von dem Buche. Es erlebte viele Auflagen und spielt in der Neuordnung der zerrütteten Lebensverhältnisse eine bedeutende Rolle, wie der *Traité de l'économie politique* (1615) von Antoine de Montchrétien (1575 bis 1621).

Montchrétien (eigentlich Mauchrétien) fand, eine Art Beaumarchais, in einem bewegten Leben Zeit zur verschiedenartigsten literarischen, industriellen und kaufmännischen Tätigkeit. Ein Duell zwang ihn (1602), für Jahre ins Ausland (England und Holland) zu gehen. Von Haus aus Katholik, wurde er um einer Heirat willen Protestant. Als hugenottischer Condottiere fiel er 1621 im tapfern Kampfe gegen eine Übermacht.

England und Holland sind für ihn, wie später für so manchen Franzosen des XVIII. Jahrhunderts, eine hohe Schule der Lebensanschauung geworden. Die reiche gewerbliche und kommerzielle Arbeit dieser Länder lehrte ihn, was seinem Vaterlande not tat, und so widmete er nach seiner Rückkehr dem jungen König Ludwig XIII. jenes umfangreiche Buch, auf dessen Titel zum erstenmal der Ausdruck *Economie politique* erscheint: ein Werk der Aufklärung im besten Sinne. Er stellt darin ein Programm der nationalen Arbeit auf *(la vie et le travail sont inséparablement conjoints)* und verlangt königliche Protektion und Zollschutz für Gewinnung der Rohprodukte und für die Industrie, sowie Förderung des Handels, besonders durch Kolonien. Stolz spricht er, der selbst ein Industrieller und Handelsherr geworden, von der staatserhaltenden Macht und der Würde des arbeitenden Teiles der Nation, des *tiers ordre.* Ein Patriot, der zugleich ein Poet ist, führt hier die Feder und schreibt, wenn auch nicht ohne modische Ziererei, ein Buch, das eine fesselnde literarische Form für technische Erörterungen zeigt.

Richelieu und Colbert sind Schüler seiner Lehre.

Es ist ein charakteristischer Zug der Renaissance, daß mit Palissy, de Serre, Montchrétien die Fachwissenschaft und die Technik literarische Form gefunden haben und die Sprache dieser Gebiete sich literarisches Bürgerrecht erwarb — ein Bürgerrecht, das im starren XVII. Jahrhundert dann freilich wieder verloren ging. —

Baudrillart, *J. Bodin et son temps*, Paris 1853. E. Hancke, *Bodin, eine Studie über den Begriff der Volkssouveränität*, Breslau 1894. E. Fournol,

B. prédécesseur de Montesquieu, Paris 1896; cf. *Rev. crit.* 21 déc. 1896. Bodin übersetzte 1584 seine *République* mit mancherlei Ergänzungen ins Lateinische. — Zu d'Aubigné cf. §§ 42 und 52. — B. Palissy: *Recepte véritable par laquelle tous les hommes de la France pourront apprendre à multiplier et augmenter leurs thrésors. Item, ceux qui n'ont jamais eu cognoissance des lettres pourront apprendre une philosophie nécessaire à tous les habitans de la terre. Item, en ce livre est contenu le dessein d'un jardin autant délectable et d'utile invention qu'il en fut oncques veu. Item, le dessein et ordonnance d'une ville de forteresse, la plus imprenable qu'homme ouyt jamais parler, composé par* Maistre Bernard Palissy, *ouvrier de terre et inventeur des rustiques figulines du Roy*, La Rochelle 1563. — *Discours admirables de la nature des eaux et fontaines, tant naturelles qu'artificielles, des métaux, des sels et salines, des pierres, des terres, du feu et des esmaux, avec plusieurs autres excellens secrets des choses naturelles, plus un traité de la marne, fort utile et nécessaire pour ceux qui se meslent de l'agriculture, le tout dressé par dialogues esquels sont introduits la Théorique et la Pratique, par* B. Palissy, Paris 1580. Neueste Ausgabe der Werke Palissy's v. B. Fillon, 2 vol. Niort 1888 mit einer bio-bibliographischen Einleitung von L. Audiat. *Œuvres choisies de B. Palissy, suivies des Voyages d'A. Paré, racontés par lui-même* p. E. Muller, Paris 1890. — E. Dupuy, *B. P., l'homme, l'artiste, le savant, l'écrivain*, Paris 1894. A. Thomas, *La langue de B. P.* in *Essais de philologie française* 1897, p. 154 ff. — Wie Palissy den Cardanus und damit indirekt den Leonardo da Vinci benutzt, zeigt *B. ital.* VI, 311 ff. — Das *Théâtre d'agriculture* ist von F. de Neufchâteau (Paris 1804, 2 vol.) neu herausgegeben worden. H. Vaschalde, *O. de Serres, sa vie et ses travaux*, Paris 1886. — *Der Traité de l'écon. pol.* Montchrétien's neugedruckt von Funck-Brentano, Paris 1889. Cf. *Rhl.* I. 232 und § 64.

Diese Politik der Volksinteressen, die zugleich streng mon- 40.
archisch ist, finden wir auch in der Literatur der politischen Beredsamkeit wieder, die vorzüglich durch zwei Juristen repräsentiert wird, von denen der eine am Anfang, der andere am Ende der Religionskriege steht und die beide aus den Reihen der Gerichtsräte zu den höchsten staatlichen Würden aufgestiegen sind: durch den berühmten Kanzler Michel de l'Hospital (1505—1573) und durch Guillaume du Vair (1556—1621), der als Bischof von Lisieux und Großsiegelbewahrer Ludwigs XIII. starb. Beide gehören der zwischen den Parteien stehenden Gruppe der sogenannten *Politiques* an: ihre Reden sind Worte der Mäßigung, der Vermittelung, getragen von Vaterlandsliebe und gedämpft durch die wehmutsvolle Klage über das Elend des Landes. De l'Hospital ist der staatliche Wortführer der religiösen Toleranz. Er ist unermüdlich darin, vor dem König die Protestanten vielmehr als beklagenswert denn als bestrafenswert hinzustellen. Sein Ausspruch, daß die Gewissen der Menschen nicht durch Feuer und Schwert, sondern nur auf dem Wege der Vernunft

bezwungen werden können, ist gleichsam das Motto seiner Reden (1560—1572). Du Vair erhebt in seinen sieben Reden aus der Zeit der Liga seine Stimme besonders gegen die äußern Feinde und hält seinem Vaterlande warnend das Beispiel Westindiens vor, dessen Völker von den Spaniern durch Hinterlist und Waffengewalt im Blute ertränkt worden seien. In der Form unterscheiden sich die beiden Redner: der Kanzler spricht kunstloser als Du Vair. Er spricht gleichsam als Grandseigneur, nachlässig, ohne fühlbares Streben nach Harmonie, von natürlicher Beredsamkeit im Augenblicke der Erregung. Bei Du Vair ist die bewußte Nachahmung antiker Muster deutlich zu spüren. Er baut seine Perioden mit Aufmerksamkeit. Er zeigt Sinn und Sorge für die Form, wie sie sonst nicht dem XVI., sondern dem XVII. Jahrhundert eigen ist. Er verrät eine gleichmäßig sichere doch etwas unfreie Beredsamkeit. Es ist wohl möglich, daß er die *actions et traités oratoires*, wie er seine Reden nennt, für die Gesamtausgabe seiner Werke (1606) nachträglich überarbeitet hat. Zeitgenössische Flugblattdrucke sind nur für zwei vorhanden. Von dem geschmacklosen Breitschlagen philosophischer Kenntnisse, das er in seiner Abhandlung *De l'éloquence française et des raisons pourquoi elle est demeurée si basse* (1595) als den Krebsschaden der französischen Beredsamkeit tadelt, hält er sich frei. In dieser Abhandlung stellt er ein Programm der Redekunst auf *(imiter les artifices de ces braves anciens-là)*, gibt Proben aus Demosthenes und Cicero in Übersetzung, mißt daran kritisch seine Zeitgenossen und wirft der französischen Eloquenz aus der Zeit De l'Hospitals vor, daß sie zu naiv und bequem sich habe gehen lassen.

Es gibt mehrere ältere Gesamtausgaben der Werke Du Vairs (cf. § 45); die verläßlichste scheint die letzte von 1641 (Paris, Cramoisy) zu sein, cf. indessen *Rhl.* VI, 92; XIII, 317. Aber weder von Bodin noch von Du Vair finden sich neuere Editionen. Doch hat R. Radouant die Abhandlung *De l'éloquence française*, Paris 1908, und die sieben Reden aus der Zeit der Liga (1587—96) samt der *Réponse d'un bourgeois de Paris à la lettre du Légat* (*STM.*, 1911) kritisch herausgegeben. Cf. R. Radouant, *G. du Vair, l'homme et l'orateur jusqu'à la fin des troubles de la ligue*, Paris 1908, wozu *Rhl.* XVI, 617 ff. — *Œuvres compl. de M. de l'Hospital* p. Dufey de l'Yonne, 5 vol. Paris 1824—25. H. Amphoux, *M. de l'Hôpital et la liberté de conscience au XVIe siècle*, Paris 1900. K. Glaser in *Frz. Zs.* XXXIX, 187—207. Lanson no 2270 ff. — A. Chabrier, *Les orateurs politiques de la France* (1302—1830), Paris 1888.

Bekannte Beispiele politischer Beredsamkeit des XVI. Jahr- 41.
hunderts enthält die sogenannte Satire Ménippée. Auch sie ist eine Vertreterin der Interessen des dritten Standes.

Unter diesem dem Altertum entlehnten Namen (*satiræ menippeæ* nannte Varro, nach dem griechischen Zyniker Menippos, seine Spottgedichte) wurden 1594 elf Pamphlete gedruckt, die, in der ersten Hälfte des Jahres 1593 entstanden, die Einberufung (5. Januar 1593) und den Verlauf der sogenannten Generalstaaten der Liga verspotteten. In diesen Generalstaaten der Liga feierten, unter dem Vorsitze des Herzogs von Mayenne und unter Mitwirkung des päpstlichen Legaten und anderer geistlicher Herren, Ehrgeiz und Herrschsucht eine Orgie: es galt die durch den Tod Heinrichs III. erledigte französische Krone dem Paris belagernden König Heinrich von Navarra vorzuenthalten und für einen spanischen Infanten oder einen Guisen zu gewinnen. Vom Elend des endlosen Krieges gebeugt, sehnte die Bürgerschaft, der Tiers-Etat, sich nach Frieden, während die leidenschaftlich erregte Ständeversammlung im Louvre von Kriegsgeschrei widerhallte.

Da ging aus der Mitte der Partei der katholischen Patrioten eine kleine gedruckte Flugschrift hervor mit dem Titel *La vertu du catholicon d'Espagne* (Februar 1593), in welcher der päpstliche Legat als ein Marktschreier dargestellt ist, der am Eingang des Louvre ein Universalheilmittel, die *quintessence catholique-jésuite-espagnole*, kurz: *Catholicon* geheißen, verkauft, ein Heilmittel, das alle Gemeinheit der Gesinnung und alle Verbrechen tilge und dessen Gebrauch jedem Schurken die Achtung seiner Mitmenschen und die Gnade Gottes einbringe. Dieser Rabelais' würdigen Satire folgten andere, welche, den Verlauf der Generalstaaten begleitend, nur handschriftlich umgingen, eine Verhöhnung des Aufzuges der Abgeordneten, eine satirische Erklärung der Bilder des Sitzungssaales usw. und insbesondere sechs Reden, die den Ligaführern in den Mund gelegt wurden und in welchen diese ihre innersten Gedanken und damit ihre Schlechtigkeit und Würdelosigkeit enthüllten.

'Ihr wißt, meine Herren, so beginnt z. B. der Herzog von Mayenne, daß ich seit der Zeit, da ich die Waffen für die heilige Liga ergriffen, immer auf meine Selbsterhaltung so sehr bedacht war, daß ich von Herzen meinen persönlichen Vorteil vor das Interesse unseres Herrgottes gesetzt habe, der sich ja ohne meinen Beistand zu helfen versteht .... Die Pariser, schließt er, sollen aufhören, uns mit ihren Friedenswünschen in den Ohren zu liegen, und sich vielmehr ruhig ganz zugrunde richten lassen . . . . Man soll in den Kirchengebeten die ärgerniserregende Stelle: *Da pacem, Domine*, streichen; das sind unheilige Worte!' Und der halb italienisch, halb lateinisch kauderwelschende Legat ruft: *Guerra dunque, guerra, o valenti e magnifici Francesi! Perchè mi pare, quando si ragiona della pace e si parla di tregua con questi forfanti eretici manigoldi, che mi sia dato un serviziale d'inchiostro.* Der fanatische Rektor der Sorbonne, Roze, wird wie sein Vorbild, Janotus de Bragmardo, burlesk und schlägt als König von Frankreich Guillot Fagotin, den Kirchenvorsteher von Gentilly vor, *bon vigneron et prud'homme.* Der Vertreter des Adels verlangt Fortführung des Krieges, damit er weiter von Mord und Raub leben kann.

In einer siebenten Rede läßt der Pamphletär den Herrn D'Aubray auftreten, das Haupt der Pariser *Politiques.* Diese Rede ist von heiligem Ernste erfüllt; sie ist von wahrer Beredsamkeit, aus der Fülle patriotischer Empfindung heraus geschrieben. Wie Dantes Klage:

Ahi serva Italia, di dolore ostello,
Non donna di provincia, ma bordello!

tönt D'Aubrays: *O Paris, qui n'es plus Paris, mais une spélonque de bêtes farouches, une citadelle d'Espagnols, Wallons et Napolitains; un asile et sûre retraite de voleurs, meurtriers et assassinateurs!* Freilich ist die Rede zu lang. Sie bewegt sich zu sehr in Wiederholungen, in rhetorischen Variationen desselben Themas. Daß sie zur persönlichen Beschimpfung herabsteigt, daß der Vertreter des Tiers-Etat zum Volkswitz greift und das Couplet nicht verschmäht, das mag das Pamphlet entschuldigen. Immer erhebt sich der Sprecher wieder zu wirklicher Beredsamkeit. Den Kriegsdrohungen der Vorredner gegenüber verlangt er Frieden, Frieden um jeden Preis. Er apostrophiert die einzelnen, schickt sie nach Hause, nach Rom, nach Spanien, nach Lothringen. 'Wir sagen es Euch allen laut und deutlich: Wir sind Franzosen und opfern unser Leben und den Rest unserer Habe mit den übrigen Franzosen für unsern König, unsern guten König, unsern wahren König: Heinrich von Navarra.'

Die Stimmung, aus welcher diese Pamphlete hervorgegangen waren und zu deren erfolgreichen Trägern sie wurden, wuchs unaufhaltsam, als Heinrich von Navarra im Sommer 1593 zum

Katholizismus übertrat, und führte zu seinem siegreichen Einzuge in Paris im März 1594. Jetzt wurden die elf Blätter, die bisher im Publikum unter dem Sammelnamen *le Catholicon* umgegangen waren, zusammen mit einem Anhang satirischer Verse, gedruckt. Der alte Titel *La vertu du catholicon* verschwand, und die spätern Auflagen nennen sich mit literarischem Anspruch *Satire Ménippée*. Der Verfasser ist, wie D'Aubigné bezeugt, ein uns wenig bekannter Geistlicher, Jean Leroy. D'Aubigné widerspricht ausdrücklich der Überlieferung, daß die *Ménippée* das Werk mehrerer Autoren sei, und gibt nur zu, daß der Dichter Rapin einzelne Verse beigesteuert habe. De Thou indessen nennt jenen Geistlichen nur *scripti primus auctor;* die kunstvolle Ausarbeitung sei das Werk eines andern, den er aber nicht nennt. Ist also J. Leroy's Autorschaft nicht zweifelhaft, so ist doch auch bezeugt und leicht verständlich, daß eine fremde Hand an der labilen Materie dieser Flugblätter sich zu schaffen machte, ohne daß ihr Anteil mit Sicherheit bestimmt werden kann.

Mit dem Parteikampfe des Jahrhunderts verschwand auch die politische Beredsamkeit. Der Sieg des Königtums schloß die Diskussion. Du Vair wird zum zeremoniösen Festredner. Als nach dem Tode Heinrichs IV. im politischen Leben neue Gärung eintrat, da ließ sich in den Generalstaaten von 1614 die Stimme politischer Beredsamkeit noch einmal vernehmen, um dann vor dem machtvoll sich erhebenden Absolutismus für lange gänzlich zu verstummen.

Es sind Drucke der *Satire Ménippée* mit dem Datum 1593 erhalten, doch scheinen sie erst von 1594 (Tours) zu stammen. Neuere Ausgaben von Ch. Read, *Le texte primitif de la Sat. Mén.*, Paris 1878; J. Frank, *Sat. Mén. kritisch revidierter Text mit Einleit. u. Anm.*, Oppeln 1884; Marcilly, *Sat. Men.*, Paris 1889; F. Giroux, *Le prem. texte manuscrit de la S. M.*, Laon 1897; cf. *Frz. Zs.* XX², 150. Zu der sehr verwickelten Frage der Bibliographie und Verfasserschaft cf. Tilley, II, 329—31; J. Frank in *Frz. Zs.* V, 206 und neuerdings XXIX (1906) p. 246—73.

Einen Historiker, der nach Bodins naturalistischer Methode 42.
die Geschichte vergangener Zeiten erforscht und dargestellt hätte, weist die Zeit nicht auf. Bernard de Gérard, Seigneur du Haillan (1537—1610), unternimmt als königlicher Historiograph die Aufgabe *d'écrire en langage français l'histoire des rois de France* und liefert 1576 eine Geschichte der Herrscher 'von Pharamund bis auf Karl VII.'. Es ist der erste Versuch einer

Landesgeschichte in der Vulgärsprache. Du Haillan ergänzt seine Forschungen durch rhetorische Erfindungen, idealisiert Vorgänge und Gestalten und quält sich in schwerfälliger Schreibart. Sein Vorbild ist P. Emilius, den er im wesentlichen wiedergibt. Pasquier und Fauchet verfolgen bei ihrer Arbeit hauptsächlich philosophisch-archäologische Interessen.

Auf die Darstellung der politischen Zeitgeschichte beschränken sich der Katholik J.-A. de Thou (1553—1615) und der Protestant Théodore-Agrippa d'Aubigné (1552—1630). De Thou's umfangreiche *Historia mei temporis* (1604—1620, französisch erst 1734), ist nicht nur in lateinischer Sprache, sondern auch im Stil und Geist der antiken Historiker, Livius' und Polybs, geschrieben. Gut unterrichtet und wahrheitsliebend, gibt der treffliche Verfasser ein sehr objektives Bild der bewegten Zeit (1546—1607). Aber die Nachahmung der Alten fesselt nicht nur seinen Ausdruck, sie führt ihn auch zu Ausschmückungen (z. B. Reden), durch die er dem Geist seines Werkes untreu wird.

Das Beispiel seiner Objektivität leitet D'Aubigné, der sich aber zugleich bemüht, in seiner *Histoire universelle* (die Jahre 1553—1601 umfassend und in drei Bänden 1616—1618 erschienen) karg mit Reden *(chiche de harangues)* zu sein. D'Aubigné ist eine der hervorragendsten Gestalten der Zeit. Als Rächer der verfolgten Glaubensgenossen erzogen, wird er mit sechzehn Jahren Soldat, steht während eines halben Jahrhunderts im Felde und entgeht unzähligen Fährlichkeiten, um, ein Siebzigjähriger, nach Genf ins Exil zu ziehen, wo er achtzigjährig stirbt. Er hat eine gründliche humanistische Bildung, ist zugleich ein eleganter Kavalier, und mit seiner calvinistischen Strenge liegt sein gallischer Humor im Streit. Er ist der unerschrockene Kampfgenosse Heinrichs IV., sein vertrauter und offenherziger Freund. Den Glaubenswechsel konnte er als intransigenter Hugenotte ihm nicht verzeihen; aber auch in den Zeiten der Entfremdung hat er ihm treu und in hohen Ämtern selbstlos gedient: '*Nourri aux pieds de mon roi*', sagt er in der Vorrede in seiner malerischen und zugleich kräftigen Art, '*desquels je faisais mon chevet en toutes les saisons de ses travaux, quelque temps élevé en son sein et sans compagnon en privauté, et lors plein des franchises et sévérités de mon village, quelques fois éloigné de sa faveur et de sa cour, et lors si ferme en mes fidélités que, même au temps de ma disgrâce, il m'a fié ses plus dangereux secrets, j'ai reçu de lui autant de biens qu'il m'en fallait pour durer, et non pour m'élever. Et quand je me suis vu croisé par mes inférieurs et par ceux-mêmes qui, sous mon nom, étaient entrés à son service, je me suis payé en disant: Eux et moi avons bien servi: eux à la fantaisie du maître, et moi à la mienne, qui me sert de contentement.'*

Er hatte den Schmerz, seinen Erstgebornen, Constant d'Aubigné, auf Abwege geraten zu sehen. Er enterbt ihn in seinem Testament und erklärt ihn *pour le destructeur du bien et honneur de sa maison.* Dieser Sohn (gest. 1645) ist der Vater der Françoise d'Aubigné, die sich einst Madame de Maintenon nennen wird.

D'Aubignés *Histoire universelle* ist eine Apologie der Hugenotten, aber mit einem aufrichtigen Streben nach Wahrheit und Unparlichkeit geschrieben. Seine Person drängt er zurück, um statt seiner *privautés* und der *actions particulières indignes de lumière publique* die wirklich wichtigen Ereignisse zu berichten und dabei seine Blicke auch über Frankreich hinaus zu richten. Gelingt es ihm bei seinem leidenschaftlichen Temperament nicht, so sachlich zu bleiben wie De Thou, so stellt er dafür lebendiger, fesselnder dar, und mit weniger literarischen Ansprüchen hat er etwas literarisch Hervorragenderes geschaffen als De Thou.

Seine *privautés* hat er in einem Bändchen *Memoiren* (1557—1628) für seine Kinder trefflich erzählt. Während wir aus der Zeit Franz' I. fast keine Memoiren besitzen, ist die zweite Hälfte des Jahrhunderts als eine Epoche des kräftig sich entwickelnden Individualismus reich an Memoirenwerken.

Insbesondere merkwürdig sind die Aufzeichnungen zweier Gascogner, die nach einem bewegten Leben als Invaliden zu Schriftstellern geworden sind: Blaise de Monluc (1502—1577) und Pierre de Bourdeille, abbé de Brantôme (1540—1614).

Monluc hat 'fünfundfünfzig Jahre im Dienste des Königs ein Kommando geführt'. Daran erinnern ihn die Narben, die seinen ganzen Körper mit Ausnahme des rechten Armes bedecken. Schließlich hat ihm ein Büchsenschuß die eine Hälfte des Gesichts zerrissen, so daß er eine Maske zu tragen genötigt war. Als Maréchal de France trat er 1574 in den Ruhestand, und da griff der Haudegen, der seit dreißig Jahren kein Buch gelesen, zur Feder, um für Soldaten das Fazit seiner kriegerischen Laufbahn in Italien und Frankreich zu ziehen (*Commentaires*, gedruckt 1592). Heinrich IV. hat diese *Commentaires* die Bibel des Soldaten genannt, und im Munde eines Königs jener Zeit ist dies Wort zu begreifen. Monluc ist ein tapferer Diener seines Herrn gewesen. Freilich war er auch ein echter Condottiere, gelegentlich zum Verrat bereit. Er hat auf Befehl den Krieg furcht- und erbarmungslos geführt. In des Königs Dienst Ehre zu gewinnen ist seine Losung. Er beklagt die Opfer des Krieges; er fühlt sich von ihren Flüchen beladen . . . doch 'der König hat's befohlen' — dieses Losungswort der Bartholomäusnacht war auch das seine. Er habe wider Willen von Menschenleben oft nicht mehr Aufhebens machen können *que d'un poulet* und sich leider Gehorsam nur zu verschaffen vermocht mit Kanonen. Den Hugenotten hätte er gerne noch mehr Leid zugefügt, als er getan. Er hat als ein Würger unter ihnen gehaust, denn sie sind Feinde seines Königs. Er ist kein fanatischer Katholik und würde selbst auch Hugenotte werden, 'wenn zuvor der König sein Bekenntnis wechselte'. Auch seine Religion ist *au service du roi.* Kunstlos, aber originell, farbenreich, mit lebendigster Anschaulichkeit, aus der Fülle reicher Erfahrung heraus erzählt er die blutigen Taten, die ihm 'den Ruhm eingetragen, den ich in der ganzen Christenheit besitze — denn mein Name ist überall bekannt'. Die soldatische Offenheit, mit welcher er berichtet, geht nicht ohne Prahlerei und schließt auch kluges Verschweigen nicht aus. Die Fülle einer ganzen, wenn auch beschränkten Persönlichkeit, die frische Natürlichkeit und der rauhe soldatische Humor der Darstellung beleben das Buch mit dem, was man die Poesie des Krieges heißt.

Der *révérend père en Dieu*, wie sich Brantôme als profaner Besitzer geistlicher Pfründen nennen läßt, ist auch Soldat, aber noch mehr Höfling. So stät Monluc erscheint, so wankelmütig und unstät ist Brantôme, *étant*, wie er sagt, *du naturel des tabourineurs, qui aiment mieux la maison d'autrui que la leur.* Er ist ein Condottiere und fahrender Höfling, der das ganze Abendland durchstreift und auf demselben Schiffe nach England übergesetzt hat, mit welchem Maria Stuart klagend Frankreich verließ. Er hat französischen Nationalstolz, aber keinen Patriotismus. Als ihm Heinrich III. eine Gunst versagte, war er im Begriff, als Landesverräter in den Dienst Spaniens überzugehen. Da machte ihn ein Sturz vom Pferde zum Invaliden (1584) und fesselte ihn an seine französischen Besitzungen. Nun schrieb er während zwanzig Jahren, was in den vorangehenden dreizehn Jahren in den Bereich seines Interesses gefallen war: Kriegstaten, Galanterien, Skandalgeschichten, Duelle — bis zu den sonoren spanischen Flüchen. Mit Vorliebe wählt er dabei das Kleid der Biographie, schildert das Leben berühmter einheimischer und fremder *capitaines*, illustrer und galanter Damen (*Recueil des dames*). Geschwätzig fällt er vom hundertsten ins tausendste, verstreut seine eigene Biographie in die der anderen. Er liebt die spanischen Modewörter. Von größerer literarischer Bildung als Monluc, kennt und benutzt er die zeitgenössische und historische Literatur, nicht selten als Plagiator. Sein Auge ist weder weit- noch tiefblickend; ihn interessiert nur, was klirrt und glänzt und amüsiert. Während seine Umgebung von bangen Fragen bewegt wird, belustigt er sich mit dem Hofnarren. Er ist von empörender Immoralität. Im *Recueil des dames* wälzt er sich in Schmutz und Obszönitäten. Daß die Helden und Heldinnen dieser *salauderies* vornehme Personen sind, adelt die Fäulnis vor seiner Höflingsmoral. Der Hof Karls IX. ist ihm eine *école de toute honnêteté*. Er rühmt sich, daß eine seiner Basen sich der kurzen Liebe Franz' I. erfreut habe und fügt hinzu: *c'était une très sage et vertueuse fille*. Mit derselben Bewunderung spricht er von Galanterien wie von Taten hoher Gesinnung, und ahnungslos besudelt er reine Seiten seiner Bücher mit seinem Zynismus. Seine Freude am Klatsch, seine Gewissenlosigkeit und seine Eitelkeit lassen uns oft an seiner Glaubwürdigkeit zweifeln. Aber der Umstand, daß die ganze Gesellschaft des XVI. Jahrhunderts in seiner *chronique scandaleuse* paradiert, gibt seinem Werke eine geschichtliche Bedeutung, die weit über ihrem mäßigen literarischen Wert steht. Denn die wohlgelungenen und fein ausgeführten Bilder einer Maria Stuart, eines De l'Hospital, einer Marguerite de Valois verschwinden unter einem Wuste von Geschmier. In seinem Testamente verlangt er, daß seine Schriften *en belle et grande lettre et grand volume, pour mieux paraître* gedruckt werden und kein anderer Name als der seine sie schmücke, 'damit er nicht um den Ruhm komme, auf den er Anspruch habe'. Aber seine Nichte hatte gerechte Bedenken gegen die Drucklegung der Werke des würdigen Onkels, und so erschienen dieselben erst 1668, eben recht, um Bussy-Rabutin zu inspirieren.

Ambroise Paré (gegen 1510—1590), der vom Barbiergesellen, unter stetem Kampf gegen die zünftige Medizin, deren barbarisches Latein er nur unvollständig nachlernt, bis zum berühmten Chirurgen aufsteigt und dem Schulwissen gegenüber den Mann des Experimentes darstellt, verteidigt in seiner *Apologie* (1585) seine wissenschaftliche Stellung gegenüber einem zünftigen Gegner und schildert die chirurgischen Ergebnisse seiner Feldzüge *(voyages)* in origineller, bilderreicher, fesselnder Sprache.

Das (die Jahre 1573—1611 umfassende) Tagebuch des Pariser Bürgers Pierre de l'Estoile ist eine unschätzbare Quelle historischer Belehrung, doch ohne literarischen Wert.

Zu Du Haillan cf. Augustin Thierry, *Lettres sur l'histoire de France (Lettre* V, 1820) und P. Bonnefon, *L'historien Du Haillan*, in *Rhl.* XV, 642—96. — Zu den militärischen Reden, die von den Historikern ihren Kriegshelden in den Mund gelegt werden: R. Radouant, *Rhl.* XVIII, 503—52.

Die *Hist. universelle* D'Aubigné's hat A. de Ruble für die *Soc. de l'hist. de France* neu herausgegeben. Paris 1886—97, 9 Bände. — *Mémoires de Th.-A. d'Aubigné publiés p. l. prem. fois p.* L. Lalanne, Paris 1854; neue Ausg. 1889; auch in den *Œuvres* (zu § 52) I, 5 ff.; die Stellen über seinen Sohn: p. 120, 296, 341. — E. Réaume, *Etude hist. et litt. sur A. d'Aubigné*, Paris 1883. S. Rocheblave, *A. d'Aubigné*, Paris 1910 (*Gr. Ecr.*). — Zu seiner Wahrhaftigkeit vergl. *Rev. du XVIe siècle* I (1913) 153 ff.

Commentaires de Messire Blaise de Monluc, cf. Picot, Nr. 2131; Neudruck von A. de Ruble für die *Soc. de l'hist. de France*, 5 vol., 1864—67 (die zwei letzten Bände enthalten die *Lettres*, zu denen jetzt ein Dutzend neuer nachzutragen ist, *Rhl.* VI, 159) und jetzt von P. Courteault, I. Band, Paris 1911. Ders. hat den Historiker Monluc in einer Pariser Dissertation behandelt (*Bl. d. M. historien* 1908) und nun auch eine Biographie verfaßt (*Un cadet de Gascogne au XVIe siècle: Bl. d. M.*, Paris 1909).

Die neueste Brantôme-Ausgabe von L. Lalanne für die *Soc. de l'hist. de France: Œuvres compl. de P. de Bourdeilles, seigneur de Brantôme*, 11 vol., Paris 1864—82; dazu v. dems. *Brantôme, sa vie et ses écrits*, 1896. Cf. *Rev. des quest. hist. XIX*, 186: Pingaud, *Brantôme historien.* — Brantôme als Repräsentant des Hispanismus, cf. A. Morel-Fatio, *Etudes sur l'Espagne* I. 2. Aufl. 1895, p. 28—31. — Zur verschollenen Autobiographie Brantôme's cf. *Rhl.* IV, 287.

A. Paré gibt seine gesammelten Werke 1575 heraus. — *Œuvres compl. d'A. Paré* p. J.-F. Malgaigne, 3 vol., Paris 1840—41.

Fragmente des *Journal* des P. de l'Estoile erscheinen seit 1621 im Druck; Ausgabe in fünf Bänden v. Lenglet-Dufresnoy, La Haye 1744; cf. Picot, nr. 2187 ff. *Mémoires-journaux de P. de l'Estoile* p. p. Brunet, Champollion u. A., 11 vol., Paris 1875—83.

43. Die Briefliteratur hat es mit zwei Arten von Briefen, echten und fingierten, zu tun, wobei nicht sowohl die Frage der Leibhaftigkeit des Adressaten und der Wirklichkeit der Absendung entscheidet, als der intime, persönliche Charakter der Mitteilung. Der fingierte Brief ist für ein Publikum geschrieben; dem Schreiber ist der Gedanke der Drucklegung gegenwärtig. Der fingierte Brief verrät künstlerisches Streben und erhebt literarische Ansprüche.

Im echten Brief spiegelt sich naiv die bewegte Persönlichkeit; er ist dadurch fast immer interessant, seltener ist er literarisch bedeutend.

Von der Literatur der echten Briefe ist uns aus dieser Zeit nur wenig und nichts Hervorragendes erhalten.

Die briefliche Abhandlung ist eine Schöpfung der Renaissance, welche die Muster dafür beim Altertum fand. Unter den neuern wurde besonders Antonio de Guevara (§ 15) geschätzt, als Verfasser der *Epistolas familiares*, von denen indessen Montaigne (I, 48) sagt, daß *ceux qui les ont appelées 'dorées' faisaient jugement bien autre que celui que j'en fais.* Der erste, der diese Gattung in Frankreich pflegt, ist Etienne Pasquier, dessen oben erwähnte *Lettres* neben philologisch-literarischen Dissertationen, geschichtlichen und politischen Abhandlungen und memoirenartigen Berichten auch reizvolle familiäre Briefe enthalten. Pasquier's *Lettres* bieten uns das Bild einer Humanistenunterhaltung, und mit Glück, wenn auch nicht ohne Gesuchtheit findet er den lebhaften und vertraulichen Ton. Willkommen war die Form der brieflichen Abhandlung, insbesondere auch für geistliche Unterweisung. Bereits war von den *Lettres spirituelles* saint François' die Rede. —

Vorzüglich in der Briefliteratur übte sich die Ziererei des Ausdrucks, und so schlägt der Brief die Brücke, auf der die Preziosität aus dem Schrifttum ins Leben hinüberdrang.

Zur Briefliteratur cf. Lanson no 2184 ff.

Die originellste Frucht jener Geisterbewegung, die von der Beschäftigung mit der antiken Philosophie, speziell von der sokrati- 44.
schen Gedankenwelt ausging, sind Michel de Montaigne's *Essais.*

Im Jahre 1477 erwarb der reiche Bordelaiser Kaufherr Ramon Eyquem das Schloß Montaigne im Périgord. Sein Sohn Grimon förderte die Blüte des Handelshauses und das Ansehen der Familie. Dessen Erstgeborener (1495) Pierre Eyquem schlug aus der kaufmännisch bürgerlichen Art und ward Soldat. Von italienischer Kriegsfahrt zurückgekehrt, verheiratete er sich mit einer spanischen Jüdin und führte auf Schloß Montaigne das Leben eines gebildeten Landedelmannes. Er war ein gemeinnütziger Mann. Er durchlief die Reihe bürgerlicher Ehrenämter seiner Vaterstadt und ward (1554) Bürgermeister von Bordeaux. Diese Eyquem, '*une race fameuse en prud'hommie*', waren ein kräftiges Geschlecht.

Pierre hatte ein frisches Alter, bis ein Steinleiden ihn befiel. Von seinen elf Kindern kamen acht zu Jahren. Das älteste ist Michel Eyquem, Seigneur de Montaigne, der Verfasser der *Essais,* geboren am 28. Februar 1533.

Als Taufpaten wählte der Vater ihm Bettler. Für die zwei ersten Jahre versorgte er ihn in einem armseligen Bauerndorfe. Die ersten Lebenseindrücke sollten, nach dem Wunsche des Vaters, den Sohn an die Armen und Geringen fesseln, 'damit er sich gewöhne, mehr nach denen zu blicken, welche die Arme nach uns ausstrecken, als nach denen, die uns den Rücken kehren'. 'Sein Plan ist ihm nicht schlecht gelungen', versichert der Sohn (III, 13). Dann gab ihm der Vater als Hofmeister einen deutschen Arzt, unter dessen Führung er im lebendigen Gebrauche des Latein heranwuchs, das ihm so sehr zur Muttersprache ward, daß sich ihm auch später, in Augenblicken der Erregung, jeweilen zuerst das lateinische Wort auf die Lippen drängte. Auf demselben Wege der spielenden Erlernung *en toute douceur et liberté*, *sans rigueur et contrainte*, (I, 25), freilich mit geringerem Erfolge, suchte ihn der Vater auch mit dem Griechischen und andern Schulfächern vertraut zu machen. Er trieb die Schonung des Kindes so weit, daß er es des Morgens durch den Klang von Musikinstrumenten wecken ließ. Montaigne's Jugend hat der strengen Zucht und der Abhärtung entbehrt, sodaß er später zu der Ansicht kam, die Erziehung der Kinder sollte außerhalb des verhätschelnden Elternhauses in die Hand weniger empfindsamer Hofmeister gelegt werden. Auf dem Gymnasium zu Bordeaux lernt er endlich Französisch und entwöhnt sich des Lateinredens. Er studiert Jura und wird mit einundzwanzig Jahren (1554) Richter, zuerst in Périgueux, dann in Bordeaux, als Mitglied des Parlaments. Hier lernte er 1557 den etwas älteren Etienne de la Boétie kennen und in der innigen Freundschaft, welche die beiden verband, machte er eine Schule moralischer Kräftigung und Erhebung durch, deren Andenken ihm die Erinnerung an den früh (1563) verstorbenen Freund mit einem Glorienschein umgab. Nach einer wenig enthaltsamen Jugend schloß er 1565 eine konventionelle Ehe mit einem reichen Mädchen. Eine Heirat soll nach seiner Meinung nicht die Liebe, sondern kluge Überlegung zur Grundlage haben, und die Ehe ein Abbild der Freundschaft sein, wie es die seinige nach seinem Zeugnis war. Von seinen Kindern verlor er 'zwei oder drei' im Säuglingsalter und nur eine Tochter kam zu Jahren.

Während sechzehn Jahren blieb Montaigne Richter (bis 1570). Er eignete sich für das Amt nicht, denn die Barbarei der damaligen Strafjustiz und die 'Chikane' schreckte ihn, und die Nötigung, sich durch bestimmte Entscheidung über Recht und Unrecht in die Verhältnisse andrer zu mischen, war ihm peinlich. Durch häufige Abwesenheiten entzog er sich den unwillkommenen Geschäften. Er liebte Paris und den Hof, dessen Auszeichnungen er erstrebte, und ehrgeizige Pläne 'dampften in seiner Seele'. Er nimmt lebhaften Anteil an den öffentlichen Angelegenheiten. Man findet ihn auf Seiten der Guisen, wo sich der Dreißigjährige mit einem Eide in den Dienst leidenschaftlicher Unduldsamkeit stellt (1562).

Auf Wunsch seines Vaters, von dem er in seinen *Essais* so oft und so liebevoll spricht, während er von der Mutter, die den Sohn überlebte, kein Wort sagt, unternahm er die Übersetzung der *Theologia naturalis* des Spaniers Raimond Sebond, einer Schrift, die den Beweis leisten will, daß der Mensch nicht nur auf dem Wege der Offenbarung, sondern auch mit Hilfe seiner natürlichen Vernunft zur Erkenntnis der Heilswahrheiten des Christentums gelangen könne. Während des Druckes dieser Arbeit starb der Vater (1568). Aus dem Erbe, das er mit drei Schwestern und vier Brüdern zu teilen hatte, fiel dem ältesten das Schloß Montaigne zu, nach welchem er sich fortan als Michel de Montaigne benennt, den bürgerlichen Namen seiner Familie, Eyquem, wie einen fremden Eindringling beiseite schiebend. Er hatte die Schwäche, auf seinen Adel zu pochen.

Unzufrieden mit den Beförderungsverhältnissen, legt er 1570 sein Richteramt nieder. Er reist nach Paris, um die Drucklegung der Werke des verstorbenen La Boétie zu besorgen, und zieht sich dann am Vorabend seines neununddreißigsten Geburtstages (1571) auf sein Schloß zurück, um literarischer Beschäftigung zu leben. Seinem Vater ungleich, hat er keinen Sinn für die Verwaltung seiner Güter, deren Freuden und Scherereien er den Seinen überläßt. In dem Schloßturm, den der Brand von 1885 allein übrig gelassen hat, ist heute noch sein Studierzimmer *(librairie)* zu sehen, mit den verblaßten Fresken aus Ovids Metamorphosen und den vierundfünfzig lateinischen und griechischen Inschriften. Von den tausend Werken, die seine Bibliothek bildeten, sind heute achtzig wiedergefunden worden. Ihre vergilbten Blätter enthalten lehrreiche Notizen von seiner Hand. In diesem Raum verlebt er in behaglicher, ländlicher Muße, Lektüre, Studium und Geselligkeit als Lebenskünstler maßvoll genießend, die nächsten Jahre, doch nicht ohne wieder unter die Menschen, ja an den Hof zu gehen und gelegentlich die Waffen zu führen, wozu er freilich keine besonderen militärischen Qualitäten mitbringt. Wenn eine *trop lâche oisiveté* ihn drängt, schreibt er die Ideen nieder, die Lektüre und Leben ihm zuführen, und 1580 läßt er unter dem Titel *Essais de Messire Michel, Seigneur de Montaigne, chevalier de l'ordre du roi et gentilhomme de sa chambre*, eine zwanglose Sammlung von Lesefrüchten und Gedanken in zwei Büchern erscheinen. Da sich mittlerweile das Leiden, dem der Vater erlegen war, auch bei ihm quälend eingestellt hatte, und er die Kunst der Ärzte gering schätzte (*la mer trouble et vaste des erreurs médicinales*, II, 12), so unternahm er, auf natürlichem Wege Heilung suchend, eine anderthalbjährige Badereise, die ihn durch die Schweiz, Deutschland und Italien bis nach Rom führte, wo er fünf Monate blieb. Aus dem teilweise italienisch geschriebenen Tagebuch dieses mühe- und genußvollen Rittes ersehen wir, welch unglaubliche Mengen von Mineralwasser er schluckte, um schließlich zu der Erkenntnis zu kommen, daß der wohlthätige Einfluß einer Badereise nicht vom Wasser, sondern von jener körperlichen und geistigen Erfrischung herkommt, welche die immer wechselnde neue Umgebung bietet. Und diese genoß er in vollen Zügen. Natur und Kunst fesseln ihn freilich wenig. Um so mehr interessiert ihn der Mensch. Menschen zu studieren, ist seine Neugierde unerschöpflich, und nicht ohne Verwunderung sehen wir die Strapazen, die er, der Leidende, dabei auf sich nimmt. Er ist ein vorurteilsloser Beobachter fremder Art und geschmeidig fügt er sich ihr (*j'ai une condition singeresse et imitatrice*, III, 5). 'Ich habe in der Fremde keine Lebensweise gefunden, die nicht eben so gut wäre wie die unsrige' (III, 9) und 'ich erachte alle Menschen für meine Mitbürger und liebe einen Polen wie einen Franzosen'. Das Reisen ist ihm das vornehmste Bildungsmittel, da es lehre: *frotter et limer notre cervelle contre celle d'autrui* (I, 25). Die Ruinen Roms beleben sich für ihn mit den Gestalten einer untergegangenen Welt. Kannte er doch 'das Kapitol und den Tiber lange vor dem Louvre und der Seine' (III, 9). Zwar macht die päpstliche Zensur einige Vorbehalte zum toleranten und antiken Ton seiner *Essais*, aber der Papst empfängt ihn doch zum Fußkuß und lobt seine katholische Gesinnung. Einen heißen

Wunsch erfüllt ihm das Geschenk des römischen Bürgerrechts. In Ferrara besucht er den unglücklichen Tasso im Irrenhause. In Loretto hängt er eine Votivtafel auf. In den Bädern zu Lucca erreicht ihn im September 1581 die Nachricht, daß Bordeaux ihn zum Bürgermeister ernannt habe. Zögernd nimmt er dieses Ehrenamt an, das mehr repräsentativen als administrativen Charakter hatte. Mit der Heimkehr hat er es nicht eilig und den *Messieurs de Bordeaux* legt er in einem Briefe (*Essais* III, 10) dar, wie er zwar bereit sei, die Obliegenheiten seines neuen Amtes zu erfüllen, nicht aber in dem Amte aufzugehen, wie einst sein Vater, der es mit seiner Gesundheit bezahlt habe. Er werde die Angelegenheiten der Stadt führen, ohne sie zu den seinigen zu machen. Er verspricht: *de les prendre en main, non pas au poumon et au foie, de m'en charger, non de les incorporer.* Gewissenhaft will er die Geschäfte verwalten; aber die eigentliche Aufgabe seines Lebens wird er auch während seines Amtes anderswo sehen: in seiner eigenen, privaten Lebensführung *(la principale charge que nous ayons, c'est à chacun sa conduite; c'est pourquoi nous sommes ici . . . il se faut prêter à autrui et ne se donner qu'à soi-même).* Und wirklich: *le maire et Montaigne ont toujours été deux* (III, 10). Mit dieser kühlen Führung ihrer Stadt waren die Mitbürger so zufrieden, daß sie Montaigne nach Ablauf der ersten Amtsdauer (1583) von neuem wählten. Inzwischen wandten sich die Zeiten zum Schlimmern. Der Bürgerkrieg umtobte Bordeaux. Montaigne führte, ohne seine Gesinnung als Royalist und Katholik zu verleugnen, versöhnlich und klug sein jetzt oft schwieriges Amt. Im Sommer 1585 wohnte er auf seinem Schlosse, als in Bordeaux die Pest mit fürchterlicher Gewalt ausbrach und sich rasch über das Land verbreitete. Wer fliehen konnte, floh, und auch der Schloßherr von Montaigne irrte mit Frau und Tochter, ein unwillkommener Gast, Schutz suchend herum. Als im Juli seine Amtsdauer ablief, stellte er es den Stadträten anheim, ob er zur Übergabe des Amtes in die toddrohende Stadt kommen sollte. Sie begnügten sich, in einem benachbarten Dorfe mit ihm zu diesem Zwecke zusammenzukommen. Montaigne der Feigheit und Pflichtvergessenheit anklagen, weil er nicht beim Ausbruch der Krankheit auf seinen Posten zurückkehrte, hieße ungerechtfertigter Weise unsere heutige Auffassung von den Pflichten eines solchen Amtes auf jene Zeit übertragen. Kein Zeitgenosse hat Montaigne getadelt. Ist sein Verhalten kein heldenhaftes gewesen, so entsprach es gewiß seiner Auffassung von seiner Pflicht, und er sagt wahr, wenn er, auf seine Bürgermeisterschaft zurückblickend, urteilt: *Je ne laissais, que je sache, aucun mouvement que le devoir requît à bon escient de moi.*

Nun tritt er endgiltig vom öffentlichen Leben in seine Einsamkeit zurück, die er häufig mit einem neugewonnenen Freunde, dem Kanonikus Pierre Charron, teilt. Seine *Essais* hatten inzwischen ohne wesentliche Änderung mehrere Auflagen erlebt. 1588 überwacht er in Paris den Druck der fünften, *augmentée d'un troisième livre et de 600 additions aux deux premiers.* Bei diesem Anlaß lernte er eine jugendliche Verehrerin kennen, Fräulein Marie de Gournay, die sein ganzes Herz gewann. *Une très sainte amitié* fesselte ihn an sie, die er seine *fille d'alliance* nennt. Noch sah er den nahenden Triumph Heinrichs IV., der als König von Navarra zweimal sein Gast in Montaigne gewesen war und zu dem seine Sympathie ihn zog. Wir sehen die beiden Briefe wechseln. Der König wünscht Montaigne um sich zu haben. Dieser, von seinem Leiden gebannt, begleitet des Königs Erfolge brieflich als sein Getreuer, *plus par affection encore que par devoir.* Die Muße wendet er seinem Buche zu, die Augen jugendwärts gerichtet. Er altert, aber *à reculons* (III, 5).

Das Handexemplar der Ausgabe von 1588, in welches er seine Verbesserungen und Zusätze (etwa 1300) eintrug, bewahrt die Bibliothek zu Bordeaux auf. Es zeigt, wie er immer neue Ergänzungen machte und für die Lesbarkeit des Textes dadurch besorgt ist, daß er Wiederholungen streicht, den Ausdruck modernisiert und jetzt auch allzu lange Sätze durch Punkte und Majuskeln zerschneidet. Am 13. September 1592 erliegt Montaigne einer Grippe. Er stirbt unter geistlichem Beistande, den er gewünscht hatte, umgeben von Familie und Freunden.

Im Auftrag der Witwe stellte der Dichter Pierre de Brach mit Hilfe jenes Handexemplares einen neuen Text der *Essais* her. Der wurde an Fräulein von Gournay nach Paris gesandt, und sie besorgte den Neudruck, dem sie ein Vorwort vorausschickte *(Edition nouvelle, trouvée après le décès de l'auteur, revue et augmentée par lui d'un tiers).* Diese posthume Ausgabe von 1595 gibt die Form, in der wir die *Essais* heute lesen. Sie weicht im Detail öfters von Montaigne's Handexemplar ab. Manches ist wohl nur Lesefehler. Manche Änderungen mögen auf verlorenen Notizen Montaigne's beruhen. Anderes aber ist absichtliche Korrektur, die sich gegen die Freiheit des Ausdruckes wendet oder Montaigne's Schreibung und Stil modernisiert: statt *grandur* wird *grandeur*, statt *des belles maisons* wird *de belles maisons* geschrieben und der Latinismus *patrie* durch *pays* ersetzt.

Die Absicht des Werkes ist, das Bild des Menschen in einem bestimmten, dem Verfasser am besten bekannten Individuum zu zeichnen. *Un roi et un paysan . . ne sont différents, par manière de dire, qu'en leurs chausses* (I, 42). *Chaque homme porte la forme entière de l'humaine condition — je récite l'homme et en représente un particulier* (III, 2). Zwei vollständig gleiche Menschen gibt es nicht, und auch das einzelne Individuum ist, wie die Welt selbst, in stetem Schwanken begriffen: *Le monde n'est qu'une branloire perpétuelle* (III, 2). Und in diesem ewigen Wechsel ist der Mensch ein *sujet merveilleusement vain, divers, ondoyant* (I, 1). Ein einheitliches, allgemeines Urteil über den Menschen ist unmöglich. Es gilt einzelne Momente, einzelne Details zu erfassen. Der Grundsatz seiner Darstellung sei deshalb: σκέπτω — *distinguo — je discerne.* So beobachtet er mit der Lupe des Kurzsichtigen den psychischen Mikrokosmus des Individuums. Für die Erfassung großer Zusammenhänge ist sein Auge ungeeignet, und den Makrokosmus der Menge erkennt er schlecht.

Der Plan, sich selbst in den Mittelpunkt seines Buches über den Menschen zu stellen, hat sich beim Autor erst im Laufe der Jahre mit aller Schärfe herausgebildet. Die frühesten Partien des Buches sind wesentlich aufgereihte Lesefrüchte *(de mes premiers Essais aucuns puent un peu à l'étranger*, III, 5). Das Alter macht ihn selbständiger und selbstbewußter. Er überwindet die Scheu, von sich selbst zu reden: *il faut passer par-dessus ces règles populaires de la civilité en faveur de la vérité et de la liberté; j'ose non seulement parler de moi, mais parler seulement de moi* (III, 8); *je me roule en moi-même,* denn: *je suis affamé de me faire connaître* (III, 5). Er wird sich mitsamt seinen Fehlern in der Lebenswahrheit seiner natürlichen Gestalt, *debout et couché, le devant et le derrière, à droite et à gauche et en tous mes naturels plis* (III, 8) darstellen, *autant que la révérence publique me l'a permis.* Und diese gestattete ihm viel. Er macht Geständnisse, welche das Zartgefühl späterer Zeiten um so empfindlicher verletzen, als sie oft ganz unnötig erscheinen. Montaigne ist indezent und liebt, auch im Alter, entsprechend zu plaudern.

Die Hugenotten, welche die Ohrenbeichte verurteilten, könnten mit ihm zufrieden sein, meint er, denn: *je me confesse en public* (III, 5). Von Rousseaus *Confessions* sind die *Essais* im Geist und in der Form verschieden. Rousseau schreibt eine Selbstverteidigung gegen wahre und eingebildete Verfolgung in Form einer Autobiographie. Montaigne, der sich gegen niemanden zu verteidigen braucht, schildert objektiver, kühler *(je n'y ai eu nulle considération de ma gloire)*, obschon auch er nicht ohne alle Toilette vor das Publikum tritt. Auch erzählt er nicht sein Leben, sondern plaudert anscheinend zwanglos in den 107 Feuilletons, die sein Buch bilden, so daß wir die in den einzelnen Titeln angegebenen Themata oft völlig aus den Augen verlieren. Nicht unrichtig spricht Pasquier von Montaigne's *Coq-à-l'âne*. Seine Digressionen sind durchaus nicht kunstlos; sie sind oft künstlich. Man fühlt ihn fast ängstlich bestrebt, systematische Darstellung zu vermeiden, und so führt ihn die Furcht vor Pedanterie dazu, in anderer Art pedantisch zu werden.

Die *Theologia naturalis* des Sebond, die Montaigne mit 35 Jahren für seinen Vater übersetzte, hatte in vielem seine Zustimmung gefunden. Er billigte die Absicht des Buches, den christlichen Gottesglauben durch vernunftgemäße Erkenntnis zu stützen. Er fand, Sebond habe die Sache der menschlichen Vernunft so gut geführt, als sie sich eben bei der Mangelhaftigkeit dieser Vernunft führen lasse. Und indem Montaigne — gegen 1576 — daran ging, Sebond zu verteidigen und jene *Apologie de R. Sebond* zu schreiben, die das berühmte zwölfte Kapitel des zweiten Buches seiner *Essais* geworden ist, verliert er den Spanier ganz aus den Augen, um einen Kampf gegen die Überschätzung der menschlichen Vernunft zu führen. So wird die *Apologie de R. Sebond* schließlich fast in ihr Gegenteil verkehrt, und ihr Titel klingt wie eine Ironie. Sie wird zu einem beredten Plaidoyer gegen den Wert vernunftgemäßen Erkennens: Das Hauptgebrechen des Menschen ist sein Dünkel, sein Vernunftstolz. Der läßt ihn den Irrlichtern einer trügerischen Erkenntnis nachjagen. Montaigne leugnet die Möglichkeit sowohl der metaphysischen als der wissenschaftlichen Erkenntnis.

Zwar gebe unsere natürliche Vernunft uns ja eine rohe Gewißheit *(brute connaissance)* der Existenz Gottes (Deismus), aber weiteres übersinnliches Wissen gebe sie uns nicht. So führe sie z. B. nicht zum Glauben an unsere Unsterblichkeit: *Confessons ingénûment que Dieu seul nous l'a dit et la foi; car leçon n'est-ce pas de nature et de notre raison, et qui (sans ce privilège divin) verra l'homme sans le flatter, il n'y verra efficace ni faculté qui sente autre chose que la mort et la terre.*

Von der wissenschaftlichen Erkenntnis, den *âneries de l'humaine sapience*, spricht er mit souveräner Geringschätzung. Kopernikus habe jüngst, nachdem man Jahrtausende lang die Bewegung der Sonne gelehrt, die Lehre von der Bewegung der Erde begründet — 'wer weiß, ob nicht in tausend Jahren eine dritte Lehre die beiden vorangehenden umstürzen wird? und was werden wir daraus anderes zu entnehmen haben, als daß es uns gleichgiltig sein soll, welche der beiden Lehren recht hat?' Mit der Möglichkeit der Erkenntnis bestreitet er auch den Wert wissenschaftlichen Strebens: *Oh, que c'est un doux et mol chevet et sain que l'ignorance et l'incuriosité à reposer une tête bien faite!* Er unternimmt einen förmlichen Feldzug zu ihrem Ruhme. Das Wissen vermehrt weder unser Lebensglück noch unsere Lebenstüchtigkeit. Von den beiden gelehrtesten Männern des Altertums, dem Griechen Aristoteles und dem Römer Varro, sei uns nicht bekannt, daß sie *aucune particulière excellence en leur vie* gehabt hätten. Die größte Summe von Lebenstüchtigkeit jeder Art finde sich nicht bei den Gebildeten, sondern bei den Unwissenden, und beredte Seiten schreibt er zum Preise der *pauvres gens* mit ihrer alles erhaltenden, gleichmäßigen und klaglosen Arbeit. Montaigne ist human, mitleidvoll; er ist der erste, der seine Stimme gegen die Folter erhebt. Er teilt die Menschen nach ihrem Wissen in drei Klassen (I, 54): Erstens die völlig Ungebildeten mit ihrer *ignorance abécédaire*. Zweitens die wahrhaft Weisen, die nach allen Bemühungen um Erkenntnis einsehen, daß sie nichts wissen noch wissen können: *l'ignorance qui se sait, qui se juge.* Diese beiden Menschenklassen sind, in ihrer Bescheidenheit, gute Staatsbürger und Christen, *qui, par obéissance, croient simplemènt et se maintiennent sous les lois.* Sie sind *une carte blanche, préparée à prendre du doigt de Dieu telles formes qu'il lui plaira d'y graver* (II, 12). Die Menschen der dritten Klasse aber, die sogenannten Gebildeten, das sind die Bastarde *(métis)* der Gesellschaft, die gefährlichen und unzufriedenen Ruhestörer der Welt, die alles besser wissen und besser machen wollen, *esprits surveillants et pédagogues des causes divines et humaines.* Das 'wissen wollen' ist die Krankheit des Menschen: *du cuider naît tout péché.* Also: *Il nous faut abêtir pour nous assagir. Abêtir* wird das Wort Pascals sein.

Montaigne ist der Rousseau des XVI. Jahrhunderts. Wie dieser dem wissensstolzen Geschlechte der Aufklärung die Verderblichkeit des Denkens predigt, so Montaigne dem wissensfreudigen Geschlechte der Renaissance. Und wie Rousseau preist er den glücklichen Naturzustand der Wilden (I, 30) und der Bewohner eines Pyrenäentales (II, 37), dem leider kürzlich die Verderbnis der Zivilisation, die ein Jurist und ein Arzt dorthin brachten, ein jähes Ende bereitet habe. Der Menschengeist ist ein 'gefährlicher Vagabund', der überallhin Unglück bringt, und kein Pferd hat 'Scheuleder' nötiger als er: *On a raison de donner à l'esprit humain les barrières les plus contraintes qu'on peut; en l'étude, comme au reste, il lui faut compter et régler ses marches*, um ihn zu verhindern, sich persönliche Ansichten zu bilden, die über die allgemein herrschenden, traditionellen Meinungen (*opinions communes*, II, 12; I, 22) hinausgehen. Eine Quelle solcher verhängnisvoller persönlicher Meinungen liegt in den Bibelübersetzungen, durch welche die Diskussion über die heilige Schrift in den Bereich der Laien gerückt worden sei. Die katholische Kirche habe sehr recht getan, diese Profanierung der Glaubensmaterien zu verurteilen. *L'ignorance pure et remise tout en autrui* [= Autoritätsglaube] *était bien plus salutaire et plus savante que n'est cette science verbale et vaine, nourrice de présomption et de témérité* (I, 52).

Montaigne ist ein Gegner des *libre examen.* Er spricht sich nicht näher über die Mittel aus, mit denen dieser Geisteszwang zu erreichen wäre — aber den Geisteszwang predigt er. Das ist die Lehre eines durch die Gärung seiner Zeit erschreckten, ruheliebenden Menschen. Wie weit sind wir hier vom Geiste der Renaissance entfernt! Es beginnt mit Montaigne die Reaktion des XVII. Jahrhunderts, in welchem an Stelle der freien Forschung die Herrschaft der unpersönlichen *opinions générales,* der Autorität, treten wird.

Um dieser Autorität willen akzeptiert er die christliche Offenbarung und den Ausdruck, den diese Offenbarung in den Dogmen der römisch-katholischen Kirche gefunden, in welcher er geboren ist und in welcher er sterben will. Der *autorité de leur censure* unterwirft er sich in theologischen Fragen bedingungslos (I, 56), und gerade diese verschärften Versicherungen seiner Kirchlichkeit sind Zusätze der spätern Zeit. Er ist ein Feind aller Neuerungen, die ja nur Beunruhigung schaffen. Er ist Katholik aus

Ruhebedürfnis. '*Ainsi me suis-je, par la grâce de Dieu, conservé entier, sans agitation et trouble de conscience, aux anciennes créances de notre religion, au travers de tant de sectes et de divisions que notre siècle a produites*' (II, 12). Er verurteilt die Reformation als eine anmaßliche Ruhestörung, d. h. ausschließlich als eine Verletzung irdischer Interessen. Überhaupt behandelt er die Frage des Glaubens immer nur beiläufig und ohne Wärme. Gläubigkeit und Rechtschaffenheit sind für ihn ganz verschiedene Dinge (III, 12). Nirgends herrscht bei ihm religiöse Stimmung. Eine besondere Vertrautheit mit der Bibel zeigt sich nicht.

So verbindet Montaigne mit seinem Zweifel an der Möglichkeit vernunftgemäßer Erkenntnis eine bedingungslos aber nichts weniger als inbrünstige Unterwerfung unter die Offenbarung im Sinne der katholischen Kirche.

Und darin ist er ein Gegner der Renaissance.

Aber von jenem alles umfassenden Zweifel, zu dem er unter ausdrücklicher Berufung auf die Pyrrhonianer sich bekennt, nimmt Montaigne, dem von ihm hochverehrten Sokrates folgend, zwei Dinge aus: den Glauben an Gott und die Überzeugung vom Werte irdischer Lebenskunst (*la science qui traite des mœurs et de la vie*, II, 12). Jener Glaube führt seine Blicke aufwärts, diese Überzeugung leitet sein Auge erdenwärts. Pascal ungleich, der über den inbrünstigen Blicken, die er auf den Himmel richtet, die Rechte des Erdenlebens, mittelalterlich, mißachtet, ist Montaigne — hier öffnet sich die Kluft, welche die beiden Männer scheidet — hauptsächlich darauf bedacht, diese irdischen Rechte wahrzunehmen.

Und hierin ist er ein Kind der Renaissance.

Montaigne glaubt an eine gütige Gottheit, die sich in der Natur offenbart (*ce grand et tout-puissant Donneur*) und 'die den Dienst, den die Menschen ihr widmen, freundlich aufnimmt, welche Form er auch annehme, welchen Namen er auch trage' (II, 12). Montaigne ist Deist. Das letzte Wort seiner *Essais* gilt dem *Dieu protecteur de santé et de sagesse, mais gaie et sociale*, der heitern, lebenbejahenden sokratischen Gottheit. Das ist sein Glaube. Sein Katholizismus ist seine Politik. *Le sage doit au-dedans retirer son âme de la presse et la tenir en liberté et puissance de juger librement des choses. Mais quant au-dehors, il doit suivre entièrement les façons et formes reçues .... les opinions communes* (I, 22).

Die irdischen Interessen fesseln seine Aufmerksamkeit fast ausschließlich, und das ergrimmt Pascal so sehr. Das Erdenleben — *c'est notre être, c'est notre tout* (II, 3). Leben, ruft er uns zu *c'est non seulement la fondamentale mais la plus illustre de vos occupations* (III, 13). Unerschöpflich ist er in der Formulierung seines Hauptgegenstandes: *méditer et manier notre vie — la plus grande besoigne de toutes* (III, 13). *Vivre est le métier que je lui veux apprendre*, wird nach Montaigne Rousseau von seinem Emile sagen.

In seiner praktischen Morallehre ist Montaigne ein Schüler der Alten. Er ist heidnisch. Er glaubt an die Güte der Natur. Er betrachtet den Menschen wesentlich als physischen Organismus und behandelt mit Vorliebe *l'égalité et correspondance de nous aux bêtes* (I, 20). Den Menschen unterscheidet vom Tier nur die unselige Denkkraft, welche die Quelle seines Dünkels und seines Zivilisationsunglücks ist — im übrigen: *pareils effets, pareilles facultés* (II, 12). Also soll der Mensch sich nicht über die Natur erheben wollen, sondern ihr folgen. In der Natur liegt höchste Lebensweisheit; in jedem unverdorbenen Menschen findet sich deren Keim. Die Stimme dieser 'süßen Führerin' Natur rein zu vernehmen, muß unser Streben sein. Sie lenkt uns durch den Trieb zur Freude: *le plaisir est notre but* (I, 19; hier wird Lamettrie sich auf Montaigne berufen). Nach dieser Lust streben unsere berechtigten Affekte. Tugend besteht in einem naturgemäßen Leben: die Tugend ist also *qualité plaisante et gaie* (III, 5). Unsere das natürliche Leben einschränkenden Sittengesetze sind nicht natürlichen Ursprungs, sondern konventionell: *Les lois de la conscience, que nous disons naître de nature, naissent de la coutume* (I, 22).

Montaigne bewundert die, welche, wie Sokrates, in der *raison naturelle* die Kraft finden, ihre Affekte mit dem Willen zu beherrschen. Diese Disziplinierung unserer Lebenstriebe — nicht aber die gewalttätige Askese, die er haßt und deren Vertretern er mißtraut — ist sein Ideal. Wie enthusiastisch spricht er von ihren Heroen im Altertum! Vertrauensvoll glaubt er an menschliche Tüchtigkeit und, Larochefoucauld zum voraus bekämpfend, eifert er gegen die, welche den Ruhm großer Taten zweifelnd herabsetzen (I, 36). Freilich erklärt er, daß er selbst diese Disziplinierung der Lebenstriebe nicht geübt habe: *je n'ai pas corrigé par la force de la raison mes complexions naturelles — je me laisse aller, comme je suis venu; je ne combats rien*, und leider (fügt er hinzu) *le lait de ma nourrice a été médiocrement sain et tempéré* (III, 12). So kämpft er z. B. nicht gegen seinen Hang zur Bequemlichkeit (*ce naturel poisant, paresseux et fainéant* (II, 17). Er erzählt naiv, wie er die Sorgen der Wirtschaftsführung, die ihm lästig sind, andern überläßt und lieber betrogen als mit Rechnen behelligt sein will (III, 9). Doch glaubt er, sich das Zeugnis ausstellen zu können, daß er bei diesem kampflosen Lebensgenuß, bei dieser Ataraxie, sich ernsten Verpflichtungen gegenüber seinen Mitmenschen nicht entzogen und die Schranken der Ehre respektiert habe. *C'est une absolue perfection et comme divine de savoir jouir loyalement de son être* (III, 13). Seine Moral ist individualistisch.

Durch diese Auseinandersetzungen ziehen sich, wie ein roter Faden, Todesbetrachtungen. Auch sie sind recht heidnisch. Der Tod wird aufgefaßt, nicht als Eingang zu einem neuen Leben, sondern als Krönung eines naturgemäßen irdischen Daseins.

Wer, wie Montaigne, die praktische Moral als das einzige würdige und fördernde Erkenntnisgebiet betrachtet, der muß für die Erziehung ein besonderes Interesse haben. Pädagogische Erörterungen nehmen denn auch in den *Essais* einen breiten Raum ein. Montaigne wünscht für die Jugend eine Leitung, die mehr auf Kräftigung des Willens und Abhärtung des Körpers abzielt, als die, unter der er einst gestanden (I, 25). Die zeitgenössischen Schulen sind ihm ein Greuel, einmal wegen ihrer Roheit, dann wegen ihrer Überschätzung des Buchwissens (*suffisance livresque* I, 24), bei dem man *virtus* deklinieren, aber nicht lieben lernt (II, 17). Er tritt der philologisch-archäologischen Gelehrsamkeit seiner Zeit entgegen. Lateinisch und Griechisch wird in langjährigem Unterricht zu teuer erkauft; Kenntnis moderner Sprachen sollte in erster Linie erworben werden (I, 25). Der wahre Unterricht wird, vielmehr als die Fülle des Wissens, beim Schüler die Bildung des Urteils (*il ne lui apprendra pas tant les histoires qu'à en juger)* und der Lebenstüchtigkeit erstreben. *Nous nous enquérons volontiers: Sait-il du grec ou du latin? Écrit-il en vers ou en prose? Mais s'il est devenu meilleur ou plus avisé — c'est ce qui demeure derrière.* Und doch: *Toute autre science est dommageable à celui qui n'a la science de la bonté* — ganz wie es Ariost von dem Lehrer sagt, den er von Bembo für seinen Sohn wünscht:

Dottrina abbia e bontà. Ma principale
Sia la bontà, chè non vi essendo questa
Nè molto quella, alla mia stima, vale.

Dieser positive, der Wissenschaft des Lebens gewidmete Teil der *Essais* enthält eine geist- und weisheitsvolle Diätetik des Leibes und der Seele. Man mag Montaigne's Teilnahme an den öffentlichen Interessen etwas flau und seinen Egoismus bisweilen etwas zu ausgesprochen finden. Sein Buch ist kein Buch für Schwärmer und wird Idealisten oft verletzen. Trotzdem muß sein Egoismus wesentlich als ein gesunder gelten. Er predigt einer Zeit, da alle sich in alles mischten und jeder ein gewalttätiger Zensor seines Nächsten war, daß der einzelne das Glück der Gemeinschaft am besten fördert, wenn er vor der eigenen Türe kehrt. Das mag zu allen Zeiten ein guter Rat sein: Niemand hat ihn so klar, so gescheit formuliert, wie Montaigne. Er ist selbst ein *protecteur de santé et de sagesse, mais gaie et sociale.*

Montaigne war ein unermüdlicher Leser und Kompilator. Gegen 100 Werke bilden, so viel wir heute sehen, die gedruckten Quellen seines Buches, an dem er kaum vor 1572 zu schreiben begonnen hat. Ein systematisches Studium seiner Lesefrüchte und seiner Anspielungen hat ergeben, daß er für seine 107 *Essais* im Drucke wesentlich die chronologische Reihenfolge beibehalten hat, und daß seine Gedanken im Zusammenhang mit seiner Lektüre mancherlei Wandelungen durchgemacht haben. Und wenn er den früheren *Essais* aus spätern Gedankengängen heraus Zusätze machte, so hat er es dabei auch mit Unebenheiten leicht genommen.

Das erste Buch und der Anfang des zweiten stammen aus den Jahren 1572 und 73, einer Periode des Stoizismus, in welcher besonders Seneca und Plutarch seinen Gedanken vorstehen. Plutarch ist übrigens auch später ein bevorzugter Begleiter geblieben. Hat er ihn doch rund 400 Mal zitiert.

Dann durchlebt Montaigne unter der Führung des Sextus Empiricus und in Begleitung des Pico della Mirandola, des Agrippa von Nettesheim u. A. eine Zeit des Skeptizismus, dessen Denkmal die *Apologie de R. Sebond* (II, 12) ist (Mitte der siebziger Jahre). Aus dieser akuten Krise, die er überwindet, bleibt ihm mit dem Gefühl der Unsicherheit seines Urteils eine große kritische Vorsicht.

Jetzt erhebt er sich zu größerer Selbständigkeit. Er kommt

zur Schilderung seiner eigenen Persönlichkeit und schließt das zweite Buch mit Kap. 15—37. (1577—80).

Nach einer längeren Pause schreibt er 1586—88 das dritte Buch, das eigentliche Ich-Buch. Inzwischen haben die Werke des Plato und damit die Figur des Sokrates Macht über ihn gewonnen. Auch in den Lesefrüchten der letzten Jahre herrscht noch Plato, und Montaigne, der den Cicero früher so gering geschätzt, studiert und exzerpiert jetzt eifrig dessen philosophische Schriften. So illustriert er selbst des Menschen Wandelbarkeit.

Wir sehen also, wie Montaigne zunächst den bequemen und wenig originellen Weg der Vulgarisation antiker Gedanken betritt, wie er dann von dieser etwas sterilen Arbeit zur persönlichen Formulierung einer praktischen Morallehre kommt, und wie der Alternde wieder zur unselbständigeren Sammeltätigkeit der Lehrjahre zurückkehrt. —

Montaignes literarisches Interesse galt in erster Linie den Historikern und Moralisten; dann auch der Poesie, an der er namentlich den nach Form und Inhalt gedrungenen epigrammatischen Ausdruck schätzt. Der regelsüchtigen Poetik der Zeit gegenüber behauptete er, daß die wahre Poesie nicht nach Kunstvorschriften beurteilt werden dürfe: *elle est au-dessus des règles et de la raison; quiconque en discerne la beauté d'une vue ferme et rassise, il ne la voit pas, non plus que la splendeur d'un éclair: elle ne pratique point notre jugement, elle le ravit et le ravage* (I, 36). Wer solch freie Ansichten von der Dichtkunst hat, hat auch für die Volkspoesie Verständnis. Montaigne rühmt ihre der Schönheit der Kunstpoesie ebenbürtige Anmut und ihre Natürlichkeit (I, 54). Alle Schönrederei ist ihm verhaßt: *l'éloquence fait injure aux choses — je veux que les choses surmontent* (I, 29). Ciceros Phrasen und die Geziertheiten der zeitgenössischen Dichter sind ihm zuwider (II, 10). Er verurteilt nicht nur die *fantastiques élévations espagnoles et pétrarquistes,* sondern lehnt ja auch den Neologismus ab: es handle sich weniger darum, neue Wörter einzuführen, als darum, die bestehenden in neuem, metaphorischem Gebrauch zu üben und sie so mit neuem Gehalte zu erfüllen (III, 5). Und wie trefflich hat er selbst diese Kunstübung verstanden! *Le parler que j'aime c'est un parler simple et naïf, tel sur le papier qu'à la bouche, un parler succulent et nerveux, court et serré, non tant délicat et peigné comme véhément et brusque . . . déréglé, décousu et hardi* (I, 29). Grammatische Vorschriften verwirft er: *ceux qui veulent combattre l'usage par la grammaire se moquent* (III, 5). Deshalb geht er keiner Wendung aus dem Wege, die *enmi les rues françaises* (III, 5) oder *aux halles de Paris* (I, 29) gebraucht wird und auch der Dialekt ist ihm recht: *que le gascon y arrive, si le français n'y peut aller.* Seine Darstellung ist mit Gascognismen durchsetzt, die dann in der posthumen Ausgabe von 1595 reduziert erscheinen.

Montaigne ist ein großer Künstler des Wortes. Wie er in der ganzen Anlage seiner *Essais* die Art des Plauderns nachahmt, so auch in seiner Redeweise. Er sucht das gesprochene Wort festzuhalten. Gewiß gelingt ihm dies nicht immer. Es ist sein Satz manchmal von schwerfälligem Latinismus und mit Parenthesen überladen, namentlich in seinen Anekdoten, die mit dem antiken Inhalt die antike Periode bewahrt haben. Doch überwiegt sonst der kurze, gedrungene, gesprochene Satz, den der Setzer freilich durch schwerfällige Interpunktion — *je ne me mêle ni d'orthographe ni de ponctuation* (III, 9), — dem lesenden Auge verhüllt hat. Die Lebendigkeit und Frische dieser persönlichen Redeweise wird gekrönt durch die originelle, kräftige und heitere Bildlichkeit des Ausdrucks, die durch das ganze Werk geht. So ist der reiche Inhalt des *Essais* in eine reiche Form gegossen.

Die *Essais* sind so wenig wie der *Pantagruel* ein Buch der Frauen. Montaigne lehnt es ab, auf den Geschmack von Leserinnen Rücksicht zu nehmen und behandelt das Weib in seiner Darstellung geringschätzig. Durch eine Ironie des Schicksals ist er selbst und sein Buch schließlich in den Bann einer *femme savante*, des Fräulein von Gournay, geraten. —

In wissenschaftlichen und metaphysischen Dingen verlangt Montaigne forschungslose Unterwerfung unter die Führung der kirchlichen Überlieferung: eine Lehre der Unfreiheit.

Seine ganze Neugier richtet sich auf die Fragen der praktischen Moral, in deren unermüdlicher Erörterung er sich unter die Führung des Altertums stellt: eine Lehre der Befreiung.

Diese widerspruchsvolle und nicht selten verletzende Mischung fesselte Zeitgenossen und Nachwelt durch die originelle Persönlichkeit, die sie vertritt: *Il prend plaisir de déplaire plaisamment* (Pasquier, *Lettres* XVIII, 1).

Ist Rabelais der Repräsentant des machtvoll sich erhebenden Renaissancegedankens, so mischt sich in Montaigne das Heidentum der Renaissance mit dem Katholizismus der Gegenreformation.

Mit Rabelais sprengt die Renaissance die Hülle der mittelalterlichen Autorität und erhebt triumphierend ihr Haupt. Da kommen die Religionskriege und brechen ihren Mut, und mit Montaigne beugt sie sich von neuem der Autorität.

Rabelais steht am Ausgang des Mittelalters — Montaigne an der Schwelle des XVII. Jahrhunderts. —

Zu den Originalausg. der *Essais* cf. Le Petit, p. 99—103. — *Essais, texte original de 1580 avec les variantes des éditions de 1582 et 1587*, publié p. R. Dezeimeris et H. Barckhausen, 2 vol., Bordeaux 1870—73. *Essais, publiés d'après l'édition de 1588 avec les variantes de 1595* p. H. Motheau et D. Jouaust, 7 vol., Paris 1886—89, wovon jetzt billigerer Neudruck in Flammarion's *Nouvelle bibliothèque classique*. — Die Ausg. v. 1595 reproduzieren genau E. Courbet und Ch. Royer, 5 vol., Paris 1872—1900. Der fünfte Band enthält die biographische und bibliographische Einleitung sowie die Varianten der Ausgaben von 1580, 82, 87, 88 und der Marginalien Montaignes zum Exemplar v. 1588 der Bibliothek zu Bordeaux; cf. Bonnefon in *Rhl.* III, 82 ff. Eine Seite dieses durchschriebenen Handexemplars ist abgebildet in Suchier u. Birch-Hirschfeld, *Gesch. der franz. Literatur*, 1900, p. 342. Jetzt liegt das Ganze in Reproduktion vor: *Reproduction en phototypie de l'exemplaire avec notes manuscrites marginales des Essais de M. p. avec une introduction* p. F. Strowsky, Paris, Hachette, 3 vol. 1912 (1023 phot. Tafeln). Die definitive Ausgabe der *Essais* besorgt jetzt Strowsky für die Stadt Bordeaux *(Edition municipale): Les Essais de M. de M. publiés d'après l'exemplaire de Bordeaux, avec les variantes manuscrites et les leçons des plus anciennes impressions, des notes, des notices et un lexique.* Bordeaux, I. Band 1906; II, 1909. Im Ganzen sollen es vier Bände werden. Die meisten neueren Drucke beruhen auf der von J.-V. Le Clerc, Paris 1826, veranstalteten und kommentierten fünfbändigen Ausgabe. — Neudruck des Reisetagebuchs durch A. d'Ancona, *Journal du voyage de M. de Montaigne*, Città di Castello 1895, (dazu Picot, *Fr. ital.* II, 201) und durch L. Lautrey, Paris, Hachette, 1906. — G. Richou, *Inventaire de la collection des ouvrages et documents réunis par le Dr. J.-F. Payen et J. Bastide sur Montaigne*, Paris 1878. — P. Bonnefon, *Montaigne, l'homme et l'œuvre*, Bordeaux 1893 (vermehrter Neudruck 1898 unter dem Titel: *Montaigne et ses amis*), cf. *Rhl*, V, 647; von dems. *La bibliothèque de M.* in *Rhl.* II, 313—371. P. Stapfer, *Montaigne (Gr. Ecr.)* 1895. E. Champion, *Introduction aux 'Essais' de Montaigne*, Paris 1900. G. Norton, *Studies on Montaigne*, 2 vol., New York 1904, cf. dazu und zu weiterem P. Villey in *Rhl.* XII, 517—22; XIV, 713—27. F. Strowsky, *Les grands philosophes: Montaigne*, Paris 1906. P. Villey, *Les sources et l'évolution des 'Essais' de M.*, 2 vol., Paris 1908. Ders. *Les livres d'histoire moderne utilisés par M.*, Paris 1908. Cf. Montaigne's Randglossen zu Nic. Gilles' Franz. Geschichte (1562) in *Rhl.* XVI (1909) und XIX (1912); *Jahresbericht* XI, II, 155—62.

Zur Verstimmung wegen der Beförderungsverhältnisse: *RRen.* XII, 178. — Zu Montaigne's Bibliothek: *Rhl.* XVII (1910) p. 335 ff. — Zum Text der posthumen Ausgabe von 1595 cf. *Modern lang. notes*, XX (1905) p. 243.; *Rev. de philologie française* p. p. L. Clédat XXIV, 52. — M. Schiff, *La fille d'alliance de Montaigne M. de Gournay*, Paris 1910 (*BR.* X). — Zur Auffassung der *Apologie* cf. P. Villey, *Les sources* I, 363 ff.; II, 182 ff. — Kopernikus in der franz. Literatur des 16. Jahrh., cf. *Rev. du XVIe siècle*, I, 220ff. — M. und Pico's della Mirandola *Examen vanitatis doctrinae gentium* (gegen 1510): *B. ital.* V, 309ff. — Agrippa's *De incertitudine et vanitate scientiarum*, 1527; cf. F. Mauthners Übersetzung und Biographie in seiner *Bibliothek der Philosophen*, 2 vol., 1912. — Die genauere Verteilung der *Essais* auf die verschiedenen Perioden bei Villey, *Les sources* I, 286ff. — M. und die Bibel, *ib.* I, 78. — Zu Rabelais' Einfluß auf M. cf. *RRab.* VII, 508. — Zu M.'s Einfluß auf die Nachwelt: Pascal (*Rhl.* XIV, 361); die Engländer (*Rev. du XVIe siècle* I, 190ff.).

Zum Stil cf. Lanson, *L'art de la prose*[5], Paris 1908, p. 39—54.

45. In seinem Freunde, dem streitbaren Theologen Pierre Charron (1541—1603), hat Montaigne einen gelehrigen Schüler, eine Art Eckermann gefunden. Nachdem derselbe 1593 eine *Les trois vérités* betitelte Schrift veröffentlicht, in der er gegen die Atheisten den Gottesglauben, gegen die Heiden das Christentum und gegen die Protestanten (Du Plessis-Mornay) das katholische Bekenntnis verteidigte, ließ er 1601 seine drei Bücher *De la sagesse* erscheinen, ein Laienbrevier der Lebensweisheit. Es ist, wenig originell, mit Hilfe der *Essais* und anderer Bücher (wie Du Vair's und Bodin's, cf. I. cap. 65) verfaßt (*'quêté par ci par là'*), die, wie der Autor naiv erklärt, wörtlich ausgeschrieben werden. An die Stelle der subjektiven, freien Darstellung der *Essais* tritt dabei die systematisch doktrinäre. Der heitere Philosoph der *Essais* wird zum trockenen aber auch dezenten Professor. Wo der elegante Montaigne plaudernd Anregungen säet, da redet Charron wie ein Schulmeister auf uns ein. So trennt eine Kluft Charrons Alltagsschriftstellerei von Montaigne's origineller Kunst; aber die Weltanschauung der beiden Bücher ist dieselbe. Charron bekennt sich zu Montaigne's Skeptizismus (II, cap. 2), seiner naturalistischen Moral (II, cap. 3) und seinem Deismus. Er erklärt *que la vérité n'est point de notre acquêt, invention ni prise . . . que nous ne savons rien; qu'il n'y a rien en nature que le doute, rien de certain que l'incertitude* (II, cap. 2). Mit dem Skeptizismus — *il n'y aura jamais d'hérésies, opinions triées, particulières, extravagantes; jamais Pyrrhonien ne sera hérétique* (ib.). Der Skeptiker ist eine *carte blanche.* So hat Charron über die Tür seines Pfarrhauses zu Condom die Inschrift meißeln lassen: *Je ne sais.* Er untersucht die natürlichen Grundlagen der menschlichen Sittlichkeit, und wenn z. B. Montaigne einmal beiläufig sagt, *qu'il y a une distinction énorme entre la dévotion et la conscience* (III, 12), so führt Charron breit und nicht ohne Beredsamkeit aus, wie die Tugendhaftigkeit nicht nur ohne Frömmigkeit bestehen könne,

sondern wie sie häufig durch eine fanatische oder lohnsüchtige Gläubigkeit geschädigt werde: *Je veux que tu sois homme de bien, quand bien tu ne devrais jamais aller en paradis, mais pour ce que nature, la raison (c'est à dire Dieu) le veut, pour ce que la loi et la police générale du monde le requiert ainsi* (II, cap. 5). Auf natürliche Ursachen wird im nämlichen Kapitel auch unsere Zugehörigkeit zu einem bestimmten Bekenntnis zurückgeführt: *la nation, le pays, le lieu donne la religion — l'homme sans son su est fait Juif ou Chrétien, à cause qu'il est né dedans la Juiverie ou Chrétienté,* eine Stelle, die Rousseau im *Emile* zum Glaubensbekenntnis des savoyischen Vikars zitiert. Die Religion selbst ist göttlichen Ursprungs, aber sie wird gehalten und überliefert von menschlichen Händen. Der wahrste Gottesdienst scheine der zu sein, der, *sans grande opération externe et corporelle, — sans prescription de son service — retire l'âme au-dedans et l'élève par pure contemplation;* der also in der Gottheit ohne nähere Umschreibung die unerschöpfliche Güte, Vollkommenheit und unfaßbare Unendlichkeit erkennt und verehrt. Dieser Gottesdienst könne freilich nur das Privileg der Weisesten sein. Das Christentum, das sich an alle wende, nehme auch körperliche gottesdienstliche Handlungen zu Hilfe, *dont est mieux établi et plus durable.*

Das sind gewiß alles Montaignesche Gedanken, die sich hier rückhaltloser als in den *Essais* ausgesprochen finden. Das liegt in der Natur systematischer Darstellung und wurde gefördert durch die ruhiger gewordenen Zeiten. Aber wie Charron hier vielfach schärfer spricht als Montaigne, so betont er auch nachdrücklicher als dieser die Offenbarung als Ergänzung des menschlichen Nichtwissens und die Forderung des Glaubens. Weise nach seinem Sinn ist, wer Rechtschaffenheit mit wahrer Frömmigkeit verbindet. Was das 'Detail des Glaubens und des Kultus' anbelangt, so hat der Weise — Charron beruft sich hier nachdrücklich auf die Glaubenslehre seiner *Trois Vérités* — sich der uralten, weltumspannenden katholischen Überlieferung zu unterwerfen, *sans s'embrouiller en nouveauté ou opinion triée et particulière.*

Von den Formen, welche die Gottesverehrung bei den Menschen angenommen, ist auch für Charron die katholische die, welche die meiste Autorität hat: dieser großen, alten Kirche gehört er aus Gewöhnung und Sympathie an. Er ist Katholik. Sein Katholizismus ist wortreicher als der Montaigne's, wie sich's vom Priester begreift. Er schlägt die Stola fester um seinen Deismus. Die

Schuld an den blutigen Religionszwisten trägt der Vernunftstolz der Menschen, die an der Kirche der Väter rüttelten: Die anmaßliche *opinion particulière* ist der Feind! Als ein Feld der Vereinigung der getrennten Brüder denkt sich Charron die irdische Lebensweisheit, mit welcher er, tolerant, gute Bürger, *citoyens du monde* (II, 2), bilden will.

Charron vollzieht an dem ungebundenen Montaigne gleichsam die Arbeit des Klassizismus: er unterdrückt das *Ich*, meidet die Zynismen, bringt Regel und Ordnung in die Materie und stellt das Lehrhafte in den Vordergrund. Das Buch hatte einen großen Erfolg. Die Sorbonne verurteilte es. Charron machte sich daran, die angefochtenen Stellen zu mildern, *pour fermer la bouche aux malicieux et contenter les simples*. Doch starb er über der Drucklegung dieser neuen Ausgabe.

Mehr als Charron betont der Moralist Guillaume du Vair den religiösen Standpunkt. Allerdings übersetzt er Epiktet (1585) und schreibt *De la philosophie morale des stoïques* (1599). Aber er hat auch eine *Sainte philosophie* verfaßt (1588?) sowie Meditationen über Propheten, Psalmen und Hiob. Die Grundlage seiner Philosophie ist christlich; was er von der antiken Moral herübernimmt, sind Gemeinplätze des Stoizismus. Das bekannteste Denkmal dieser Weltanschauung ist sein *Traité de la constance et consolation ès calamités publiques* (1594), drei Gespräche, die er mitten im Bürgerkrieg (1589) mit einigen Freunden hält. Du Vair's Schriften verraten eine tüchtige Gesinnung. Seine Beredsamkeit wird leider nicht selten zur Rhetorik. Er führt schon ins 17. Jahrhundert hinüber durch seine Sorge für die Form, durch die Banalität des Inhalts seiner sorgfältig gebauten Perioden und dadurch, daß die Moral des heidnischen Altertums, das Reden von 'Schicksal', 'Natur', nur noch als rhetorisches Ornament christlicher Philosophie erscheint. Du Vair zeigt schon das ornamentale Heidentum des 17. Jahrhunderts.

Die protestantischen Moralisten lehnen die Hilfe der antiken Philosophie grundsätzlich ab und bauen ihre Lehren auf die Bibel.

So erhebt sich gegen die 'Epikuräer', welche die Natur zur Lehrmeisterin der Menschen machen wollen, der tapfere Hugenottenführer François de la Noue (1531—1591) in den *Discours politiques et militaires* (1587), die er während seiner Gefangenschaft auf Schloß Limburg schrieb. Diese sechsundzwanzig *Reden* handeln von politischen, ökonomischen, moralischen, militärischen Dingen.

Die letzte stellt die Kriege der Jahre 1562—1570, Condé's und Coligny's, dar, welche der Verfasser mit seltener Bescheidenheit und Unparteilichkeit erzählt *(Observations sur plusieurs choses advenues aux trois premiers troubles)*. Diese *Observations* sind eine Quelle de Thou's geworden. La Noue ist von inbrünstiger Gläubigkeit, aber duldsam, ein wahrhaft guter Mensch. Die Gegner, die er mit Waffen oder Worten bekämpfte, der wilde Monluc und der humane Montaigne, sind einstimmig im Lobe seiner Gesinnung und seiner Handlungsweise. Die *Reden*, mit welchen er die Rettung seines unglücklichen Vaterlandes zu fördern beabsichtigt, sind ohne gelehrten Aufputz, einfach, aber kräftig geschrieben. In seine christlichen Betrachtungen mischen sich indessen auch Lesefrüchte aus Plato und Aristoteles. Trotz der calvinistischen Strenge, mit der er gegen die weltliche Vergnügungssucht und nicht zum wenigsten gegen die Amadisromane eifert, zeigt er Humor und ist ihm Rabelais nicht verhaßt. —

Aus dem Lager der Protestanten und der Katholiken schallt es am Ende des Jahrhunderts wie ein Echo der Verse Margaretes:

O Cuyder! tu affolles
Par ton orgueil le cœur!

Wie am Ende des neunzehnten Säkulums wird die *faillite de la science* verkündet und heißt es: der Feind ist die anmaßliche Vernunft — unterjocht sie! Diese Lehre hatte Frankreich sich in einem halbhundertjährigen Bürgerkrieg erkauft.

In seinem *Triomphe de la foi* (1573) hat Du Bartas sie in Verse gebracht. Als Sklavin schreitet dem Siegeswagen der Glaubensgöttin voran

Cette-ci que Raison sans raison l'homme appelle,

und die seine Verführerin ist:

Armant ores les rois et leur mettant en tête
Que rien ne sied si mal à la gloire d'un roi
Que soumettre son sceptre au sceptre de la foi
Et rendre sa grandeur d'autre grandeur sujette;

Or enflant de venin ceux que l'aveugle monde,
Charmé par leurs discours, met au rang des savants;
Qui, dis-je, ont dépendu beaucoup et d'huile et d'ans
Pour guider les humains sous la nuit plus profonde.

Elle a, comme la foi, des plumes aux aisselles,
Mais soudain qu'elle veut, d'un vol audacieux,
Comme le Crétéan, s'approcher trop des cieux,
Phébus fond de ses rais la cire de ses ailes.

Les trois vérités contre tous athées, idolâtres, juifs, mahométans, hérétiques et schismatiques, Bordeaux 1593, anonym. — *De la sagesse livres trois* p. P. Charron, Bordeaux 1601; 2. Aufl. 1604; 3. Aufl. 1607 mit den Varianten von 1601. Seither oft gedruckt, zuletzt wohl von Lefèvre, Paris 1836. Gesamtausg. der Werke Charron's, 3 vol., Paris 1820. — Über Charron handeln Ch. Sorel, *Bibliothèque française*, 1664 p. 79ff., Vinet, Bonnefon, Stapfer, cf. § 44, *Rhl.* II, 627 und VII, 284—96 (*Charron plagiaire de Montaigne*). — *Lettres de P. Charron* in *Rhl.* I, 308.

Zu Du Vair cf. § 40. Zur Bibliographie seiner philos. und religiösen Schriften, deren Chronologie vielfach unsicher ist cf. Radouant in *Rhl.* VI, 72ff. und Giraud ib. XIII, 317ff. Die Strömung des Stoizismus in Frankreich behandelt F. Strowsky, cf. *Rhl.* XIV (1907) 361ff.

H. Hauser, *Fr. de la Noue*, Paris 1893; cf. *Rev. hist.* LIII, 301. A. Neyret, *Fr. de la Noues Reden*, Doktordiss., Halle 1897. — Zu Du Bartas cf. § 54.

46. In einem Gasthaus an der Heerstrasse, die von Poitiers nach Norden zieht, soll im Jahr 1547 der Zufall zwei junge Edelleute zusammengeführt haben, die, weitläufige Verwandte, auf der gemeinsamen Weiterreise einen Bund fürs Leben schlossen: Pierre de Ronsard aus dem Vendômois und Joachim du Bellay aus dem Anjou. Sicher ist, daß die zwei fast gleichaltrigen Dichter damals einen gemeinsamen Pariser Bekannten hatten, J. Peletier, in dessen erstem Gedichtband von 1547 sie mit poetischen Beiträgen vertreten waren (cf. § 25). Er erscheint als der literarische Pathe der beiden Jüngeren. Diese Beiden waren feine Poetennaturen, voller Begeisterung für die vorbildliche Kunst des Altertums. Beiden hatte ein tückisches Leiden Schwerhörigkeit gebracht und sie so vom leichten Verkehr mit der Außenwelt weg auf sich selbst gewiesen, wofür sie der *sainte et alme surdité* in ihren Versen danken.

Ronsard war 1525 auf Schloß La Possonnière in der Nähe von Vendôme als der Sohn eines Haushofmeisters Franz I. geboren. Schon mit elf Jahren wurde der Knabe der brutalen Zucht des *collège de Navarre* entzogen und zum Pagen gemacht. Zwei Reisen führten ihn zu längerem Aufenthalt nach Schottland und England. Später kam er in den Dienst des jungen Herzogs von Orléans. 1540 reiste er als Sekretär des Humanisten Lazare de Baïf und in Begleitung des Charles Estienne, der eben damals seine *Abusés* herausbrachte (§ 30), nach Hagenau, wo Baïf mit den Protestanten verhandeln sollte, unter denen sich auch Calvin befand. Schwerkrank kehrte Ronsard zurück, und als er sich erholt hatte, war der elegante Page gealtert und halb taub. Von höfischer Laufbahn konnte keine Rede mehr sein. Er entschloß sich zum Dienst der Kirche. Neunzehnjährig (1543) empfing er die Tonsur und nahm die unterbrochenen Gymnasialstudien wieder auf. Sein Vaterland hat er nicht mehr verlassen. Ronsard war in England und Deutschland und hat deren Sprache gelernt; Italien hat er nicht gesehen.

Für seine Studien findet er zunächst eine Stätte im Hause Baïfs, dessen 12jähriger Sohn Jean-Antoine mit ihm zusammen von dem Hellenisten Daurat in den alten Sprachen unterrichtet wird. Aus dieser gemeinsamen Arbeit entstand eine dauerhafte Freundschaft. Als im Dezember 1547 Daurat die Leitung des Collège de Coqueret auf der Montagne Ste-Geneviève zu Paris übernahm, folgte ihm auch das Freundespaar. Daurats Name zog viel studierende Jugend an, und das Collège nahm einen großen Aufschwung.

Fünf Jahre, 1544—49, dauerte für Ronsard diese arbeitsfreudige Lernzeit, erst im Hause Baïf, dann im Gymnasium, während derer der Reichtum der griechischen Literatur sich ihm erschloß und ihn zu Übersetzungen reizte.

Die letzten zwei Jahre hatte sein Freund Du Bellay mit ihm und Baïf geteilt. Dieser Angeviner war Träger eines vornehmen Namens. Du Bellay gehörte der wenig begüterten Seitenlinie einer mächtigen Familie an. Kränklich und früh verwaist, hatte er eine entsagungsvolle Jugend in seiner Heimat Liré an der bretonischen Grenze verlebt. Eben war er mit seinen juristischen Studien in Poitiers zu Ende gekommen, als sich zu ihm, dem Provinzialen, der höfisch gebildete, welterfahrene Ronsard gesellte, ihn nach Paris zog und ihn in Daurats Kreis einführte, einen Kreis, in dem der Gedanke lebte, die französische Dichtung in die Bahn der antiken zu lenken.

Dieser Kreis der Jungen nannte sich unter Ronsards Führung *la brigade* und diese Bezeichnung blieb dauernd im Gebrauch. Diese 'Modernen' waren so zahlreich, wie die Schülerschaft Coquerets. Es stellten sich auch unwillkommene Mitläufer *(une tourbe inconnue de serfs imitateurs)* ein, die Ronsard von sich abschüttelte. Er hält auf eine auserlesene Schar: fünf oder sechs, sagt er gelegentlich, doch nimmt er es, wenn er — zweimal —

ans Aufzählen geht, mit der Ziffer nicht so genau. Beidemale nennt er Baïf, Du Bellay, Jodelle und Tyard, die also mit ihm den eigentlichen Stock der *brigade* bilden. Das einemal, im Herbst 1553, fügt er dazu noch Des Autels und La Péruse, die eben mit literarischen Leistungen hervorgetreten waren; zwei Jahre später (1555) aber Belleau, der an einer Übersetzung der Anakreonteia arbeitete, und Peletier, der eben einen neuen *Art poétique* herausgebracht hatte. So schwankt Ronsard nach dem Eindruck der literarischen Tagesereignisse. Und als dann im Herbst 1556 Belleau's *Odes d'Anacréon* erschienen, da feiert er ihn in einer Ode als den, der zu der Schar der Auserlesenen *(brigade des bons)* gestoßen sei, um als Siebenter die Plejade voll zu machen. Den Ausdruck *Pléiade* hat Ronsard nur an dieser einen Stelle und nur im Vorbeigehen, als Metapher, gebraucht. Erst dadurch, daß seine Gegner ihn aufgriffen und Ronsard's Biograph Binet ihn verwendete, wurde *Pléiade* zur stehenden Bezeichnung und dann zum Terminus technicus der Literaturgeschichte, die ihn wohl auch beibehalten darf, vorausgesetzt, daß sie damit nicht einen geschlossenen Kreis von nur sieben Dichtern meint, sondern die kleine Schar derer, die nach Ronsard's Urteil mit ihm zusammen in den fünfziger Jahren führend im Kampfe für die neue literarische Kunst standen: die früh verstorbenen La Péruse († 1554) und Du Bellay († 1560), der bewährte Berater Peletier, der Mitschüler Baïf; weiter Jodelle und Belleau, sowie die beiden Burgunder Tyard und des Autels, die sich an der Lyoner Schule gebildet hatten und deren Einschlag mit nach Paris brachten. Daß andere wie Magny, Tahureau, Grevin von Ronsard in solchem engeren Zusammenhang nicht ausdrücklich genannt werden, ist Zufall.

Die 'Plejade' im strengen Wortsinne als eine ziffermäßig beschränkte Dichtergemeinschaft, die förmliche Aufnahmen und Entlassungen vornahm, ist eine Konstruktion der Literarhistoriker.

La Pléiade française p. p. Ch.-J. Marty-Laveaux, mit biographischen *Notices*, 20 vol., Paris 1866—98: Du Bellay, 2 vol.; Ronsard, 6 vol.; Tyard und Daurat 1 vol.; Jodelle, 2 vol.; Baïf, 5 vol.; Belleau, 2 vol.; *La Langue de la Pléiade*, 2 vol. (1896—98). — Eine chronologische Übersicht über die lyrische Poesie der zweiten Hälfte des Jahrhunderts gibt Ph. Martinon, *Les strophes*, Paris 1911, p. 469ff. Dazu F. Lachèvre, *Bibliographie des recueils collectifs de poésies publiés de 1597 à 1700*, I. (1597—1635), Paris 1901.

Cl. Binet, der die letzten Jahre in Ronsard's Intimität gelebt hatte, veröffentlichte drei Monate nach dessen Tode einen *Discours de la vie de P. de*

Ronsard, prince des poètes français, Paris 1586, den er ein Jahr später, und dann nochmals 1597, jedesmal mit starker Um- und Ausarbeitung, drucken ließ, cf. *Archiv* CXVIII, 448. Letzte kritische Ausgabe v. P. Laumonier, *La vie de P. d. R. de Cl. Binet*, Paris 1910, nach welcher *Vie* ich zitiere. — Zum Zusammentreffen auf der Reise, das keinesfalls erst 1549 stattgefunden haben kann, cf. *Vie*, 117 und H. Longnon, *P. de R. essai de biographie; les ancêtres, la jeunesse*, Paris 1910, *BR.* p. 163 n. — Ronsard kannte den Peletier seit 1543, den Du Bellay seit 1546.

Zum Geburtsdatum: *Vie* p. 66; aber Becker in *Frz. Zs.* XXXVIII². 34 n.; E. Schneegans in *Literaturblatt* 1913, p. 331. — L. Pinvert, *Lazare de Baïf*, Paris 1900. — H. Chamard, *J. Du Bellay*, Pariser Dissertation, Lille 1900. — L. Foulet, *Dorat et Ronsard* in *Rhl.* XII (1906) p. 312. — Den Namen *Brigade* brauchen Belleau und Pasquier ständig, cf. *Vie* p. 222f. Ronsard's Scheltworte auf die *serfs imitateurs* vom Herbst 1556 bei Blanchemain VI, 201f.; ebenda die *cinq ou six seulement*, die zuerst mit ihm aufgetreten seien; cf. die Änderungen, die Ronsard später vorgenommen hat: Marty-Laveaux, V, 184f. Des Autels' *Amoureux repos* ist von 1553 wie La Péruse's *Medea*. Die beiden Aufzählungen finden sich bei Marty-Laveaux V, 34 (1553) und in *Rhl.* XII, 256 (1555). — Daurat wird in solchem Zusammenhang von Ronsard nicht genannt. — Die Begrüßung Belleau's von 1556 bei Marty-Laveaux V, 184. — Tahureau, Grevin werden von Ronsard einmal unter zwei Dutzend befreundeter Poeten neben Baïf, Belleau, Du Bellay, Jodelle, Tyard, La Péruse genannt (Mai 1553, cf. Marty-Laveaux, V, 157).

Zu Ostern 1549 trat die *brigade* mit einem literarischen Manifest 47.
hervor. 'Die Verteidigung und Ausschmückung der französischen Sprache' *(La défense et illustration de la langue française)* trägt die Initialen des Namens Du Bellay's. Die Schrift atmet den Geist Ronsard's. Sie ist augenscheinlich gegen Sebillet's *Art poétique* (§ 25) gerichtet, der im Sommer 1548 zum Ruhm der Schule Marots erschienen war. Sebillets Worte sind Du Bellay gegenwärtig, auch wenn dessen Name nicht genannt wird. Du Bellay führen Horaz und die italienischen Humanisten; es finden sich keine Spuren eines Einflusses oder auch nur einer wirklichen Kenntnis der Poetik des Aristoteles. Wohl aber hat Du Bellay den Italiener Speroni, der einen Dialog zur Verteidigung der Muttersprache geschrieben hat (1542), für seine *Défense* förmlich geplündert.

Das Programm zerfällt in zwei Teile zu je zwölf Kapiteln. Der erste, mehr allgemeine Teil ist der Verteidigung der Muttersprache gewidmet, die damals ja schon fast zum Gemeinplatz geworden war. Der Verfasser schildert den unverständigen Hochmut derer, die in ihrer Liebe zu Latein und Griechisch das Französische als barbarisch geringschätzen und die törichte Hoffnung hegen, in der Handhabung des Latein es den Römern gleichzutun. Allerdings hätten die Altvordern, 'mehr auf schöne Taten als auf schöne Worte bedacht', die Muttersprache 'so arm und entblößt hinterlassen, daß sie des Schmuckes fremder Federn bedürfe'. Bislang habe man diesen Schmuck durch Übersetzungen aus der antiken Literatur zu gewinnen versucht. Diese dankenswerte Arbeit sei indessen unzureichend, umsomehr als sie bei Dichterwerken fast immer eine Entweihung bedeute *(traducteur-traditeur)*. An Stelle der Übersetzung habe die kenntnisreiche Nachahmung zu treten. Es gelte, die Alten 'zu verschlingen, zu verdauen und in eigenes Fleisch und Blut zu verwandeln'. Auf diese Weise werde es gelingen, sie in ihrem Wissen und in ihrer Redepracht zu erreichen, wie man sie bereits in der Technik erreicht habe. 'Die Natur ist nicht so elend geworden, daß sie nicht heutzutage noch Männer wie Plato und Aristoteles hervorzubringen vermöchte'. Wenn diese noch nicht erstanden seien, so komme das daher, daß der Franzose gegenwärtig noch gezwungen sei, die schönsten und reichsten Jahre seines Lebens auf das Erlernen der alten Sprachen zu verwenden, unter deren sieben Siegeln die Schätze menschlicher Wissenschaft immer noch ruhten. So bleibe die kostbarste Zeit des modernen Menschen der selbständigen, wissenschaftlichen Arbeit entzogen. Sei das einmal anders geworden — und er hoffe den *professeurs des langues* zum Trotz, daß die Stunde bald schlage —, sei der ganze Inhalt menschlichen Wissens französisch geborgen, so werden auch große Männer der Wissenschaft auf heimischer Erde erstehen. Vorläufig also sei das Studium der alten Sprachen nicht zu entbehren, insbesondere auch nicht für den, der als Redner oder Dichter sprachlicher Kunst bedürfe. 'Ich behaupte, daß wer nicht wenigstens Latein versteht, in seiner Muttersprache nichts Hervorragendes schaffen kann', was auch Sebillet schon behauptet hatte.

Das Französische soll nach diesem Programm in die Schule der alten Sprachen und Literaturen gehen, um ihnen ebenbürtig zu werden und sie zu überwinden — in dieser bewundernden Nachahmung schlummert die Gegnerschaft! Denn das Altertum habe kein Privileg dauernder Herrschaft. Der Verfasser erklärt, die Dichtung seiner eigenen Zeit *(des modernes, des jeunes)* gegenüber jenen in Schutz nehmen zu müssen, die nur das Alte schätzten, 'als ob die poetischen Werke, wie der Wein, mit dem Alter immer besser würden'.

In dieser Weise resümiert das Manifest die Ideen des Kampfes, der damals gegen das Latein geführt wurde.

Auf diese Verteidigung des Französischen gegen die Anmaßlichkeit der '*latiniseurs et grécaniseurs*' folgt die 'Illustration', d. h. das Programm der Bereicherung und Ausschmückung der Muttersprache.

An Stelle des leichten poetischen Spiels der bisherigen Reimer soll die ernste Arbeit des wahren Poeten treten, 'der meine Gefühle aufrührt, mich mit Jubel und Schmerz, Liebe und Haß erfüllt, die Zügel meiner Empfindungen lenkt und mich nach seinem Belieben dahin und dorthin führt'. Man meint etwas vom Geiste Platos in der Auffassung der Poesie zu spüren, welche die 'Brigade' vertritt.

Natürliche Begabung genügt für diesen Dichter nicht: er bedarf zur Nachahmung der antiken Vorbilder des angestrengten Studiums. Die landläufigen Dichtungsformen der Rondeaux, Balladen und Coq-à-l'âne soll er ersetzen durch Epigramme, Elegien, Oden, Episteln, Satiren und Eklogen, für welche er die Muster bei den Alten, besonders bei den Römern finde, und durch Sonette nach Art der Italiener. Statt des traditionellen achtsilbigen Verses des Coq-à-l'âne soll er für seine Satiren den Zehnsilbler wählen. Die Nachbildung der quantitierenden Metrik hält Du Bellay für schwierig, doch nicht für aussichtslos. Für die Ode soll der Dichter neue, bunte Rhythmen erfinden, ihre Verse mit klassischen Reminiszenzen und sinnschwerer Rede füllen und auf eigenartige schmückende Beiwörter bedacht sein, auf daß diese Gedichte der Alltagsweise des Volkes entrückt seien, jenes

Populaire ignorant, grosse masse de chair,
Qui a le sentiment d'un arbre ou d'un rocher,
Traîne à bas sa pensée et de peu se contente,

wie Ronsard singt. Komödie und Tragödie sollen die mittelalterlichen Spiele ersetzen, aus Tristan oder Lanzelot eine französische Aeneis geschaffen werden.

Dabei soll der Dichter die Reinheit der französischen Sprache auch in Lehnwörtern (*hynne* und nicht *hymne*), besonders in Eigennamen (*Thésée*, *Horace* und nicht *Theseus*, *Horatius*) wahren und die richtige Mitte zwischen allzu gebräuchlichen und allzu ungewöhnlichen Ausdrücken halten. Er soll vergessene Wörter der alten Zeit wieder zu Ehren ziehen (wie *il anuite* = es wird Nacht; *isnel* = flüchtig), im Verkehr mit dem Handwerk die Sprache der Technik kennen lernen, und (ich ziehe hier gelegentlich Ronsard's spätere Ausführungen heran) auch den Wortschatz der Mundarten frei benutzen, 'unbekümmert darum, ob ein Wort gascognisch, normandisch oder lyonesisch sei', und ohne Rücksicht auf die Sprache des Hofes, die im Munde der Hofdamen und jungen Edelleute bisweilen sehr schlecht sei. Auch soll der Dichter etwa eine sprachliche Neubildung wagen, eine Ableitung *(provignement)* oder eine Zusammensetzung nach dem Beispiel der Griechen. Doch soll dies maßvoll *(avec modestie)* und nur innerhalb der muttersprachlichen Analogie *(sus un patron déjà reçu du peuple)* geschehen. So bildet Ronsard von *source: sourcer*, von *foudre* das Adjektiv *foudrier (l'aigle foudrier)*, von *géant: géantin* usw. und unbedenklich ließ er das Material der antiken Eigennamen in seine Attributivbildungen hineinströmen (*dodonéen*, *hectoréan, amycléans flambeaux* usw.). Besonders ist es das Streben nach solch ausdrucksvollen Adjektiven *(épithètes significatifs et non oisifs)*, an denen das Griechische so beneidenswert reich erschien, das zu Neubildungen drängte, und hier hat die Plejade der Sprache allerlei Gewalt angetan. Als Beispiel mögen die Neubildungen gelten, mit denen die Ausdrücke -füßig (schnell-, klang-, flügel-, horn-, schlangen-, ziegenfüßig usw.) wiedergegeben wurden. *Hausse-pied* (Baïf) ist echt französische Bildung (nach *porte-faix, garde-robe* usw.). Dasselbe mag von *chèvre-pied* (Ronsard, nach *chèvre-feuille*), *double-pied* gelten. Aber ohne muttersprachliche Analogie sind *pied-vite* (von Achilles, Ronsard), *vite-pied* (Ronsard), *pied-léger* (Du Bartas), *pied-sonnant* (Du Bellay, Montchrétien), *pied-volant* (Belleau), *serpent-pied* (Ronsard, cf. Goethe's 'schlangenwandelnd'), *pied-serpentin* (Belleau), *corne-pied* (Du Bellay), *aile-pied* (Baïf), in deren Buntheit sich das Tasten auf ungewohntem dunklem Pfade verrät. Neu war auch die Verwendung dieser substantivischen und verbalen Komposita als Adjektiva: *le cheval hausse-pied*, *l'amour porte-brandon*, *les géants serpent-pied*. Und wie das Ableitungs- und Zusammensetzungsverfahren doch im ganzen französischen Geistes blieb — Bildungen wie *jour-apporte* statt *apporte-jour (L'aube jour-apporte* in *Franciade II)* sind vereinzelt — so ist auch der dazu gebrauchte sprachliche Stoff einheimisch. Ronsard verspottete diejenigen als *écoliers limousins*, welche latinisierend *collauder*, *contemner* statt *louer*, *mépriser* bildeten. Weit davon entfernt, ihre Muttersprache mit antiken Flicken aufzuputzen, wacht diese neue Dichterschule vielmehr eifrig darüber, daß das sprachliche Material ihrer

Verse rein national sei: *use de mots purement français.* Aber innerhalb dieser nationalen Fülle soll nichts verboten sein: alte Wörter, technische Ausdrücke, Mundartliches, Neubildungen, alles steht dem Poeten zur Verfügung. 'Hier verweise ich dich ganz auf das Urteil deines Ohres', sagt Du Bellay. Dieses nationale sprachliche Programm ist zugleich ein Manifest der individuellen Freiheit. Die Anregung zu dieser sprachlichen Weitherzigkeit empfing die Plejade vom Altertum, besonders von Hellas; die Ausführung im einzelnen ist autochthon.

Freilich ist zu sagen, daß die mit so viel Nachdruck gelehrten sprachlichen Neubildungen in der Praxis dieser Poeten weder an Zahl noch an Kunst hervorragend sind und der Sprache nicht dauernd erhalten blieben.

Der Renaissancegeist persönlicher Freiheit erfüllt auch die folgenden Auseinandersetzungen. Vom Reim verlangt Du Bellay, daß er die beiden Extreme der ausgesuchten Schwierigkeit *(rimes équivoques)* und der trivialen Billigkeit (Reim von Simplex mit Kompositum) vermeidend, nach Fülle *(rime riche)* strebe. Frei von ängstlicher Beobachtung kleinlicher Vorschriften, soll der Dichter den Gleichklang der Wörter suchen, ohne die Verschiedenheit der Schreibung zu beachten *(fontaines: Athènes; cognoître: naître).* Des verschollenen Alexandriners gedenkt Du Bellay noch nicht und auch die Frage des Hiatus beschäftigt ihn nicht. Als heroischen Vers bezeichnet er den Zehnsilbler, für den er eine deutliche Zäsur verlangt. Das Enjambement verbietet er nirgends. Reimlose Verse hält er für sehr schwierig, doch verwirft er sie nicht. In Stilistik und Rhetorik soll Griechisch und Latein Vorbild sein, 'soweit die französische Eigenart dies gestattet'. Hier öffnet sich das Tor der Sprache dem antiken Einfluß, einer förmlichen Antikisierung des nationalen Sprachmaterials. Du Bellay empfiehlt den Gebrauch des substantivierten Infinitivs *(le mourir de ta main valait mieux que la vie*, Ronsard), des substantivierten *(l'obscur de notre jour)* und des prädikativen Adjektivs *(il vole léger)*, und Ronsard braucht das Neutrum des Adjektivs als Adverb *(la langue sonne doux, le bétail bêle aigu)* usw., Konstruktionen, welche die Rhétoriqueurs schon gebraucht und mißbraucht hatten. Mit besonderem Nachdruck rät er zu der 'den Franzosen noch fast unbekannten Antonomasie' (der klassischen Umschreibung), welche nicht sage: '*Jupiter*', sondern: '*Le père foudroyant*', nicht: 'von Ost bis West', sondern: 'vom

Lande derer, welche zuerst Aurora sich röten sehen, bis dorthin, wo Thetis in ihren Wogen den Sohn Hyperions empfängt'. Er schließt mit der wiederholten Aufforderung, die Schätze des Altertums ohne Bedenken zu plündern.

Das ist das berühmte Manifest, in welchem die 'Brigade' oft schülerhaft im Raisonnement und emphatisch, ihre hohe Auffassung vom Wesen, von den Mitteln und von der Aufgabe der Poesie verkündet, eine Auffassung, deren Einzelheiten sich zum Teil schon in den Schriften anderer zerstreut vorfanden. Dabei ist Du Bellays literarische Kritik, auch wo sie persönlich ist, feiner und weltmännischer als die frühere. Die 'Brigade' will die Muttersprache rein, aber in individueller, freier Mehrung und Ausschmückung schreiben. Im Satzbau läßt sie mancherlei Latinismen und Gräzismen zu. Ihr poetischer Ausdruck (Metapher) ist vollständig antik. Ihr Geist ist griechisch und namentlich römisch. Die nationalen Dichtungsformen werden als vulgär zugunsten der vornehmeren antiken verworfen. Dabei steht nicht die dramatische sondern die lyrische Poesie und besonders das Epos *(le long poème)* im Vordergrund des Interesses. Die Dichtung wird zum Werk nachtwachender Philologen, zum Privileg der klassisch Gebildeten. Wer sie verwerfe, sagt Du Bellay in der Vorrede zur *Olive*, gleiche Menschen, 'die nach der Erfindung des Brotes noch von Eicheln zu leben wünschten'.

Zugleich mit der *Défense et illustration* erschien ein Bändchen Du Bellayscher Gedichte unter dem Titel *L'Olive et quelques autres œuvres poétiques*, 50 Sonette und 13 Oden, und zu Beginn des folgenden Jahres (1550) ließ Ronsard selbst gegen hundert Oden folgen *(Les quatre premiers livres des odes)*. So stellten die beiden Führer mit der Theorie auch gleich das praktische Beispiel auf. Dabei waren Ronsard's Oden singbar — mit Reimwechsel — gebaut, während Du Bellay sich den Forderungen der Melodie nur ausnahmsweise und widerstrebend fügte.

Die Vertreter der älteren Schule widersprachen. Das Auftreten der Jungen erschien nicht mit Unrecht als anmaßend, denn diese verkannten nicht nur, sondern sie verschwiegen oder verkleinerten, was bisher geleistet worden war.

Zuerst ergriff Sebillet, doch nur beiläufig, das Wort, indem er noch 1549 in der Einleitung zu seiner Übertragung der Iphigenie des Euripides Du Bellay gegenüber die Arbeit des Übersetzers verteidigt und ihn des Plagiats beschuldigt als *celui qui se vante d'avoir trouvé ce qu'il a mot à mot traduit des autres.*

Im 'Horazischen Zensor Quintilius' (*Le Quintil Horatian*, Lyon, im Frühjahr 1550) bekämpft ein Anonymus Du Bellay's Schrift als eine *offense et dénigration de la langue française.* Der Verfasser ist ein Lyoner Humanist Barthélemy Aneau, der durch allerlei Zweideutigkeiten die Streitschrift seinem Freunde Charles Fontaine in die Schuhe schob und so Mit- und Nachwelt täuschte. Seine Kritik ist durchaus nicht ungeschickt, aber nüchtern und oft kleinlich. Er tadelt das Streben nach Umschreibung ('sie periphrasieren unnötigerweise und sagen *fils de vache* für *veau*'), die geringschätzige Abwendung von der volkstümlichen Art, die gelehrten Aspirationen *(ils parlent latinement en français).* Er bestreitet die sachliche Neuheit der meisten Vorschläge des Manifests, das neue, hochtönende Worte für alte Dinge brauche, so das neue Lehnwort *ode* für etwas, das bisher *chant* oder *chanson* geheißen habe. Und er hat nicht ganz Unrecht, denn Sonette, Episteln, Satiren, Elegien, Eklogen, Epigramme, und auch Oden sind mit oder ohne diese Namen schon von Marots Schule gedichtet worden, so daß als wesentlich neu im einzelnen nur die Pindarsche Ode mit ihren Strophen, Antistrophen und Epoden, das Epos und die Tragödie erscheinen. Das aber übersieht der verstimmte Quintilius, daß die systematische und enthusiastische Zusammenfassung der bisher sporadisch auf das Altertum gerichteten Bestrebungen die wahrhaft neue Seite des Manifestes der 'Brigade' ist.

Übrigens hat dessen stürmische Intransigenz in der spätern Praxis der Neuerer manche Milderung erfahren, die B. Aneau und Ch. Fontaine versöhnten. So ging es auch Guillaume des Autels. Er hat Du Bellay entgegengehalten (1550), daß es auch ohne Nachahmung gehe, die nicht besser sei als die von ihm verworfene Übersetzung. Daß es gelte selbständig zu sein, wie es die Griechen waren. Daß neben den neuen Kunstformen die alten, nationalen ihr gutes Recht hätten. Marot sei ein hervorragender Dichter, und wenn Ronsard's *Odes* unsterbliches Lob verdienten, so sei doch B. Desperiers ihm in der Ode zuvorgekommen (§ 22). Niemand hat klüger zum Manifest Du Bellay's gesprochen als dieser junge Des Autels (geb. 1529), der kurze Zeit darauf mit Du Bellay und Ronsard Freundschaft schloß. Schon 1552 feiert ihn Ronsard.

Eingehender als von Du Bellay wird die neue Lehre von Jacques Peletier (*L'art poétique*, Lyon 1555) dargestellt. Das Lob, mit dem Peletier Dichter wie Melin, Scève, Marot bedenkt, illustriert die Versöhnung der beiden Schulen. Billig erwägt er beider Verdienste. Dem Streit um die Einführung der Ode widmet er die Worte: *Ce nom d'ode a été introduit de notre temps par Ronsard, auquel ne faillirai de témoignage que, lui étant encore en grand' jeunesse [1543], m'en montra quelques-unes de sa façon en notre ville du Mans et me dit dclores qu'il se proposait ce genre d'écrire à l'imitation d'Horace, comme depuis il a montré à tous les Français et encore plus, par sus sa première intention, à l'imitation du premier des lyriques, Pindare.* Damals freilich seien Ronsard's Oden, so wenig wie seine eigenen, noch nicht dem singbaren Reimwechsel unterworfen gewesen wie jetzt. Darin sei ihnen Marot zuvorgekommen, dessen Psalmen wahre Oden seien, auch wenn sie nicht diesen Namen tragen (cf. § 21). Peletier formuliert die Theorie des Epos, das hoffentlich bald die üblichen Romane ersetzen werde, und die der Komödie und der Tragödie. Für diese haben als Muster zu gelten Euripides und Sophokles vielmehr als der schwerfällige und dunkle Seneca. Er bezeichnet den vergessenen Alexandriner als den heroischen Vers der Franzosen. Wenn Peletier in solchen Lehren die Meinung der Plejade wiedergibt, so geht er in sprachlichen Fragen weiter als Ronsard, der damals schon Zurückhaltung zu üben begann. Peletier predigt eine rücksichtslose Neologie: *Ne soyons donc plus si scrupuleux quant aux choses des mots : trouvons-les et les mettons en service nouveau pour les nouvelles choses* und begrüßt den *hardi inventeur*, der Komparative wie *grandieur* und *belieur* bilden würde. Überlegene künstlerische Einsicht hat Ronsard vor solchen Torheiten bewahrt.

In Jules-César Scaliger's umfangreicher lateinischer Poetik (*Poetices libri VII*, 1561) wird die Lehre von der Vorbildlichket des Altertums förmlich kodifiziert, in Regeln und Regelchen gebracht und dabei fast ganz auf das Beispiel der Römer beschränkt, die Scaliger über die Griechen stellt. Das Römertum seiner gelehrten Poetik war von entscheidendem Einfluß auf die spätere Zeit. Peletier hatte Seneca abgelehnt; mit Scaliger zieht Seneca zu dauernder Herrschaft in Frankreich ein.

Ronsard selbst hat seine Ideen nur kurz und vorzüglich mit Rücksicht auf das Epos im *Abrégé de l'art poétique* (1565) und in der Vorrede (1572) zur *Franciade* ausgesprochen. Auch er kennt Aristoteles' Poetik kaum. Seine schönen Worte über den göttlichen Ursprung und die hohe Aufgabe der Poesie erinnern an Plato und Cicero. Der Poet — *le poète saint* — soll ein umfassend gebildeter, edler, ja ein frommer Mann sein. Die Dichtung ist eine Angelegenheit der ganzen Menschheit; die modernen Völker sollen eins vom andern lernen (Kosmopolitismus). Die Erfahrungen einer langjährigen Tätigkeit sind nicht spurlos an Ronsard vorübergegangen. Er warnt davor, daß der Dichter allzusehr von der gewöhnlichen Redeweise sich abwende, allzuviel Gebrauch von Umschreibungen mache und im Latinismus des Satzbaues bis zur Nachahmung der freien lateinischen Wortstellung gehe: *De Paris à Orléans le roi coucher alla* statt *Le roi alla coucher de Paris à Orléans* klinge barbarisch. Durch Muret's Kommentar wird Ronsard seit 1553 nachdrücklich auf die Grenzen der freien Wortwahl hingewiesen. Er reduziert seine Neologismen und ersetzt z. B. *il avantpensait* (προμελετᾶν) durch: *il étudiait*; dialektisches *nouer* durch *nager; il enamère* (πικροῦν) durch *il aigrist*, archaisches *le vueil* durch *l'arrêt* etc. Andere, wie Baïf folgen ihm darin. Ronsard wünscht, daß der Wechsel von männlichen und weiblichen Reimen (*la succession des rimes*) beobachtet werde, denn auf die enge Verbindung von Poesie und Musik legt die Plejade mehr Nachdruck als die älteren Dichter. Der Poet soll seine Verse singen, um sie zu beurteilen. — Dem Hiat schenkt er erst keine Beachtung. Dann beginnt er ihn zu scheuen und in den Neuauflagen seiner Gedichte wegzukorrigieren. 1565 rät er, ihn zu vermeiden. In der Franciade finden sich nur noch drei Hiate auf 100 Verse. Auch bei Du Bellay wird die Absicht, dem Hiatus auszuweichen, unverkennbar. Zu Ende des Jahrhunderts ist er aus der Poesie fast völlig verschwunden. Bertaut hat in 7000 Versen nur noch drei Hiate; aber erst Malherbe wird zu einem förmlichen Verbot kommen. — Ronsard verlangt feste Zäsur im Zehnsilbner und Alexandriner. Sonst aber wahrt er die Freiheit des Dichters in der Verstechnik, deren Bedeutung für ihn hinter Inhalt und Sprache der Poesie zurücktritt. Es geht ein freier Zug durch seine Lehren. Er weist Malherbes Kleinigkeitskrämerei gleichsam zum voraus ab, indem er sagt (Vorrede von 1550): 'Die Leser, die einen wegen eines unpassend gesetzten *a*, wegen eines billigen Reims oder einer ähnlichen Bagatelle tadeln, sind Stümper, die ihre poetische Urteilslosigkeit verraten.' Seine Ausführungen über das Epos zeigen auch ihn in der Vorstellung befangen, daß Homer und namentlich Vergil in allen Details der Struktur endgültige Vorbilder gegeben haben für Männerschlacht und Hadesfahrt, für Sturm und Sonnenaufgang. Es ist die Lehre von der Maschinerie des Epos, welche den französischen Klassizismus beherrschen wird.

Zur nämlichen Zeit, in den sechziger Jahren, formuliert E. Pasquier an der Hand von mannigfachen Belegen aus der zeitgenössischen Dichtung die Forderungen der poetischen Eloquenz im Sinne der neuen Schule (gedruckt 1596 als 6. resp. 7. Buch der *Recherches*).

Nachdem Jacques de la Taille in seiner *Manière de faire des vers en français comme en grec et en latin* (1573) das gewalttätige Programm einer quantitierenden französischen Metrik aufgestellt, 'um dem Reimerpöbel den Zugang zum Parnaß zu versperren' und so in der Theorie mit der nationalen Verskunst vollständig gebrochen hatte, faßte der normandische Dichter Jean Vauquelin de la Fresnaye (1536—1607) in einem langen, holprigen Lehrgedicht die literarischen Theorien der Renaissancepoesie zusammen (*L'art poétique français*, begonnen auf Wunsch Heinrichs III. 1574, gedruckt 1605).

Vauquelin vertritt die Mäßigung, die der Meister Ronsard selbst gelehrt. Er bezweifelt den Erfolg der quantitierenden Metrik. Er ergänzt die Lehre der Plejade dadurch, daß er Aristoteles (d. h. Minturno) benützt, und ihre Praxis dadurch, daß er das Lehrgedicht pflegt. Er stellt die Dichtkunst, freilich ungeordnet, im Rahmen einer Geschichte der französischen Literatur dar, in der er die Forschung Fauchet's und Pasquier's resümiert, von der Gegenwart die Brücke zum Mittelalter schlägt, und so der Praxis Rechnung trägt, die ja vielfach wieder ans Alte, an die Dichtung Marot's angeknüpft hatte. Nachdrücklich redet er (III, Vers 881 ff.) der biblischen Tragödie das Wort.

Vauquelin erklärt wiederholt, daß Geist und Sprache seiner 'Dichtkunst' 1605 nicht mehr aktuell seien. Und so war's. Der Widerspruch gegen die Gelehrtheit der Ronsardschen Poesie und die individuelle Freiheit ihrer Diktion war in den hauptstädtischen Kreisen mächtig geworden. Es ist charakteristisch, daß Montchrétien, der in der ersten Redaktion seiner *Sophonisbe* (1596) noch in philologischen Redeformen schwelgt, sie 1601 bei der Umarbeitung des Stückes aufgibt. Und Bertaut korrigiert 1605 in ähnlichem Sinne eines seiner Gedichte von 1583. Seit 1590 ist uns das Vorhandensein einer höfischen Kritik bezeugt, die sich gegen die mundartlichen Ausdrücke, die veralteten Wörter, die Neubildungen, die gelehrten Metaphern richtet und von der Dichtung Gemeinverständlichkeit und Unterwerfung unter den herrschenden Sprachgebrauch verlangt.

Von dieser Strömung wird Malherbe sich tragen lassen. —

La deffence et illustration de la langue françoise, suivie du Quintil Horatian p. p. Em. Person, Paris 1887. Eine kritische Ausgabe gibt H. Chamard, Paris, Fontemoing, 1904; cf. *Rhl.* XI, 652; *Rev. d. langues romanes*, XLVII, 375 ff. Die *Défense* erschien um Ostern 1549, cf. H. Chamard, *J. Du Bellay*, 1900, p. 98. — Die Plagiate an dem siebenten der *Dialoghi* des Sperone Speroni hat P. Villey aufgewiesen, *Les sources italiennes de la 'Deffence'*, Paris 1908 (*BR.*). — A. Rosenbauer, *Die poetischen Theorien der Plejade nach Ronsard und Du Bellay*, Erlangen 1895. Brunot p. 85 ff.; cf. E. Roy in *Rhl.* II, 236; IV, 239; 412. Zur Neologie der Plejade cf. Brunot, p. 168 ff. und H. Nagel, *Die Bildung neuer Wörter bei Baïf, Ronsard* etc. in *Archiv*, LXI, 201—42. — Der Ausdruck *provignement* stammt aus der Vorrede zur *Franciade*. Zum Reimwechsel cf. oben § 21 und Du Bellay's Vorwort zu den Oden in Chamard's Neudruck, III p. 3 (*STM.* 1912). — Die mit der *Défense et illustration* zusammenhängenden Manifestationen verzeichnet Chamard p. 7—15 seiner Ausgabe; cf. die Ergänzungen in Gaiffe's Neudruck der Poetik Sebillet's (§ 25) und in den *Mélanges offerts à E. Picot*, Paris 1913, I. 487. — Zu Sebillets Angriff cf. Chamard's Neudruck der *Œuvres poétiques* Du Bellay's 1908 (*STM.*) I, p. 19. — H. Chamard, *La date et l'auteur du Quintil Horatian* in *Rhl.* V. 54—71 und Dess. Neudruck der *Œuvres poétiques* Du Bellay's 1912 (*STM.*) III. p. V. Zu B. Aneau's Leben cf. J. L. Gerig in *The Romanic Review* I u. II. — *G. des Autels* v. H. Hartmann, Zürcher Dissertation, 1907; cf. zu § 32. Seine Beziehungen zur *Brigade ib.* p. 78 ff.; Laumonier, *Vie* p. 218 und *Ronsard poète lyrique* p. XXVIII ff. — Zur Versöhnung der alten Schule mit der neuen cf. Laumonier, *Ronsard*, p. 110. — Über Peletier vergl. zu § 25 u. 32. Die im Text zitierten Stellen finden sich p. 36 ff. und 63 ff. seines *Art poétique*, Lyon 155. H. Chamard, *De Jac. Peletarii Arte poetica*, Pariser Dissertation, Lille 1900, wozu *RRen.* 1901 p. 248 ff. Zu Peletiers epischer Theorie: *Giorn. stor.* XXXVI, 420; zur dramatischen: *Rhl.* XI, 583. Zur Komparation *grandieur* cf. Pasquier *Lettres* XXII, 2. — E. Lintilhac, *De J.-C. Scaligeri Poetice*, Paris 1887; cf. *La Nouvelle Revue*, Mai 1890. — Ronsard's älteste Äußerungen zur Neologie im *Suravertissement* zu den Oden von 1550, hg. v. H. Vaganay, *Bibl. Romanica* no 188/89. — Die zweite Vorrede Ronsard's zur *Franciade* (1585) ist suspekt, cf. *Rhl.* XVI, 79. — Zur Beschränkung der Neologismen bei Ronsard cf. den Neudruck der *Amours* durch H. Vaganay, Paris 1910 (Einleitung v. J. Vianey); bei Baïf, cf. den Neudruck seiner *Amours* durch *Augé-Chiquet*, Paris 1909, p. 15. — Zum Hiatus: Ph. Martinon in *Rhl.* XVI, 77. — Th. Rucktäschel, *Einige Arts poétiques aus der Zeit Ronsards und Malherbes (Le Quintil Horatian; J. Pelletier; J. de la Taille; Vauquelin* etc.), Doktordiss., Leipzig 1889.

L'art poétique de Vauquelin de la Fresnaye p. p. G. Pellissier, Paris 1885. Cf. § 52. — Montchrétien's Änderungen in *Rhl.* XII, 509 und Bertaut's ib. XIX, 161.

Den terminus a quo dieser höfischen Kritik gibt Marie de Gournay also an: *L'essorée et si turbulente verrue poétique et grammaticale, née un peu devant l'entrée du règne triomphant de notre bon roy [Henri IV], laquelle a du tout enivré le cerveau d'une partie de notre monde au moins des cours, plus facile à mener par le nez en matière de lettres et écrits... (De la façon d'écrire de Du Perron et Bertaut).*

48. Im Januar 1550 ließ Ronsard vier Bücher *Oden* mit einem Anhang etwas freier, ohne Reimwechsel gebauter vermischter Gedichte ('*Bocage*' wie das latein. *silvæ*) erscheinen, die er später unterdrückte und denen im Herbst ein fünftes Odenbuch folgte. In der Vorrede sagt er, daß er von Marot, *seule lumière en ses ans de la vulgaire poésie*, ausgegangen sei. Zur Zeit, als Marot an der Fortsetzung seines Psalters arbeitete (um 1541—43), habe er sich Horaz zugewendet und sei dann zum Bau singbarer Oden *(mesurées à la lire aujourd'hui ressuscitées en Italie)* und zur Nachahmung Pindars gekommen. Er sei der erste, der seine Gedichte Oden genannt, und er habe Anspruch darauf, der erste französische Lyriker zu heißen — ein Anspruch, dem er auch in seinen Versen öfters Ausdruck gibt.

Mit dem fünften Odenbuche vereinigt gab Ronsard eine Sammlung von (181) Liebessonetten: *Les Amours de P. de Ronsard*, heraus. In diesen Sonetten feierte er eine Schönheit der Königsstadt Blois, Cassandre Salviati, die ihn seit 1545 fesselte. 1554 folgte ein zweiter *Bocage*, 1555—1556 zwei Bücher *Hymnes* und zwei *Continuation des Amours*, in denen *Marie*, die jung verstorbene *fleur angevine de quinze ans* besungen wird. Daneben gehen zwei Bücher *Mélanges* her (1554—1559). 1560 erscheint die erste Sammelausgabe seiner Werke.

Die Jahre Heinrichs II. sind Ronsard's fruchtbarste Zeit. Er überwand den Spott der älteren Schule, deren Wortführer Melin de Saint-Gelais war. '*Melin*, so sagt Ronsard in einer Ode, *Melin, on me fit croire*

Qu'en fraudant le prix de ma gloire
Tu avais caqueté de moi;
Et que d'une longue risée
Mon œuvre par toi méprisée
Ne servit que de farce au roi . . .

doch bestreitest du das, und ich errichte unserer jungen Freundschaft einen Altar.' Er gewann auch die Freundschaft der Herrscher, besonders die der Gemahlin Franz' II., der Maria Stuart, die im Gefängnis zu London seine Lieder sang und mit ihm Briefe wechselte. Reiche geistliche Benefizien fallen ihm zu. Im Januar 1559 wird der Dichter *aumônier du roi.*

Am Hofe Karls IX. herrschte er als Apoll. Aber seine Lyrik hat sich erschöpft. Die Hoffestlichkeiten beschäftigen ihn; er hatte *Cartels* für die Turniere, *Mascarades* für die Bälle, Gelegenheitsgedichte aller Art zu liefern. Gerne floh er das anspruchsvolle Treiben, um der geliebten Gärtnerei zu leben:

Je suis, pour suivre à la trace la Cour,
Trop maladif, trop paresseux et sourd,
Et trop craintif . . .

Gegen die Hugenotten, die seinen geistlichen Stand verspotten, kämpft er in flammenden Satiren *Discours des misères de ce temps*, 1562; *Remontrance au peuple de France*, 1562; *Réponse aux injures et calomnies de je ne sais quels prédicants et ministres de Genève*, 1563 und gelegentlich auch mit den Waffen. Darob zerfällt er mit den Protestanten unter seinen literarischen Gesinnungsgenossen wie Jacques Grevin. Eine Prachtausgabe aller Dichtungen, in neuer Bearbeitung und von den Erklärungen gelehrter Kommentatoren beschwert, erscheint 1567 in sechs Bänden. Nach zwanzigjähriger Arbeit veröffentlicht er 1572 die vier ersten Gesänge seines Epos, *La Franciade*, deren Fortsetzung er nicht geliefert hat. In diesen Jahren gehörte das Herz des alternden Poeten *Hélène de Surgères*, die er in den *Sonnets pour Hélène* (1568—1574, gedruckt 1578) feiert.

Nachdem Ronsard während fünfundzwanzig Jahre eine ruhmreiche Herrscherstellung eingenommen, wie sie kaum einem Dichter vergönnt war, neigte sich sein Tag. Heinrich III. ehrte ihn, schenkte aber seine Gunst anderen, insbesondere Desportes. Das Publikum zog ihm vielfach Jüngere vor. Der Tod lichtete die Reihen der 'Brigade'. Vereinsamt und kränkelnd zog sich Ronsard mehr und mehr vom Hofe zurück. Unruhig wechselte er seinen ländlichen Aufenthalt. Er besorgte 1584 eine sechste und letzte Gesamt-Ausgabe seiner Dichtungen, in der die *Bocage royal* betitelte Sammlung zum ersten Mal erscheint. Ronsard hat an seinen Versen unablässig gefeilt; er hat Strophen und Lieder hinzugefügt, ausgemerzt, umgestellt. Dabei hatte er nicht immer den Beifall der Zeitgenossen. Man erkennt aber in dieser rastlosen Arbeit ernstes künstlerisches Streben und die Sorge, seiner Dichtung den aristokratischen Charakter, '*éloigné du vulgaire*', zu wahren. Das hat den Alternden freilich dazu geführt, auch manches frische Liedchen jüngerer Jahre zu streichen. Der Tod fand den Dichter in seinem Priorat von Saint-Cosme bei Tours (Ende 1585). Du Perron hielt die Leichenrede auf das entschlafene *génie et oracle de la poésie française*. Die Grabgedichte, in denen die Welt ihm huldigte, füllen einen Band.

Nach Ronsard's Tod wurden seine Werke bis 1630 noch etwa ein Dutzend Mal gedruckt. Dann schliefen sie einen Schlaf von zwei Jahrhunderten. Das siebzehnte und achtzehnte Jahrhundert vernachlässigte und verkannte ihn.

Ronsards Odensammlung — gegen hundertundfünfzig Nummern — beginnt mit Nachahmungen Pindars, die sich feierlich in Strophen mit Antistrophe und Epode bewegen. In der stolzen Vorrede nimmt er den Namen des *premier auteur lyrique français* in Anspruch, als der er die herkömmliche Bahn verlasse, *prenant style à part, sens à part, œuvre à part*. Horaz, der Sohn eines Freigelassenen, habe den Mut dieser Nachahmung nicht gehabt; er, Ronsard, der Sprosse eines edlen Hauses, sei kühner und fürchte nicht, von der Sonne Pindars seine Flügel, Icarus gleich, versengt zu sehen. „Noch trägt kein Meer den Namen Ronsards", ruft er aus (*Odes* I. 11). Und doch kam er zu Fall. Er hat sich zunächst im Strophenbau und besonders in der Wahl des Verses vergriffen, indem er, durch die typographische Disposition der damaligen Pindarausgaben verführt, den Kurzvers (von 6, 7 und 8 Silben) wählte. Dann ging er von jenem grundsätzlichen Mißverständnis aus, daß eine so national bedingte Poesie wie die Pindarsche nach äußerlichen Regeln übertragbar sei. Er ahmte Pindars Sprunghaftigkeit künstlich nach (ihr Programm entwickelte er in *Od.* I, 1, Str. 4). Er suchte keuchend seine Höhe, aber die Steigerung des poetischen Wollens schlug in Rhetorik um. Er verlor sich im Dunkel der mythologischen Metapher. Man fühlt seine Anstrengungen, sieht ihn sich abmühen, besonders in jener aus dreiundzwanzig Strophen (siebenhundert Versen) bestehenden Ode über die Musen (an Michel de l'Hospital, I, 10). Er ermüdete denn auch bald. Unter der 15. Ode lesen wir: *Fin des odes pindariques*. Und dabei ist's geblieben. Doch war die schwere Arbeit dieser zweitausend Verse nicht vergeblich: Ronsard hat dabei viel kraftvolle, edle poetische Diktion, neue Strophen und Rhythmen gelernt. Nun wandte er sich zur leichteren Ode des Horaz und der griechischen Anthologie (gedruckt zu Paris 1531), und als H. Estienne 1554 die neuentdeckten

Anakreonteia (welche alexandrinischen Poesien man damals für das Werk des Anakreon selbst hielt) herausgab, da folgte Ronsard begeistert ihrer Spur und sang (1556):

Me loue qui voudra les replis recourbés
Des torrents de Pindare, en profond embourbés,
Obscurs, rudes, fâcheux . . .
Anacréon me plaît, le doux Anacréon (cf. *Od.* V, 15).

So wird die Ode zum Lied der Lebens- und Liebeslust, und häufig nennt sie sich *chanson.* Ja Ronsard tauscht gelegentlich selbst diese Überschrift gegen jene! Diese *odelette*, wie er sie gerne nennt, singt den Preis des Weines, mahnt, die Jugend zu nützen und klagt sehnsuchtsvoll um ihr Entschwinden. Die Diminutiva auf *-ette* und *-elette* stellen sich ein. Die Ode kehrt so zu sagen auf dem Umweg über Anakreon zur Inspiration der Marotschen Chansons zurück, bewahrt aber kunstvolleren Bau, anspruchsvollere Phrasierung und antike Gedankenwelt. Hier hat Ronsard sein bestes geliefert. Es sind ihm liebliche Lieder gelungen, zum Teil zierliche Übersetzungen Anakreons. Hier tritt auch das sinnliche Heidentum dieses militanten Katholiken klar zutage. Meist aber erstickt eine weitausholende, in antiken Reminiszenzen schwelgende Rhetorik, die schon frühe einen gelehrten Kommentar nötig machte, die wahre Empfindung.

Melodien, von Goudimel und anderen geschrieben, sind dem Druck der Oden beigegeben. Ronsards Lieder beschäftigen eine ganze Schar von Komponisten.

In den Zehnsilbner-Sonetten auf Cassandre geben Petrarca und seine italienischen Nachahmer, besonders Bembo, den Ton an. Die melancholische Stimmung ihrer *Rime*, ihre Metaphern von Feuersglut und Sonnenglanz, ihre Subtilitäten sind von Ronsard mit antiker Bildlichkeit gemischt. Fehlt es nicht an glücklichen Stellen und an wahrem Gefühl:

Je voudrais bien, richement jaunissant,
En pluie d'or goutte à goutte, descendre
Dans le giron de ma belle Cassandre,
Lors qu'en ses yeux le somme va glissant.

Puis je voudrais en taureau blanchissant
Me transformer pour sur mon dos la prendre,
Quand en avril, par l'herbe la plus tendre,
Elle va, fleur, mille fleurs ravissant.

Je voudrais bien, pour alléger ma peine,
Etre un Narcisse, et elle une fontaine,
Pour m'y plonger une nuit à séjour:

Et si voudrais que cette nuit encore
Fût éternelle, et que jamais l'aurore,
Pour m'éveiller, ne rallumât le jour —

so ist doch der Eindruck der langen Reihe von zweihundert und mehr Sonetten der des eintönigen Abklatsches. Es wird kaum gelingen, aus dem chronologischen Chaos und den rein literarischen Reminiszenzen dieser Verse das Autobiographische sicher herauszuschälen, so gewiß Vieles als wirklich Erlebtes gelten muß. Der Dichter phantasiert zu willkürlich. Es kostet ihn auch nichts aus der blonden Schönheit seiner Cassandre —

De ton poil d'or en tresses blondissant —

später, dem neuen dunkeln Schönheitsideal zuliebe, eine Brunette zu machen und zu singen:

De ton beau poil en tresses noircissant (1578).

Aber insbesondere die Natur ist in seinen Schilderungen Erlebnis.

Mit den *Amours de Marie* zieht der Alexandriner siegreich in das Sonett ein. Diese *Amours* zerfallen, wie Petrarcas *Rime*, in zwei Teile: auf die lebende und auf die tote Maria. Ronsard emanzipiert sich, namentlich im ersten Teil, von Petrarca und besingt die Lebensfreude als Schüler Anakreons und Tibulls:

Amour est un charmeur: si je suis une année
Avecque ma maîtresse à babiller toujours,
Et à lui raconter quelles sont mes amours,
L'an me semble plus court qu'une courte journée . . .

Am freiesten und natürlichsten ist er in den Sonetten auf Helena, wenn auch die Inspiration des Tebaldeo spürbar ist:

Adieu, belle Cassandre, et vous, belle Marie,
Pour qui je fus trois ans en servage à Bourgueil;
L'une vit, l'autre est morte, et ores de son œil
Le ciel se réjouit, dont la terre est marrie.

Sur mon premier avril, d'une amoureuse envie
J'adorai vos beautés, mais votre fier orgueil
Ne s'ammollit jamais pour larmes ni pour deuil,
Tant d'une gauche main la Parque ourdit ma vie!

Maintenant en automne, encore malheureux,
Je vis, comme au printemps, de nature amoureux,
Afin que tout mon âge aille au gré de la peine.

Et or que je dusse être affranchi du harnois,
Mon colonnel m'envoie, à grand coups de carquois,
Rassiéger Ilion pour conquérir Hélène.

Die Liebeswerbung des früh ergrauten Dichters schwankt zwischen dem zaghaften Tone der Melancholie über verlorene Jugend und dem vertrauensvollen Tone des Stolzes über gewonnenen Ruhm und schließt mit der immer wiederholten Mahnung, 'die Rosen des Lebens zu pflücken'. Diese *Sonnets pour Hélène* sind reich an Poesie und meisterlich in der Form. Das Gedicht fester Form zwingt Ronsard zu knapperem Ausdruck und bewahrt ihn vor dem Hauptgebrechen seiner Odendichtung: der wuchernden Rhetorik.

Die *Hymnes* sind nach Art der homerischen Hymnen als religiöse Festgesänge gedacht, doch vielfach zu Lobliedern irdischer Fürsten geraten. Mit den Hymnen hat Ronsard den Alexandriner zum lyrischen Vers gemacht. Geschmacklos erscheint uns heute darin die Mythologisierung der christlichen Heilslehren. Ronsard besingt z. B. die Taten Christi unter dem Bilde der Arbeiten des Hercules *(L'Hercule chrétien)*. Wo seine Weiterbildung der antiken Mythen frei von christlicher Lehrhaftigkeit ist, da ist er manchmal recht glücklich, wie in den Hymnen auf die Jahreszeiten und auf das Gold.

Der *Bocage royal* und die *Poèmes* überschriebene Sammlung enthaltenen hauptsächlich Gelegenheitsgedichte in Form poetischer Episteln an hochgestellte Gönner oder gleichstrebende Freunde. Sie zeigen den selbstbewußten Dichter, der nicht müde wird, zu versichern:

Qu'indompté du travail, tout le premier je suis
Qui de Grèce ai conduit les Muses en la France,
Et premier mesuré leurs pas à ma cadence;
Si qu'en lieu du langage et romain et grégeois
Premier les fis parler le langage françois . . .
Et mis la poésie en tel ordre qu'après
Le Français fut égal aux Romains et aux Grecs.

Sie enthalten, wie auch die Satiren, viel autobiographische Elemente, manch schwülstige Lobhudelei und zeigen, wie Ronsard kleinere epische Themata, wie z. B. das von der Gerechtigkeit der alten Gallier (*Boc. roy.* I, 5), weniger als Erzähler, denn als epischer Rhetor behandelt. Beide Sammlungen bieten viel prosaische Reimerei.

Unerfreulich sind die Eklogen (sechs an der Zahl), in denen der Dichter (*Perrot*) und seine Freunde (*Bellot* = Belleau, *Michau* = Michel de l'Hospital, *Carlin* = Karl IX. etc.) in ganz äußerlicher schäferlicher Vermummung lehrhafte Gespräche führen und höfische Schmeicheleien sagen, wozu ihnen Vergil und Sannazaro nicht nur das Beispiel, sondern oft auch den Wortlaut liefern.

Unter den vierunddreißig Elegien finden sich reizende Stücke voll wahren Naturgefühls, wie z. B. die berühmte Klage um den Wald, welcher der Axt zum Opfer fällt:

Forêt, haute maison des oiseaux bocagers —
Plus le cerf solitaire et les chevreuils légers
Ne paîtront sous ton ombre . . .
Tout deviendra muet, Echo sera sans voix,
Tu deviendras campagne et, en lieu de tes bois,
Dont l'ombrage incertain lentement se remue,
Tu sentiras le soc, le coutre et la charrue . . .

In allen diesen Gedichten, Hymnen, Episteln, Eklogen und Elegien herrscht der Alexandriner.

Als Satiriker zeichnet sich Ronsard in der kurzen Form des Epigramms nicht aus. Er versteht es nicht, die scharfen Pfeile Marot's zu schnitzen. Ihm eignet die ausgeführte Satire, in welche er seine schwungvolle Rede gießen kann. Er schreibt beredte Pamphlete in Versen gegen die Protestanten, denn

Je n'aime point ces noms qui sont finis en -ots:
Gots, Cagots, Ostrogots, Visgots et Huguenots.

Diese predigen

en France une doctrine armée,
Un Christ empistolé, tout noirci de fumée,
Qui, comme un Mahomet, va portant en la main
Un large coutelas, rouge de sang humain.

Er wirft ihnen die Mannigfaltigkeit ihrer Sekten vor, verteidigt zornvoll seine und seiner Freunde Lebensführung gegen ihre Anklagen und spricht selbstbewußt von dem, was Frankreich ihm verdanke. Des Vaterlandes Unglück leitet er her von der Anmaßlichkeit der *opinion particulière.* Dem über die Menschen ergrimmten Jupiter gebar *Dame Présomption*

l'Opinion, peste du genre humain;
Cuider en fut nourrice et fut mise à l'école
D'Orgueil, de Fantaisie et de Jeunesse folle.

Das sind die Verse zu Montaignes Prosa.

In spätern Satiren, von denen nur Fragmente auf uns gekommen sind, wendet sich der alternde Dichter gegen die Verschwendung, Sittenlosigkeit und Ausländerei des Hofes Heinrichs III., dessen Ruhm er offiziell besang. —

Gewiß bedeutet Ronsards lyrische Dichtung eine *illustration de la langue française:* eine Bereicherung und Veredelung der Muttersprache. Von dem Rechte des Dichters auf individuelle Diktion, das er so nachdrücklich forderte, hat er nicht jenen maßlosen Gebrauch gemacht, den man ihm wohl nachredet. Die Summe seiner sprachlichen Neubildungen übersteigt kaum zweihundert; die Latinismen seiner Satzbildung sind unerheblich. Nicht sie geben seiner Sprache das Gepräge, sondern die der Gedankenwelt des Altertums entlehnten Metaphern, welche die französischen Wörter beständig mit antikem Geiste erfüllen, und die damit sich einstellende Flut der Eigennamen:

Mais tout soudain, d'un haut style plus rare,
Je veux sonner le sang Hectoréan,
Changeant le son du Dircéan Pindare
Au plus haut bruit du chantre Smyrnéan.

Ronsard führt den Leser durch das ganze Reich der antiken Mythologie, und nur Auserlesenen mag es gegeben sein, ihm hier mit Sicherheit zu folgen und z. B. in den *Amycléans flambeaux* ohne weiteres das Sternbild der Zwillinge zu erkennen.

Mit den Gewalttätigkeiten und Schäden dieser Antikisierung erkaufte Ronsard den Glanz seiner poetischen Sprache, die Fülle und Harmonie seiner Perioden und auch den Reichtum seiner Rhythmen. Er hat in Strophen von zwei bis zwanzig Zeilen alle Verse von vier bis zwölf Silben verwendet und zwar in so verschiedenen Mischungen und Reimverschränkungen, daß sein Bestreben, sich im Versbau wenig zu wiederholen, augenscheinlich ist. Er ist hier freilich nicht in dem Maße schöpferisch, wie man bisher angenommen hatte. Er hat nicht die lyrische Strophe geschaffen — das hat vielmehr Marot getan, von dem Ronsard ausgeht. Ronsard erschließt, modifiziert und bereichert das Erbe Marot's. Er macht den Alexandriner der lyrischen Strophe dienstbar. Gewiß hat er sich oft vergriffen; aber wie oft auch hat er dem leisen Schritt des Gedankens den Reichtum seiner Rhythmen in feiner Empfindung angepaßt,

qui premier travaillai
De marier les odes à la lyre
Et de savoir sus ses cordes élire
Quelle chanson y peut bien accorder
Et quel fredon ne s'y peut encorder.

Er sang sich seine Lieder. Das Sonett handhabt er als ein Meister, dessen Form Sainte-Beuve zuerst wieder ans Licht gezogen, und den die Dichter heute noch verehren. Den Alexandriner, den er übrigens fast ohne Enjambement baut, hat er wieder zu Ehren gebracht und insbesondere in die Lyrik eingeführt. In quantitierenden Versen hat er sich kaum versucht, reimlose Zeilen nur selten gebildet. Sein Reim ist reich, doch ohne Pedanterie.

Die Ablösung von der *Rhétorique*, die mit Anfang des Jahrhunderts langsam begonnen, von Marot mächtig gefördert worden war, hat Ronsard zum Abschluß gebracht. Er hat ein lyrisches Lebenswerk von ungleich größerer Fülle und Mächtigkeit, als Marot, geschaffen, das aber eng mit Marot's Vorgang verbunden erscheint.

Mit vollen Händen hat Ronsard aus der Literatur des Altertums, Italiens, aber auch des eigenen Landes geschöpft.

Eine hochstrebende, bedeutsame Reform des dichterischen Ausdrucks, die Erschließung eines Reichtums an Rhythmik und an lyrischem Gehalt, wie ihn vordem kein Dichter besaß, und eine stolze Gabe reizender Lieder, worin er den Lebensgenuß in der freien Natur oder im lustig genießenden Freundeskreis und Leid und Freude der Liebe besingt — das ist des großen Lyrikers Ronsard Werk:

Oh, mon Ronsard, mon maître,
Victorieux du mètre,
Oh sublime échanson
De la chanson!
(Th. de Banville.)

Zu Ronsard cf. § 46. — Über die Originalausgaben bei Picot, nr. 667—677 und 2885 ff.; Le Petit p. 78—83, sowie die Neudrucke von P. Blanchemain,

8 vol., 1857—67 (hauptsächlich nach der Sammlung von 1560, doch unzuverlässig in seinen Angaben) und von Marty-Laveaux (nach derjenigen v. 1584). Eine neue Ausgabe hat die *Bibliotheca Romanica* no 188/89 (*Odes*, Ier *livre*) begonnen, dem die Sammelausgabe v. 1578 (*choyée par le poète*) zugrunde liegt. Sie wird von H. Vaganay besorgt (cf. dessen *Notice* und das Heft: *Les odes de P. de R., index bibliographique*, Lyon 1910 = *Frz. Zs.* XXIX[2], 80ff., sowie Vianey in *Revue des langues romanes* LVI (1913) 270ff.). Weiter: *Les amours de P. de R. commentées par M. A. Muret*, nouv. édition d'après le texte de 1578 p. H. Vaganay I. Paris 1910. Als Vorbereitung dieser Ausgaben hat H. Vaganay eine Reihe kleinerer Arbeiten über Ronsard in der *Revue des bibliothèques*, den *Annales fléchoises*, der *Frz. Zs.* (XXIX[2] 80) erscheinen lassen. Ronsard's *Livret de folastries* v. 1553 ist neugedruckt von A. van Bever, Paris 1907. — *Œuvres choisies p. Ch.-A. Sainte-Beuve* (1828), ed. I, Moland, Paris s. d.; *Œuvres choisies* p. E. Voizard, Paris 1890. — P. Laumonier, *Ronsard poète lyrique*, Paris 1909, wozu *Rhl.* XVII, 638ff. Dess. *Tableau chronologique des œuvres de Ronsard*[2], Paris 1911. — H. Longnon, *P. de Ronsard*, Paris 1912: *Les amours de jeunesse*, wozu *RRab.* X, 155. J. J. Jusserand, Ronsard, Paris 1913 (*Gr. Ecr.*). — In der Marie der *Contin. des amours* erkennt H. Vaganay eine Marie Guiet (*Rev. des bibliothèques*, janvier-mars 1912). — Über Ronsards politische Dichtung K. Glaser in *Frz. Zs.* XXXIV, 212ff.; cf. *Archiv* CXXV, 458. P. Perdrizet, *R. et la réforme*, Paris 1902, cf. *Rhl.* IX, 690. M. Lange, *Quelques sources probables des 'Discours' de Ronsard* in *Rhl.* XX (1913), p. 789ff. Zur Chronologie der *Discours*, *Remontrance* und *Réponse* cf. Laumonier, *Tableau*, p. 35f. Den Hugenotten, die ihm priesterliche Würden andichten, antwortet Ronsard: *Ces nouveaux rimasseurs m'appellent tantôt 'évêque futur', tantôt 'abbé': Mais telles dignités ne sont de grand revenu pour n'être fondées qu'en un papier encore bien mal rimé* (*Epître... à ses calomniateurs* bei Marty-Laveaux, VI, 438; cf. *Vie*, 219). — Über R.'s Änderungen Laumonier, p. 271—87. — Über den Wechsel der Benennung *ode* und *chanson ib.* p. XLVI. — Die Urteile des 17. u. 18. Jahrhunderts in *RRen.* IX, 1 ff. — Zur Ikonographie *Rhl.* XIV, 582. Gandar, *Ronsard imitateur d'Homère et de Pindare*, Metz 1854. E. Stemplinger, *R. und der Lyriker Horaz*, in *Frz. Zs.* XXVII (1904) 70ff. Alamanni's geringe Bedeutung für den Pindarzögling Ronsard zeigt Laumonier, p. 704. — J. Vianey, *Le pétrarquisme en France au XVIe siècle*, Paris 1909, p. 133ff., 178ff., 256ff.; dazu *Rhl.* XVII, 861. H. Guy, *Les sources françaises de Ronsard* in *Rhl.* IX, 217ff. — Zum *Boc. royal* I, 5 (*L'équité des vieux Gaulois*), cf. *Rhl.* I, 185. Zu den Eklogen: F. Torraca, *Gl'imitatori del Sannazaro*[2], 1882, p. 58ff. — Zu den Elegien cf. *Frz. Zs.* XXXIII[2], p. 203. — L. Mellério, *Lexique de Ronsard*, Paris 1895. — Ronsard als Strophenbauer: Martinon, *Les strophes*, Paris 1911, p. 38ff.

Gleichzeitig mit der *Défense et illustration* (Ostern 1549) hatte 49.
J. Du Bellay (1522—60) ein Bändchen von 13 Oden und 50 Sonetten (in der zweiten Auflage von 1550 sind es deren 115) erscheinen lassen, in denen er unter dem Namen *Olive* ein junges Mädchen besingt, das vielleicht seine Base Olive de Sévigné ist. Im nämlichen Jahre machte er der Schwester des Königs

Heinrich, Margarete, mit den 16 Oden eines *Recueil de poésie* seine Cour:

Elle portait une âme hôtelière des Muses.

Doch ließen ihn körperliche Leiden und quälende Sorgen (*des affaires domestiques dont le soing est assez suffisant pour dégoûter un homme beaucoup plus studieux que moi*, sagt er in der Vorrede zu *Olive*[2]) nicht zu einer Lebensstellung kommen. Die Not dieser Jahre spricht sich in den Gedichten aus, die er 1552 einer Übersetzung des vierten Buches der Äneis beigab — denn Du Bellay, der 1549 das Übersetzen so sehr verurteilt hatte, übt es nun selbst mit der Erklärung, daß man nicht hartnäckig immer bei einer Meinung bleiben solle: *principalement en matière de lettres*, was er auch gleich damit bekräftigt, daß er den *Amadis* des Des Essarts besingt, nachdem er in der *Défense* so geringschätzig von den Romanen geredet hatte. Dieses labile Künstlertemperament zeigt sich auch darin, daß er gegen das literarische Heidentum der Dichtung kämpft und das Christentum als Quelle poetischer Inspiration preist. Und gegen die Petrarkisten wettert er 1553 in der Neuauflage seines *Recueil de poésie*.

Im nämlichen Jahre nahm ihn sein Verwandter, der Kardinal Jean Du Bellay, als Intendanten nach Rom, wo er, in abhängiger Stellung, von Krankheit und verhaßten Geschäften bedrängt, 'ein Lamm unter den Wölfen' einer intriganten und gewinnsüchtigen Gesellschaft, vier Jahre verblieb. Der Aufenthalt trug mehrfache poetische Frucht. Zwei neue Sonettsammlungen, *Les antiquités de Rome* (47 Son.) und *Les regrets* (191 Son.), in denen er nun auch den Alexandriner verwendet; dann bukolische Gedichte (*Divers jeux rustiques*, 39 Stücke), denen auch der satirische Ton nicht fehlt, und vier Bücher lateinischer *Poemata*: alles nach der Rückkehr, 1558, gedruckt. Der Verfasser der *Défense de la langue française* hat in Rom lateinisch dichten gelernt:

Hoc Latium poscit, Romanæ hæc debita linguæ
Est opera, huc Genius compulit ipse loci.

Von diesen eleganten *Poemata* spinnen sich viele autobiographische Fäden zu den französischen Dichtungen hinüber. Der Hofdienst, dem er sich in Paris von neuem widmet und aus dem Huldigungsgedichte und gereimte Stücke politischer Eloquenz hervorgingen, endete wieder mit Enttäuschung. Die Satire *Le poète courtisan* (1559) ist der Ausdruck dieser Stimmung. 'Willst Du Hofpoet werden, so rate ich Dir

... que sans suivre la trace
(Comme font quelques-uns) d'un Pindare et Horace
Et sans vouloir comme eux voler si hautement,
Ton simple naturel tu suives seulement.
..... garde toi d'oser
Des mots durs et nouveaux qui puissent amuser,
Tant soit peu, le lisant ...

Es ist die ironische Lehre, daß der Hofdichter sich all der ernsten Arbeit zu enthalten hat, die das Manifest von 1549 gepredigt hat, und ein geschmeidiger Ignorant bleiben solle:

Je ne veux que long temps à l'étude il pâlisse,
Je ne veux que, rêveur, sur le livre il vieillisse,
Feuilletant, studieux, tous les soirs et matins
Les exemplaires grecs et les auteurs latins!

Das beredte Stück ist die erste 'klassische' Satire Frankreichs. Es ist das letzte, was Du Bellay hat drucken lassen. Mit siebenunddreißig Jahren starb er (1560), und erst acht Jahre später (1568/69) erschien eine Sammlung seiner französischen Werke, die noch viele Inedita brachte. Eitelkeit hat Ronsard bewogen, dem Andenken des Freundes nicht Treue zu halten.

In der Vorrede zur *Olive* sagt Du Bellay, daß Peletier 1546 ihn zum Sonett und zur Ode geführt habe. In der Ode folgt er, wie Peletier, den Spuren des Horaz: er modernisiert die horazische Ode und oft recht geschickt. Wenn er mit seiner *Olive* als der erste Franzose eine zusamenhängende Sonettdichtung gibt, so schwebt ihm Petrarca vor, den er ausdrücklich nennt: *Je confesse avoir imité Pétrarque, et non lui seulement, mais aussi l'Arioste et d'autres modernes Italiens.* Er befolgt also seine eigene Lehre von der *imitation.* Zwei Drittel der 115 Sonetten der *Olive* sind Nachahmungen oder geradezu Übertragungen aus dem Italienischen, und Ariost ist dabei besonders stark beteiligt. Der Inhalt der *Olive* ist banal, von einem Erlebnis kaum etwas zu spüren. Aber die Form zeugt von tüchtigem Können, und manches der unselbstständigen Sonette ist dem Vorbild an straffem Bau und sicherer Führung überlegen. Du Bellay spricht selbst — in der Vorrede, in der er sich gegen den Vorwurf des Plagiats verteidigt — von seinem Streben *de finir mes sonnets par cette grâce qu'entre les autres langues s'est fait propre l'épigramme française.* Sein bestes Können zeigt, im Vergleich mit dem italienischen Original des Daniello, das 113. Sonett:

Si notre vie est moins qu'une journée
En l'éternel, si l'an qui fait le tour
Chasse nos jours sans espoir de retour,
Si périssable est toute chose née,

Que songes-tu, mon âme emprisonnée?
Pourquoi te plaît l'obscur de notre jour,
Si pour voler en un plus clair séjour
Tu as au dos l'aile bien empennée?

Là est le bien que tout esprit désire,
Là le repos où tout le monde aspire,
Là est l'amour et le plaisir encore.

Là, oh mon âme au plus haut ciel guidée!
Tu y pourras reconnaître l'idée
De la beauté qu'en ce monde j'adore.

Es zeigt zugleich am Schlusse den Einschlag des Platonismus.

Später, 1553, schwört Du Bellay den Petrarkismus ab:

J'ai oublié l'art de pétrarquiser,
Je veux d'amour franchement deviser.

Er will nichts mehr von den Antithesen und Hyperbeln der Petrarkisten wissen:

Ce n'est que feu de leurs froides chaleurs,
Ce n'est encore de leurs soupirs et pleurs
Que vent, pluie et orages.

Er spottet des ewigen Einerleis ihrer Metaphern und der Verstiegenheit ihres Platonismus. Er verlangt sinnliche Liebe und schlägt Marot's Ton an:

Nos bons ayeux, qui cet art démenaient,
Pour en parler Pétrarque n'apprenaient,
Ains franchement leur dame entretenaient
Sans fard ou couverture.

So parodiert er in heiterer Laune seine eigene Dichtung — auch hierin vermutlich italienischem Vorbilde folgend. Einfacher erklingt jetzt sein Lied. Wie Ariost, ahmt er glücklich Catull nach, um in lateinischen Versen seine Römerin Columba zu preisen,

Cuius basia blandulumque murmur
Et morsus poterant, micante rostro,
Ipsum vincere passerem Catulli.

Die *Antiquités* sind eine Klage über den Trümmern der versunkenen römischen Welt, die für ihn das ganze antike Leben einschließt. Er darf sich rühmen, diese Klage unter den Franzosen zuerst angestimmt zu haben; doch ist auch hier seine Selbständigkeit noch gering: Italiener, Alt- und Neulateiner bilden die Stützen seiner Rhetorik. Auch seine *Jeux rustiques* sind, so reizvoll einzelnes ist, wesentlich Spalierpoesie.

Anders die *Regrets*, das poetische Tagebuch seines römischen Unglücks. Er vertraut ihnen seine Träume an, sein Heimweh, sein häusliches Leid, seinen Zorn; das Idyll seiner angevinischen Heimat steht neben dem römischen Unsittenbild. Er hat mit Künstlerhand Leben des päpstlichen Rom in Sonette gebannt als ein Vorläufer G. G. Belli's. Er ist der erste, der, nach dem Vorgange der Italiener, aus dem Sonett eine Waffe der Satire macht:

Je me plains à mes vers, si j'ai quelque regret;
Je me ris avec eux, je leur dis mon secret,
Comme étant de mon cœur les plus chers secrétaires.

Leidenschaftlich klagt er über Rom. Wie bereut er, sein Vaterland verlassen zu haben:

Et malheureuse soit la flatteuse espérance,
Quand, pour venir ici, j'abandonnai la France,
La France et mon Anjou, dont le désir me point.

Denn:

Entre les loups cruels, j'erre parmi la plaine;
Je sens venir l'hiver de qui la froide haleine
D'une tremblante horreur fait hérisser ma peau.

Las! les autres agneaux n'ont faute de pâture,
Ils ne craignent le vent, le loup ni la froidure —
Si ne suis-je pourtant le pire du troupeau.

Es sind die *Tristien* dessen, den Pasquier den französischen Ovid nennt:

Quand revoirai-je, hélas, de mon petit village
Fumer la cheminée, et en quelle saison
Revoirai-je le clos de ma pauvre maison,
Qui m'est une province et beaucoup davantage?

Plus me plaît le séjour qu'ont bâti mes ayeux,
Que des palais romains le front audacieux:
Plus que le marbre dur me plaît l'ardoise fine;

Plus mon Loire gaulois que le Tibre latin,
Plus mon petit Liré que le mont Palatin,
Et, plus que l'air marin, la douceur angevine.

Diese *Regrets* sind Du Bellay's Hauptwerk, nicht nur dem Umfange nach, sondern nach Geist und Form. Das Jahrhundert hat kein Werk einer intimeren, persönlicheren Poesie geschaffen als dieses und keine Sonette von größerer Meisterschaft. Hier ist Du Bellay er selbst; die Nachahmung tritt mehr zurück; das Programm der *Défense et illustration* scheint vergessen. So überwindet er die Fesseln, die er einst geschmiedet, und durchbricht die Schranken seiner poetischen Theorien.

Du Bellay ist eine wahre Poetennatur voller Ursprünglichkeit. Diese zeigt sich schon in seinen schöpferischen Nachahmungen. Dann tritt sie in den *Regrets* frei hervor.

Er ist der modernste, intimste dieser Dichter. Er ist der Lamartine der Schule, deren Hugo Ronsard ist.

Zu Du Bellay cf. § 46. — *L'Olive et quelques autres œuvres poetiques par I. D. B. A.* (= *J. du Bellay, Angevin*), Paris 1549; zweite Aufl. Oktober 1550; eine weitere Fortsetzung von 13 Sonetten mit der Aeneisübersetzung 1552. — Eine Bibliographie der Werke Du Bellay's gibt van Bever in der *RRen.* XIII, 176ff. Le Petit, p. 93; cf. Picot, nr. 680 n. 2890ff. Von Chamard's Neudruck der *Œuvres poétiques* für die *STM.* sind drei Bände erschienen (1908, 10 und 12), welche die *Recueils de sonnets* umfassen und die *Rec. lyriques* beginnen. — Zu Datum und Meinung des *Poète courtisan* cf. L. Clément in *Rhl.* XII (1905) 172. — J. Vianey, *Le pétrarquisme*, p. 85ff., 318ff. — E. Stemplinger, *J. du B. und Horaz* in *Archiv* CXII, 80ff. — Das Sonett des B. Daniello ist bei Chamard I, p. 122n abgedruckt. *Lettres de J. du Bellay p. p. la prem. fois* p. P. de Nolhac, Paris 1883; cf. *Rhl.* I, 49. — H. Chamard, *J. du B.* Pariser Dissertation, Lille 1900, cf. *Rhl.* VIII, 151. — Über die Verwandtschaft der Familien Du Bellay und Sévigné und die Identifizierung der Olive cf. A. Bourdeaut in den *Mém. de la Soc. nat. d'Angers, cinquième série*, t. XIII (1910), 1—54. Das Erlebnis häuslichen Leidens in den *Regrets*, cf. *ib.* XIV (1911), p. 9—88. — Le Burgo, *De J. Bellaii latinis poematis*, Dissertation von Rennes, 1906.

50. Den Ruhm, die erste zusammenhängende Sonettdichtung in französischer Sprache versucht zu haben, teilt mit Du Bellay Pontus de Tyard (1521—1603), der wenige Monate nach der *Olive* und unabhängig von Du Bellay seine *Erreurs amoureuses* (Lyon, 1549) erscheinen ließ, in denen er sich als Schüler Scève's bekennt. Der Geist seiner Sonette verrät denn auch deutlich den Einfluß von Scève's Dizains und der italienischen Strambottisten

des Quattrocento. Die *Erreurs* sind von einförmigem Petrarkismus. Tyard liebt geschmacklose wissenschaftliche Metaphern:

L'eau sur ma face, en ce point distillante,
Vient à mes yeux (j'entends mes tristes pleurs)
Par l'alambic d'amoureuses chaleurs,
Auquel désir tient sa flamme cuisante . . .

Er ahmt auch die Sextine und die Terzerime nach. Später erfährt er deutlich den Einfluß Ronsard's, wie schon der Titel: *Livre de vers lyriques* (1552) zeigt, einer Odensammlung, der dann Sonette in Alexandrinern folgen, — banale Reimereien. Dadurch, daß er 1551 die *Dialoghi d'amore* (1535) des Leone Ebreo übertrug, verstärkte er die Strömung des Platonismus und der Preziosität. Der Burgunder Tyard war der Vornehmste im Kreise der 'Brigade'. Unter Heinrich III. war er Bischof von Chalons. —

Wie Ronsard hat auch Du Bellay nur wenige reimlose *(vers blancs)* und keine nach der Quantität gebaute französische Verse *(vers mesurés)* hinterlassen. Versuche dieser Art haben auch sie gemacht — *il fallait en faire, pour dire: j'en ai fait*, sagt Belleau — aber es ist bezeichnend, daß gerade sie, die wahren Poeten, diese Versuche aufgaben, die bei den wenig ausgeprägten Dauer- und Akzentunterschieden der französischen Silben aussichtslos sind. Eifrige Vertreter fanden sie dafür in Jodelle und besonders in Baïf.

Von Etienne Jodelle's (1532—1573) quantitierenden Versen ist uns nicht viel erhalten geblieben. Begonnen hatte er wie die anderen mit petrarkisierenden Sonetten *(Amours)*, deren Schmachten er dann selbst in den *Contr'amours*, nicht ohne Rohheit verspottete. Auf die Fruchtbarkeit und Vielseitigkeit seines Talentes prahlerisch vertrauend, suchte er das Neue, Auffallende (Terzerime, schwülstige Lehrgedichte) und zersplittert seine künstlerische Arbeit:

Je dessine, je taille, je charpente et maçonne,
Je brode, je pourtrais, je coupe, je façonne . . .

Seinen Ruhm verdankte er hauptsächlich seinen dramatischen Schöpfungen. Nachdem 1558 ein von ihm geleitetes höfisches Festspiel *(Mascarade)* Fiasko gemacht hatte und er in Ungnade gefallen war, lockerten sich seine Beziehungen zur 'Brigade.' In entbehrungsreicher ländlicher Zurückgezogenheit schrieb er kräftige Satiren, besonders gegen die Höflinge und Hugenotten. Seine

Dichtungen, von denen er selbst nichts veröffentlicht hatte, wurden von Freunden gesammelt. Von den geplanten fünf oder sechs Bänden ist aber nur der erste erschienen (*Les œuvres et mélanges poétiques d'Et. Jodelle*, 1574).

Antoine de Baïf (1532—1589) ist nicht ohne dichterische Begabung, doch ohne Originalität. Er ist wesentlich nachempfindend. Seine Poesie trägt in hohem Maße den Stempel der Nachahmung. Als Übersetzer Anakreons, Theokrits u. a. hat er Vortreffliches geliefert. Er hat eine gewisse leichte Art, wie er denn auch gesteht, wenig gefeilt zu haben. Seine oft scherzhaften und burlesken Verse erinnern ganz an Marot.

Er beginnt, zwanzigjährig, mit einer Sammlung von Liebesgedichten (Zehnsilbner-Sonetten und Liedern) die er *Les amours de J.-A. Baïf* betitelt und deren sinnliche Huldigungen einer Méline gelten, was augenscheinlich ein Sammelname ist. Für mehr als die Hälfte des Bändchens kennen wir heute die italienischen und lateinischen Quellen. Die *Quatre livres des amours de Francine* folgen 1555 mit ihren Alexandriner-Sonetten, verraten etwas mehr Erlebnis und etwas weniger Nachahmung.

Wie wächst in diesen Jahren eine französische Familie der Madonna Laura des Petrarca heran! Scève hatte mit Délie begonnen, dann waren Du Bellay und Tyard mit Olive und Pasithée gekommen, Ronsard folgte mit Cassandre, Baïf mit Méline, die von Marie und Francine abgelöst werden. Die *Amours* Jodelles gelten einer Diane. Des Autels feiert seine Sainte; die Castianire des Magny, die Admirée des Tahureau und andere stehen vor der Tür. Auch von der literarischen Laura gilt, was Petrarca von der lebenden sagt: *crebris partubus exhaustum corpus!*

Baïfs Liebesdichtung trug ihm nicht die Anerkennung ein, die er gewünscht. Was der Mangel an poetischer Empfindungskraft ihm versagte, suchte er durch Neuheit der Form zu erreichen. Den fünfzehnsilbigen Vers, den er ausheckte (*vers baïfin*), gab er freilich nach wenigen Versuchen wieder auf. Um so nachdrücklicher verfolgte er seit 1567 den Plan, die französische Dichtung auf den 'Dornenweg' der quantitierenden Metrik zu führen. Er scheidet systematisch, doch natürlich nicht ohne Schwanken und Willkür, die französischen Silben in lange und kurze und nimmt, um die Quantität auch mit Hilfe des Auges zu fixieren, die phonetische Schreibweise nach dem System Ramus' zu Hilfe. Der Hesiodische Hexameter.

Τῆς δ' ἀρετῆς ἱδρῶτα θεοὶ προπάροιθεν ἔθηκαν
Ἀθάνατοι

wird bei ihm zu:

Mę̄s lę̄s īnmōrtę̄ls ōnt mīs ŏdăvānt dĕ lă vērtŭ
Pēin'ĕ sŭǣr.

Einen Band solcher metrischer Verse veröffentlichte er 1574 unter dem Titel *Etrénes de poézie fransoęze an vęrs mezurés.* Es sind Übersetzungen und Originaldichtungen in sapphischen, alkäischen etc. Strophen. Baïf wollte diese quantitierende Poesie nicht nur von einer Lautschrift, sondern auch von einer besonderen Musik getragen sehen. Als er 1570 Karl IX. seinen Plan einer Akademie einreichte, stand diese poetisch-musikalische Reform im Vordergrund: *renouveler l'ancienne façon de composer vers mesurés pour y accommoder le chant pareillement mesuré selon l'art métrique.* In diesen Dichtungen leidet die französische Wortstellung not. In ihren verrenkten Sätzen finden sich Epitheta, die sich die anderen nicht erlaubten: *l'unœil Cyclope, la main cinqramelet* (πέντοζος, Hesiod), *vague-mer* (auf dem Meere schweifend) etc. Das Publikum lehnte Baïfs Gabe ab. Die *Etrénes* wurden nicht weiter aufgelegt, und seine Psalmenübersetzung *commencée en intention de servir aux bons catholiques contre les psaumes des hérétiques,* 1567—1573), in metrischen Versen, ist bis vor wenigen Jahren ungedruckt geblieben. Der Mißerfolg scheint auch ihn entmutigt zu haben. Er arbeitete seinen Psalter in Reimverse um (1587) und schrieb *Les mimes, enseignements et proverbes* (1576 bis 1597 erschienen), eine Dichtung, in welcher der alternde und kranke Autor in zwangloser Folge *(discours entrerompus)* Lebenslehren und satirische Schilderungen aneinanderreiht. Trotz des antikisierenden Titels *(Mimes)* und einiger Sprachgewohnheiten, die den Plejadendichter verraten, bedeutet dieses didaktische Opus eine Rückkehr zur älteren nationalen Poesie. Es ist in Sixains von achtsilbigen Versen geschrieben, mit mittelalterlichen Allüren:

Vraie foi de terre est bannie,
Mensonge les esprits manie:
Tout abus règne autorisé.
Pour bonne loi passe le vice:
Sans balance va la justice,
Honneur et droit est méprisé —

und erinnert im Wechsel seiner Einfälle, wie Baïf selbst sagt, an die *coq-à-l'âne*. Es ist bezeichnend, daß er, von der Höhe der sapphischen Ode herabsteigend, in dieser anspruchslosen alten Form seine glücklichste und originellste Schöpfung geliefert hat.

Remy Belleau (1528—1577), *le gentil Belleau*, übergibt seine ersten Gedichte 1556 der Öffentlichkeit unter dem Titel *Petites inventions* als Anhang zu einer Übersetzung der *Odes d'Anacréon téien*. Die Übersetzung ist gefällig, doch zu unfrei und in ihren paarweise gereimten achtsilbigen Versen zu einförmig. Ronsard ließ der Mangel an freiem Schwung und rhythmischer Gliederung unbefriedigt. Belleau, wirft er ihm vor,

Tu es un trop sec biberon
Pour un tourneur d'Anacréon.

Die ebenfalls unstrophisch gebauten Gedichte des Anhangs, Stillleben wie *La cerise, l'escargot, le papillon*, zeigen in ihrer leichten, anmutigen, aber auch etwas faden Art die Natur des Talents Belleau's. Zwei umfangreichere Dichtungen haben dann insbesondere seinen Ruhm begründet: seine *Bergerie* (1565—1572) und „Die Liebschaften und neuen Verwandlungen der Edelsteine“ (*Les amours et nouveaux échanges des pierres précieuses*, 1576).

In der *Bergerie* hat er geborgen, was im Laufe der Jahre in den Fächern seines Schreibtisches an Huldigungs- und Liebesgedichten, an Totenklagen und poetischen Beschreibungen sich angesammelt hatte, und das Ganze, lose genug, durch den Faden einer Prosaerzählung verbunden, wofür ihm Sannazar's *Arcadia* das Beispiel gab. Hier findet sich sein Kunstvollstes und Bestes: die *Baisers*, Sonette nach berühmten Mustern, denen die Sinnlichkeit eine kecke Wahrheit gibt, und ein Strauß von Liedern, unter denen ein reizendes Frühlingslied (*Avril*):

Avril, l'honneur et des bois
Et des mois,
Avril, la douce espérance
Des fruits qui, sous le coton
Du bouton,
Nourrissent leur jeune enfance —
— — — — — — — — — — —
Avril, c'est ta douce main
Qui du sein

De la nature desserre
Une moisson de senteurs
Et de fleurs
Embaumant l'air et la terre —

das bekannteste ist. Zu seiner Edelsteindichtung ist Belleau durch das spätgriechische, unter dem Namen des Orpheus gehende Epos *Lithika*, das H. Estienne 1566 veröffentlichte, angeregt worden. Durch Mythen eigener Erfindung unternimmt er es, die von den alten Steinbüchern überlieferten Wunderkräfte des Opals, des Achats, des Chrysoliths usw. — es sind ihrer einunddreißig — zu erklären. Es fehlt dabei nicht an lieblichen Zügen (z. B. das Erwachen und die Toilette der Venus in *L'agathe*), doch ist das Ganze zu ungleich, die Dürre der Steinbuchdaten zu wenig poetisch überwunden und Belleau zu geschwätzig, als daß auch nur ein wirkliches Kunstwerk zustande gekommen wäre. Gewiß hat sein poetischer Ausdruck unter Ronsard's Beispiel an Fülle gewonnen und hat er gelernt, seinen Versbau strophisch zu variieren, aber es fehlt das Mark. Belleau's Poesie krankt auch, mehr als die der übrigen, an der *mignardise* der Diminutiva:

Pendant que les arondelettes
De leurs gorges mignardelettes,
— — — — — — — — — — —
Et que les brebis camusettes
Tondent les herbes nouvellettes —

tändelt er im Mailied der *Bergerie*. —

Überblickt man den Verlauf der lyrischen Arbeit der Plejade, so sieht man diese Dichter von Petrarca und den Petrarkisten ausgehen, dann den Petrarkismus lauter oder leiser abschwören, ohne ihn indessen völlig zu überwinden: der Petrarkismus glimmt unter der Asche der Palinodien weiter. Man sieht sie nach den höchsten Zielen der antiken Lyrik begeistert ringen, um, der eine früher, der andere später, zur Chanson zurückzukehren, für die sie auf diesem Umweg Fülle und Feinheit der Form und des Ausdrucks gewonnen haben.

Diese hochstrebende Plejadendichtung hat, wie die italienische, auch ihr geheimes Kabinett, die *Folâtries* oder *Gaietés*, in welchem diese Dichter ihrer tollen Laune und ihrer Sinnlichkeit freien Lauf lassen. Aber auch diese Unsauberkeiten werden unter den Schutz des Altertums gestellt. Ronsard's *Livret de folâtries* (1553) trägt das Catullsche Motto:

Nam castum esse decet pium poetam
Ipsum, versiculos nihil necesse est.

Pontus de Tyard, cf. Picot nr. 698 u. 2909. Neuausgabe zu § 46. — Zur Frage des Datums seiner *Erreurs* cf. H. Chamard, *J. du Bellay*, p. 170. — A. Jeandet, *P. de Tyard*, Paris, A. Aubry, 1860; eine Neuauflage angebl. v. 1912 ist mir nicht erreichbar. H. Hartmann, *G. des Autels*, Züricher Dissert. 1907 p. 56 ff. J. Vianey, *Pétrarquisme*, p. 119 ff.

Zu E. Jodelle cf. Picot I, nr. 696 f. Neuausgabe zu § 46. — H. Fehse, *Et. Jodelles Lyrik* in *Frz. Zs.* II, 182—227.

Die erste Sammelausgabe von Baïf's Werken erschien 1572—73 in vier Bänden, cf. Picot 684; Le Petit, p. 86. Ein kritischer Neudruck der *Amours de Méline* durch Augé-Chiquet, Paris 1900; cf. *Archiv*, CXXIV, 229. Ausgabe Marty-Laveaux: zu § 46. Zu den *Etrénes* und den *Mimes* cf. Picot nr. 686 ff.; Le Petit, p. 88 ff. — M. Augé-Chiquet, *La vie, les idées et l'œuvre de J.-A. de Baïf*, Paris 1909 (wozu *Frz. Zs.* XXXVIII², 33 ff). Das Buch gibt eine Bibliographie Baïf's. — *Baïfs Psautier* ed. E. J. Groth, Heilbronn 1888.

Über einzelne Originalausg. R. Belleau's vergl. Picot nr. 690 ff., Le Petit, p. 95. Neuausgabe durch Marty-Laveaux (§ 46). — R. Besser, *Über R. Belleaus Steingedicht* in *Frz. Zs.* VIII, 184—250. H. Wagner, *R. B. und seine Werke*, Doktordiss., Leipzig 1890. Sein Verhältnis zu Sannazar erörtert F. Torraca, p. 51 ff. — Zu Ronsard's *Folâtries* cf. § 48 Anm.

51. In enger Beziehung zur 'Brigade' steht eine große Zahl von Poeten, die einst, gleich den Genannten, hochberühmt waren: *vous eussiez dit*, sagt Pasquier (*Recherches* VII, 6), *que ce temps-là était tout consacré aux Muses.* Zwei Namen sind besonders zu nennen: Jacques Tahureau aus Le Mans (1527—1555) und Olivier de Magny aus Cahors (1529(?) bis 1561).

Jener veröffentlichte eine Liebesdichtung in Sonetten und Oden, in welchen er seine Admirée feiert (*Sonnets, odes et mignardises amoureuses de l'Admirée*, 1554). Die Musen seien über Vendôme und Anjou nun nach dem Maine gekommen, und wie Ronsard und Du Bellay der Stolz der Loire, so möchte er der Stolz der Sarthe sein. In seinen Versen versichert er, daß er frei wie der Vogel singe. In der Vorrede aber nennt er seine Dichtungen richtiger *premières preuves de mon étude* und die Oden insbesondere *les plus industrieuses parties.* Die Nachahmung Petrarca's und Ronsard's ist augenscheinlich und dauernd, obschon er einmal abweisend ausruft:

Assez vraiment, au fort de mon souci,
Pindare, Horace et vous, Pétrarque, aussi,
J'ai voulu suivre et piller votre lyre!

Nicht die antiken Bilder und Metaphern, die nicht sehr häufig sind, geben seinen Versen das Gepräge, sondern, wie der Titel sagt, die Tändelei:

O, le mignard ventelet,
Doucettement froidelet.

In nur wenigen, wohlgelungenen Sonetten spricht er die Sprache wirklicher Leidenschaft.

Tändelei, Süßlichkeit verdirbt auch die vielfach anmutige Poesie Olivier's de Magny. Das Diminutiv wuchert in seinen Versen. Geziertheit und Mythologie mischen sich. Nachdem er in petrarkistischen Sonetten eine Castianire besungen (1553), findet er in der Ode (*Odes* 1559) sein Bestes auf der Spur Anakreons.

In den *Soupirs* (176 Son. 1557), die zu einem Drittel satirisch sind, und mit denen er großes Aufsehen machte, herrscht der italienische Einfluß im Ausdruck der Liebe und im Spott. Das berühmte preziöse Sonett

'Holà, Charon, Charon! nautonnier infernal!'
'Qui est cet importun qui si pressé m'appelle?'
'C'est le cœur éploré d'un amoureux fidèle,
'Lequel, pour bien aimer, n'eut jamais que du mal.'

'Que cherches-tu de moi?' 'Le passage fatal.'
'Quel est ton homicide?' — 'O demande cruelle!
Amour m'a fait mourir.' — 'Jamais, dans ma nacelle,
Nul sujet à l'Amour je ne conduis à val.'

'Eh, de grâce, Charon, conduis-moi dans ta barque.'
'Cherche un autre nocher, car ni moi ni la Parque
N'entreprenons jamais sur ce maître des dieux.'

'J'irai donc malgré toi, car je porte dans l'âme
Tant de traits amoureux, tant de larmes aux yeux,
Que je serai le fleuve, et la barque et la rame'

das den Hof Heinrichs II. begeisterte, ist nur die Bearbeitung eines Strambotto. Unter dem Einflusse Magny's kehrte man in Frankreich vom Vorbilde Bembo zu den preziöseren Strambottisten des Quattrocento zurück.

Zu J. Tahureau und O. de Magny cf. Picot, nr. 702—4 und 659f. *Poésies de J. Tahureau* ed. P. Blanchemain, 2 vol., Paris 1870. Die *Odes*, die *Amours* und die *Dernières poésies* des Magny hat E. Courbet in der *Bibliothèque d'un curieux*, 3 vol., Paris 1876—80, die *Œuvres choisies* Beaurepaire-Froment zu Cahors 1913 herausgegeben. — J. Favre, *O. de Magny*, Paris 1885; cf. *Rhl.* V, 167. Fr. Torraca, l. c. p. 44ff. Zum Strambotto: *'Caron, Caron!' 'Chi è l'importun che grida?'* cf. *Rhl.* XII, 739. — Vianey, *Pétrarquisme*, p. 206ff., 360ff.

52. An die Lyriker dieser *volée de Ronsard*, wie D'Aubigné sagt, reiht sich ein Flug Jüngerer an *(la seconde volée)*, zu welchem, außer D'Aubigné, Jean Passerat (1534—1602), Nicolas Rapin (1535—1608), Vauquelin de la Fresnaye (1536—1602), Philippe Desportes (1546—1606) und Jean Bertaut (1552—1611) gehören.

Die drei Erstgenannten haben quantitierende Verse gewagt. Dabei machte die Französisierung dieser Metren darin Fortschritte, daß sie durch Schluß- oder Binnenreime gebunden wurden, wie z. B. der Pentameter:

J'āimĕ lĕ tēmps cōmme īl ēst | chāngĕ d'āmōur nĕ mĕ plāīt,

und daß, besonders bei Rapin, die angeblich lange Silbe meist auch eine Tonsilbe ist. Die quantitierende Metrik war also auf dem Punkte in eine, akzentuierende (gleich der deutschen) übergeführt zu werden; doch ist Rapin selbst auf halbem Wege stehen geblieben und einen schöpfungskräftigen Nachfolger hat er nicht gefunden. — D'Aubigné versichert in der Vorrede zu seinen *vers mesurés*, daß diese metrischen Verse beim musikalischen Vortrag eine Schönheit besitzen, die sie beim Lesen freilich nicht hätten und beruft sich dabei auf ein Konzert, bei welchem ein hundertstimmiger Chor einen Psalm seiner Übersetzung vorgetragen habe.

D'Aubigné ist ein Schüler Ronsard's, der dessen Kunstübung noch zur Zeit Ludwigs XIII. preist und verteidigt, obgleich er den sprachlichen Forderungen der neuen Zeit sich nicht verschließen will (Vorrede zu den *Tragiques*). Seine Phantasie ist vom Altertum erfüllt, und gleich Ronsard zeigt er sich besorgt, die *délicieuse ignorance des anciens* durch mystische Deutungen mit dem Christentum zu versöhnen (*L'Hercule chrétien* in Prosa). Aber er huldigt der Mode der Geziertheit, die manches hübsche Liebessonett und elegische Lied verdirbt, deren schönste er im Feld 'zu Pferd oder in den Laufgräben' gedichtet haben will. Sein Bestes gibt er, wenn er religiös ergriffen oder vom Zorn bewegt ist. Schön und auch in seinem etwas gesuchten Schluß nicht ohne Reiz ist sein 'Abendgebet':

Dans l'épais des ombres funèbres,
Parmi l'obscure nuit, image de la mort —
Astre de nos esprits! sois l'étoile du nord,
Flambeau de nos ténèbres!

Délivre-nous des vains mensonges
Et des illusions des faibles en la foi:
Que le corps dorme en paix, que l'esprit veille à toi,
Pour ne veiller à songes.

Le cœur repose en patience,
Dorme la froide crainte et le pressant ennui:
Si l'œil est clos en paix, soit clos ainsi que lui
L'œil de la conscience!

Ne souffre pas en nos poitrines
Les sursauts des méchants sommeillants en frayeur,
Qui sont couverts de plomb et se courbent en peur
Sur un chevet d'épines.

A ceux qui chantent tes louanges
Ton visage est leur chef, leur chevet ton giron,
Abrités de tes mains, les rideaux d'environ
Sont le camp de tes anges.

Das Lied seines Zornes sind die *Tragiques* (*sc. discours*, eine Substantivierung nach Ronsards Programm), die er 1577 in Castel-Jaloux, auf den Tod verwundet, begann, *comme pour testament*, und erst 1616, anonym, herausgab. Die *Tragiques* schildern in sieben Gesängen mit fünfzehntausend Alexandrinern das Elend der Bürgerkriege (I. Gesang: *Misères*), die Verworfenheit Heinrichs III. und seiner Mutter (II. *Princes*), die Korruption des Parlaments (III. *Chambre dorée*), die religiöse Verfolgung (IV. *Feux*, V. *Fers*), die Strafe der Verfolger (VI. *Vengeance*) und das Schlußgericht (VII. *Jugement*). Die zornige Invektive wird zum Lobgesang der Märtyrer und zum Siegeslied. Die Komposition des Ganzen ist unepisch und wenig glücklich, wenn auch z. B. die Schilderung der Bartholomäusnacht lebensvoller geraten ist als in Voltaires *Henriade*. Der Stoff wird nicht in fortlaufender Erzählung behandelt, sondern erscheint in eine Reihe paralleler rednerischer Themata aufgelöst. D'Aubigné weiß anschaulich zu schildern und gewiß lebensvoller zu erzählen als Ronsard:

Car mes yeux sont témoins du sujet de mes vers.

Aber auch bei ihm schlägt die Erzählung rasch in Rhetorik um. Er ist eindrucksvoller Redner, dem besonders einzelne lapidare Verse gelingen:

Pour une heure de mort avoir vingt ans de crainte. —
Quand l'orgueil va devant, suivez-le bien de l'œil:
Vous verrez la ruine aux talons de l'orgueil. —
Ils sont vêtus de blanc et lavés de pardon. —
L'air n'est plus que rayons, tant il est semé d'anges. —
Les corbeaux noircissant les pavillons du Louvre.

Aber ein gleichförmiges Pathos ermüdet, seine theologischen Diskussionen langweilen, seine Geschmacklosigkeiten verletzen. Die Freude an der Antithese verläßt ihn auch hier nicht, so daß er z. B. den Stoff seiner Satire bezeichnet als

Honteuses vérités, trop véritables hontes.

Jean Passerat, der gelehrte Latinist des Collège de France, gehört seiner Bildung nach zur Schule Ronsards, aber Lieder hohen Schwunges gelingen ihm nicht. Er fühlt dies selbst, wenn er in der Elegie auf Turnèbe's Tod, Ronsard einlädt, ihre Klagen zu vereinigen,

Combien que trop soit bas de mes cordes le son
Pour monter à l'accord de ta docte chanson.

Auch das petrarkistische Sonett mißlingt ihm. Sein Gebiet ist das Epigramm, das er meisterlich handhabt, das Spottlied, die leichte poetische Erzählung. Mit gallischem Humor singt er das Lob des Weines und liebt, schadenfroh, von Weiberlist zu reimen. Aber auch einige gemütvolle Gedichte, Elegien und Eklogen, finden sich in seinen *Œuvres poétiques* (1606), und mit Glück hat er sich in der Nachahmung des volkstümlichen Tanzliedes *(Vilanelle)* versucht. Seine Diktion ist die der Plejade, z. B. in seinem 'Mailied':

Laissons le lit et le sommeil,
Cette journée:
Pour nous, l'Aurore au front vermeil
Est déjà née.
Or que le ciel est le plus gai,
En ce gracieux mois de mai,
Aimons mignonne!
Contentons notre ardent désir:
En ce monde n'a du plaisir
Qui ne s'en donne.

Sicher stammen von dem geistreichen Passerat auch einige

der Spottgedichte des Anhangs zur *Satire Ménippée,* zu dem auch Nicolas Rapin beigesteuert hat. Rapin ist von ähnlicher Art wie Passerat. Er ist ein eleganter Lateiner. Die modischen Liebessonette der *Œuvres de l'invention du sieur Rapin* (gedruckt um 1610) sind öde. Besser sind die Lieder des Lebensgenusses. Ist er hier oft ausgelassener als Passerat, so tragen einzelne auch das Gepräge größeren Ernstes und pflichtenreicherer Lebensstellung. Das Unglück des Vaterlandes hat beiden kraftvolle Worte und das aufrichtige Lob ländlichen Friedens eingegeben. Sein Bestes gibt Rapin in den Übersetzungen aus Ovid und Horaz, die bald eng angeschlossen sind, bald, durch aktuelle Zusätze erweitert, zu Nachdichtungen werden. Er erreicht hier eine Anmut, die dem korrekteren Boileau fehlt. Auch aus dem Italienischen übersetzt er.

Der wackere Jean Vauquelin de la Fresnaye pflegt die schäferliche und die didaktische Poesie (Satiren und der *Art poétique*, von welchem oben die Rede war). Als Student läßt er zu Poitiers 1555 zwei Dutzend odenförmige Idyllen drucken, die er 'Waldstücke' *(Foresteries)* nennt und, nach dem Muster der *Arcadia* Sannazar's, mit Prosa mischt. In wechselnden Strophen, deren Holprigkeit die vielen Diminutiven nicht wett machen, singt er von Liebesfreuden. Alles ist Nachahmung, auch die Staffage, in welche kaum eine Erinnerung an die normandische Heimat verwoben ist. Erfreulicher sind die zwei Bücher seiner *Idillies,* die er indessen (mit den Satiren und dem *Art poétique* zusammen) erst 1605 veröffentlichte *(Les diverses poésies du Sieur de la Fresnaie Vauquelin).* Freilich ist auch hier der Rahmen konventionell, und wir können keineswegs, wie er in der Vorrede meint, die Natur erkennen als: *naïvement représentée en chemise.* Aber das Ganze macht den Eindruck größerer Wahrheit. Vauquelin begnügt sich hier mit einfacheren Versformen, um die Geschichte der Liebe zu seiner Gattin ins Pastorale zu übersetzen. Er entlehnt bei den Italienern die episodische Figur des schäferlichen Don Juan *(Colin).* Die Schlichtheit und Innigkeit einiger Stücke vermag zu fesseln. Einzelne Schilderungen haben Erdgeschmack, und wirklicher Volkston klingt aus einem Weihnachtslied *(Noël).* Man fühlt den Dichter, der in der Provinz lebt. Seine fünfundvierzig Episteln *(Satires)* sind Zeugnisse seiner tüchtigen Gesinnung und enthalten in prosaischen Versen manches Treffende. Er beklagt, daß des Dichters Gedanken jetzt so enge Grenzen gezogen seien:

et n'est chose permise
Parler de Dieu, des grands ni de l'église —

daß die Poesie in Mißachtung gefallen, da man gegenwärtig mehr schätze

la poire bergamotte,
La pappardelle et la bonne ricotte,
Le marzepain et le biscuit bienfait,
Que de Ronsard le carme plus parfait.

Im vorausgeschickten *Discours sur le sujet de la satire* spottet er über die neumodige Dichtersprache, die nach Antithesen und spitzfindigen Metaphern *(figures pointues)* strebe. Aber diese Vorrede ist fast ganz aus dem *Discorso sopra la materia della satira* des Fr. Sansovino übersetzt, und die Satiren selbst sind zu einem großen Teile nur amplifizierende Übertragungen aus Sansovino's Sammlung *Sette libri di satire* (1560), in der Vauquelin auch Ariost's Episteln fand, die er zu vier Fünfteln plündert. So ist Frankreichs erste umfangreiche Satirendichtung ein italienisches Plagiat.

Im Jahre 1573 erschienen *Les premières œuvres de Ph. Desportes* (1546—1606) ein Band Gedichte, deren erste Hälfte *Amours de Diane* und *Amours d'Hippolyte* überschrieben ist und aus Sonetten, Oden *(Chansons)*, *Stances*, Terzinen besteht. Dann folgen Liebesklagen *(Elégies)*, Stücke des *Orlando furioso* (Rolands Raserei, Rodomontes Tod, Angelica), in paarweis gereimten Alexandrinern nachgebildet, und *Diverses amours et autres œuvres mêlées*, darunter manch höfischer Zierat. Die Sammlung vermehrt sich mit den Jahren: *Dernières amours (Cléonice)*, weitere Elegien, fromme Lieder und Sonette, die in schwerer Krankheit des Dichters entstanden sind, neue höfische Gedichte *(Mascarades)*, welche die aufsteigende Bahn des Hofdichters Heinrichs III. illustrieren, treten hinzu und zuletzt auch Psalmenübersetzungen (1591—1603).

Seine Sonette sind sehr zahlreich, doch pflegte er daneben mehr als andere auch das Gedicht in Alexandrinerstrophen *(stances)* und besonders die sechszeilige Alexandrinerstrophe, die zu so stolzem Geschick berufen war, hat er, wenn nicht erfunden, so doch zuerst geschätzt und gehegt. Er hat sie vorbildlich gebaut und damit dazu beigetragen, daß das Sonett die Gunst der Dichter zu verlieren begann. Auch im Strophenbau seiner Psalmen zeigt Desportes feinen Formensinn.

Schon die bloße Überschrift vieler Gedichte weist nach Italien, das Desportes aus eigener Anschauung kennt. Wenn er indessen seine Orlandofragmente einfach als *Imitations de l'Arioste* bezeichnet, so ist das nicht ausreichend: Desportes ahmt hier nicht nur Ariost, sondern auch Aretin nach. Und so wimmeln seine Verse von uneingestandenen Nachahmungen. Auch das Spanische — die lyrischen Einlagen der *Diana* des Montemayor — setzt er in Kontribution, worauf schon Malherbe hingewiesen hat.

Desportes' berühmtes Lied 'gegen eine zu helle Nacht' — die sein Stelldichein verrät — ist Ariost's siebente Elegie; sein *Procès contre Amour au siège de la Raison* ist eine Bearbeitung von Petrarca's Canzone *Quell' antico mio dolce empio signore* usw. Schon die Zeitgenossen erkannten diesen Mangel an Originalität. Die Lyoner Stadtbibliothek besitzt einen Band Desportes'scher Sonette mit zeitgenössischen handschriftlichen Hinweisen auf italienische Originale. Ein anderer Zeitgenosse widmete 1604 der Königin ein Büchlein, *Les rencontres des Muses de France et d'Italie* betitelt, in welchem er für einige vierzig Sonette und drei Stanzen des 'französischen Schwans' die italienischen Vorbilder nachweist. Wir wissen heute, daß die Zahl dieser Plagiate viel größer ist und daß auch in den Gedichten, die nicht einfache Übersetzungen oder Nachdichtungen sind, eine kunstvolle Mosaikarbeit von Entlehnungen sich findet. Viele Zeitgenossen dachten darüber anders als wir. Von dem patriotischen Standpunkt ausgehend, daß es sich um die Bereicherung der nationalen Literatur handle, fragten sie nicht nach der Originalität der Erfindung, sondern nach dem Glanze der Form. Jener Anonymus legt seine *Rencontres* der französischen Königin vor, damit sie entscheide, wem von beiden, den Italienern oder dem Franzosen, der '*prix d'éloquence*' gebühre, und weit davon entfernt, dem Ruhme Desportes' nahe treten zu wollen, hofft er wohl im Stillen, die rednerische Überlegenheit des Franzosen zu erweisen. Und unzweifelhaft ist Desportes' Eleganz derjenigen der italienischen Originale ebenbürtig und oft überlegen. Er gehört nach seiner Sprache zur Schule Ronsard's; aber er ist weniger kühn und hat etwas Leichtes, italienisch Geschmeidiges und Weiches. Er ist ein großes Formtalent. Doch fehlt ihm die Originalität. Die Etappen seiner dichterischen Tätigkeit staffeln sich nach der Zufuhr italienischer Liederbücher. Und zwar sucht er sich unter den Italienern die künstlichsten als Vorbilder. Geht Ronsard von Petrarca selbst oder von Bembo aus, so wendet sich Desportes mit Vorliebe an Sasso, Tebaldeo, Angelo di Costanzo. Er schwelgt in ihren Hyperbeln, reitet um die Wette ihre Metaphern von Thränenströmen, Seufzerstürmen, Herzensfeuerbränden und Liebespfeilhagel zu Tode und tändelt mit ihren Antithesen:

O sagesse ignorante! o malade raison!
Deshonneur glorieux, assurance incertaine:
Repos plein de travaux, plaisir confit en peine,
Dommageable profit, fidèle trahison . . .

(*Cléonice* LXXXVI.)

Man rühmt die wahre Erregung seiner christlichen Dichtungen: für ihrer fünf nennen schon die '*Rencontres*' die italienischen Originale. Das gelobte:

Hélas! si tu prends garde aux erreurs que j'ai faites,
Je l'avoue, ô Seigneur: mon martyre est bien doux . . .

ist von Fr. Maria Molza. Andere sind vom Petrarkismus förmlich durchseucht. Bei den italienischen Dichtern war es längst Sitte, von der Liebesdichtung sich zum Gebet, in Liedern oder Sonetten, zu wenden, um nach solch poetischer Andacht wieder zum weltlichen Eros zurückzukehren. Indem auch Desportes diese Abwechslung von seinen Lehrmeistern übernimmt, schafft er (seit 1577) Anregung und Muster für eine christliche Dichtung, die sich nun üppig entfaltet und in der auch Malherbe sein — undankbarer — Schüler sein wird. Desportes' Psalmenübersetzung ist die Arbeit eines preziösen Rhetors, der aber die Paraphrase nicht pflegt, sondern augenscheinlich bestrebt ist, getreu zu bleiben.

Auch zu patriotischer Klage findet Desportes Anregung bei den Italienern. Klagt er einmal über das Unglück des Vaterlandes:

A la France.

Du sommeil qui te clôt les yeux et la pensée,
Sus, réveille-toi, France, en cette extrémité —

so übersetzt er B. Guidiccionis

All' Italia.

Dal pigro e grave sonno, ove sepolta
Sei già tanti anni, ormai sorgi e respira . . .

Ein geschickter Höfling, stellt er diese bequeme Kunst in den Dienst eines ausschweifenden Hofes und besingt auch die Mignons König Heinrichs III., den er 1573 nach Polen begleitet hatte.

Fürstliche Geschenke lohnten ihn. Die reichen Einkünfte seiner geistlichen Benefizien machten ihm 1606 das Scheiden von der Erde schwer.

In ein paar Liedern, die er uneigentlich *Vilanelles* nennt, hat er den Volkston glücklich getroffen.

Desportes bildet einen Gegensatz zu Vauquelin: er ist gesinnungslos, aber elegant; Vauquelin ist ungelenk, aber tüchtig. Plagiatoren der Italiener sind sie beide.

Auch Ronsard's Famulus, der Homerübersetzer Amadis Jamyn (um 1540—85) kann dieser zweiten *volée* zugezählt werden. Die zwei Bände seiner *Œuvres poétiques* erscheinen sozusagen im Gefolge Desportes' (1575 und 1584 alten Stils). *Bien disant* nennt ihn Vauquelin. Jamyn hat die zierliche Wohlredenheit, die man bei den italienischen Quattrocentisten lernte, und Desportes' Beispiel führt ihn zur christlichen Muse.

Bertaut (1552—1611) schwankt nach seiner eigenen Angabe zwischen der Nachahmung der *douceur et facilité* seines Meisters Desportes und der hohen Kunst Ronsard's, aber, sagt er in seinem *Discours* auf Ronsard's Tod,

mais je pus moins encor
Avec mes vers de cuivre égaler les tiens d'or.

Und gerade dieses bombastische, vom mythologischen Ornament erdrückte Gedicht zeigt wirklich, daß sein Talent hier nicht ausreicht. Er ist kein politischer Redner, obschon er die Form des langatmigen *Discours* liebt. Desportes' zierliche Kunst liegt ihm näher. Spricht aus Bertaut's Versen mehr wahre Empfindung als aus denen Desportes', und ist er weniger Plagiator der Italiener, so ist andererseits seine Geziertheit noch aufdringlicher, seine Antithesen gehäufter. Sein Inspirator ist Tansillo. Wie unleidlich ist die mythologische Preziosität des Gedichts auf einen Unfall, der dem König und der Königin beim abendlichen Übergang über einen Fluß zustieß,

Si bien qu'en même temps on voit tomber dans l'onde
Les soleils de la France et le soleil du monde:
Les uns dedans un fleuve et l'autre dans la mer . . .

was dann bis zum Sonnenaufgang weiter entwickelt wird.

In der nun Mode gewordenen Psalmendichtung eröffnet er den Reigen derer, die von der Übersetzung zur Paraphrase übergehen. Die Erinnerung an einzelne schöne Stellen (z. B. Psalm 1 und

143) verdirbt er uns durch seine Antithesen und die Geschmacklosigkeit, mit der er z. B. Psalm 44 'auf die Person des Königs und der Königin' umdichtet. Bertaut's Dichtungen stammen hauptsächlich aus den Jahren 1580—1600. Er veröffentlichte die jüngeren zuerst (*Recueil des œuvres poétiques de J. Bertaut*, 1601) und ließ ihnen dann 1602 (*Recueil de quelques vers amoureux*, anonym) die älteren, meist Liebesdichtungen, folgen. Er war damals schon in einflußreicher geistlicher Stellung am Hofe. Er kann als Hofdichter Heinrichs IV. gelten und leitet zu Malherbe und seiner '*bande délicate*' über. 1611 starb er als Bischof von Séez.

Das Sonett tritt bei Bertaut schon stark zurück: der Siegeszug des Madrigals bereitet sich vor. Auch es stammt aus Italien.

Die Lyriker dieser *seconde volée* zeigen deutlich, daß sie die Schüler der Plejade sind: sie benutzen ihre Dichtungsformen, ihre Rhythmen, sogar die quantitierenden, ihre sprachlichen Freiheiten, ihre mythologische Bildlichkeit. Die Plejade hat den Versformen, der Sprache und der poetischen Diktion der *seconde volée* den Stempel aufgedrückt. Aber dabei hat sich doch manches geändert. In der Mannigfaltigkeit der Rhythmen hat eine Auswahl stattgefunden, die nach festen Formen strebt, wobei die kurzen Versarten zurücktreten. Die Fülle des Reimes wird ängstlicher erwogen. In der Benutzung der sprachlichen Freiheiten zeigt sich mehr Zurückhaltung, und die mythologische Bildlichkeit wird mehr und mehr zum Gemeinplatz. Die Leidenschaft der ersten Liebe zu Sturm und Drang ist verraucht. Bisweilen führt der *esprit gaulois* diese Dichter über Anakreon zum lustigen, ausgelassenen Lied; meist führt sie der *bel esprit* zur Nachahmung der Italiener zu dem allgegenwärtigen Petrarca, zu Tebaldeo, Bembo, Tansillo. Der Italianismus mit Antithese und Hyperbel herrscht bei diesen Epigonen der Plejade. Ihr Element ist das kleine lyrische Gedicht, das Liebeslied: Sonette, Odeletten, Stanzen. An die Stelle der Pindarschen Ode tritt bei ihnen die Bearbeitung der Psalmen, deren einfacher Größe ihre tändelnde Kunst nicht gewachsen ist.

Im Jahre 1579 wurden zu Poitiers große Gerichtstage (*grands jours*) abgehalten. Im Salon der poitevinischen Musen, der Damen Des Roches, trafen sich bei diesem Anlaß mit den Literaten der Stadt die schöngeistigen Fremden. Bei einer dieser Versammlungen zeigte sich ein indiskreter Floh am Halse des Fräuleins Des Roches. Der Anwesende Etienne Pasquier machte ein paar witzige Reime auf den ungebetenen Gast. Die anderen ahmten ihn nach und unter dem Titel *La puce de Madame Des Roches* erschienen die Gedichte, in deren Preis Floh und Dame sich teilen, von zwanzig Autoren verfaßt, im Druck (1582). Der Wettkampf bewegt sich in Epigrammen, Oden, Sonetten etc., deren Mischung von Geistreichelei und Geschmacklosigkeit, hyperbolischer Huldigung und Indezenz typisch ist für die Geziertheit und Unfeinheit der Modedichtung der *seconde volée.*

Sieht man von hier zur Höhe des Ronsardschen Parnasses empor, so ist man versucht, den horazischen Vers zu parodieren:

Parturiunt montes, nascetur ridiculus — pulex.

Viel Lyrik, und von der besten, findet sich in den zeitgenössischen Tragödien, besonders in den Chorgesängen:

Das Jubellied in Desmasures' *David triomphant* (1566):

Réveillez-vous! Réveillez!
Réveillez-vous tous!
Ne gisez plus travaillés
Sous le sommeil doux!
Le jour chasse la nuit coie,
Sorti du levant;
Israël ramène en joie
David triomphant!

Das Klagelied der Jüdinnen bei Garnier (1580):

Nous te pleurons, lamentable cité,
Qui eus jadis tant de prospérité
Et maintenant, pleine d'adversité,
Gis abattue.
Las! au besoin tu avais eu toujours
La main de Dieu levée à ton secours,
Qui maintenant de remparts et de tours
T'a dévêtue.

Der Hymnus auf das goldene Zeitalter bei Montchrétien (1601):

Heureux le siècle d'or où, sans avoir envie
De monter à l'honneur,
L'homme sentait couler tous les jours de sa vie
En un égal bonheur!
Il n'était affligé de crainte et d'espérance,
Ni mu d'ambition,
Son corps, plein de vigueur, était franc de souffrance,
Son cœur sans passion.

Die Unterscheidung der drei *volées* oder *bandes* (die dritte ist die Malherbe's) bei D'Aubigné, *Œuvres* I, 457: die *volée de Ronsard* bis 1574; die zweite bis 1610. — Ronsard selbst braucht den Ausdruck von seinen Zeitgenossen: *ceux de ma volée* in der *Epître... à ses calomniateurs*, 1563.

Ed. Müller, *Über accentuierend-metrische Verse* in der *franz. Sprache*, Bonner Doktordiss., 1882. A. Tobler, *Vom franz. Versbau alter und neuer Zeit*[5], Leipzig 1910, p. 4ff. E. Stengel im *Grundriss* IIa, p. 6. — Cf. Pasquier, *Recherches* VII, 11 und d'Aubigné. *Œuvres* I, 453; III, 273. — D'Aubigné's Psalm: J. Trénel, *Le psaume CX chez Marot et D'Aubigné* in *Mélanges de philologie offerts à F. Brunot*, Paris 1904, p. 323.

D'Aubigné, cf. § 42. *Œuvres complètes de D'Aubigné* p. p. E. Réaume et E. de Caussade, 6 vol., Paris 1873—92 (die Gedichte im dritten und vierten Band). *Les Tragiques, donnés au public par le larcin de Prométhée. Au désert*, 1616; cf. Le Petit, p. 112; zum Datum: *Rhl.* XVIII, 238; neueste Einzelausgabe v. Ch. Read (*d'après le manuscrit conservé parmi les papiers de l'auteur*), Paris 1896. Den ersten Gesang (*Misères*) haben H. Bourgin, L. Foulet u. A. kritisch und kommentiert herausgegeben, Paris 1896; J. Bédier, *Le texte des 'Tragiques'* in *Etudes critiques*, Paris 1903. Zum Stil cf. *Archiv* CXXV, 459. — Ch. de Roche, *Une source des 'Tragiques'* in der *Festschrift z. 49. Vers. deutscher Philol. und Schulmänner*, Basel 1907.

Les poésies françaises de J. Passerat ed. P. Blanchemain, 2 vol., Paris 1880. — Zur Ausg. v. 1606 cf. Picot nr. 713. Bibliographie bei F. v. Mojsisovics, *J. Passerat*, Halle 1907.

Ch. Dejob, *De Renato Rapino*, Paris 1881. — E. Stemplinger, *N. Rapin als Übersetzer* in *Frz. Zs.* XXIX, 235.

J. Travers hat die *Foresteries* des Vauquelin 1872 und die *Diverses poésies* (2 vol.) 1869 zu Caen neugedruckt. — A. P. Lemercier, *Etude sur les poésies de J. Vauquelin de la Fr.*, Paris 1888. Zu seinen Plagiaten cf. Vianey, *M. Régnier*, Paris 1896, p. 69—77.

Les prem. œuvres de Ph. Desportes, cf. Le Petit, p. 97. Zur Bibliographie: Vianey in *Rhl.* XIII, 98 und Vaganay in *Frz. Zs.* XXXIX[2] (1912) p. 230. *Œuvres complètes de Desportes* p. p. A. Michiels (es fehlen die Psalmen) Paris 1858. — Zu den italien. Plagiaten: F. Flamini, *Studi di storia lett.*, Livorno 1895 (p. 433—39: *I plagi di F. Desportes*); *Rhl.* XV (1908) p. 113; 333; 507; J. Vianey, *Pétrarquisme*, p. 222ff.; 295ff.; *Rhl.* XVII (1910) p. 125: *Desportes et Guarini.* Desportes' Entlehnungen aus dem Spanischen zeigt Lanson, in *Rhl.* IV, 61.

Zu Am. Jamyn's *Œuvres* cf. Picot no 738f. Der erste Band wurde 1577, 1579 u. 1582 verbessert und vermehrt wieder aufgelegt. Neudruck v. Ch. Brunet, 2 vol., Paris 1879. — Seine Homerübersetzung, welche die Zehnsilbnerversionen des H. Salel (*Ilias* I—XI) und J. Peletier (*Odyssée* I u. II) in Alexandrinern fortführt, resp. ersetzt, erschien seit 1574.

Les œuvres poétiques de J. Bertaut, p. p. A. Chenevière, Paris 1891 (nach der Sammelausgabe von 1620). Cf. Picot nr. 820. D'Aubigné stellt *l. c.* Bertaut an die Spitze der dritten *volée* (*la bande délicate* Malherbe's); wie berechtigt das ist, erhellt aus *Rhl.* XIX (1912) 161ff. — G. Grente, *J. Bertaut*, Paris 1903; cf. *Rhl.* XI, 156. — Vianey, *Pétrarquisme* p. 271; 311. — Zum Aufkommen des Madrigals cf. Ph. A. Becker in *Zs. f. rom. Philologie* XII, 97ff. — Zum Reim der *seconde volée* cf. D'Aubigné, *Œuvres* I, p. 457.

La Puce ou jeux poétiques français et latins, cf. Picot nr. 737; neugedruckt von D. Jouaust, Paris 1872. Picot, *Fr. ital.* II, 147.

Als es diese ganze Renaissancelyrik längst vergessen hatte, 53.
las das XVII. Jahrhundert noch eifrig einige christliche Spruchdichtungen dieser Zeit: die *Quatrains* Pibrac's (gest. 1584), Faure's (gest. 1624) und Mathieu's (gest. 1621), die der alte Gorgibus in Molière's *Sganarelle* (1660) seiner Tochter statt der Romane empfiehlt:

Lisez-moi comme il faut, au lieu de ces sornettes,
Les Quatrains de Pibrac et les doctes Tablettes
Du conseiller Mathieu, ouvrage de valeur . . .

Pibrac beruft sich ausdrücklich auf das Beispiel der griechischen Gnomiker. Die tüchtige Gesinnung seiner beiden Spruchsammlungen (1575—1576) ist in schmucklose Form gekleidet; sie sind oft prosaisch, doch zeigt die manchmal recht glückliche Fassung der Gedanken den Einfluß der Plejadendichtung:

Hausse tes yeux: la voûte suspendue,
Ce beau lambris de la couleur des eaux,
Ce rond parfait de deux globes jumeaux,
Ce firmament éloigné de la vue . . .

Ähnlicher Unterweisung dient sein fragmentarisches Lehrgedicht *Sur les plaisirs de la vie rustique*, in welchem der Segen der täglichen Landarbeit poesievoll geschildert wird. Seine Nachahmer Faure und Mathieu sind ihm nicht ganz ebenbürtig, doch findet sich Hübsches auch bei ihnen. Den des Todes uneingedenken Greis schildert Mathieu in den *Tablettes de la vie et de la mort* (1613):

N'est-ce pas tout l'excès d'une folie insigne
Voir un vieillard languir, inutile, à la cour,
Contrefaire le jeune et, tout blanc comme un cygne,
Tirer le chariot de la mère d'Amour?

Natürlich sind neben der Renaissancedichtung die älteren Formen der Lyrik nicht von heute auf morgen verschwunden; doch beschränkt sich ihre Verwendung immer mehr auf das Gebiet des poetischen Scherzes. Das zeigt, wie eine Reihe ähnlicher Publikationen, der *Amoureux passetemps, déclaré en joyeuse poésie par plusieurs épîtres du coq à l'âne et de l'âne au coq, avec ballades, dizains, huitains et autres joyeusetés* (Lyon 1582), von dem es in der Widmung an den Leser heißt:

Qui n'est écrit au langage enrichi,
Ni de style tel qu'à un rimeur duit.

Die lyrische Cäsur des zweiten Verses paßt zu den veralteten Reimkünsten, die sich im weiteren finden.

Wie sehr die neuen Formen zur allgemeinen Herrschaft gelangt waren, ersieht man daraus, daß Pasquier in seinen *Recherches* (VII, cap. 5) den Bau der *ballades*, *chants royaux* und *rondeaux* zu beschreiben unternimmt, *parce que nous avons perdu l'usage de ces trois pièces.*

Das zeigt auch das Beispiel des Advokaten Jean le Houx (gest. 1616) aus dem Städtchen Vire, das am gleichnamigen normandischen Flusse liegt. Seit langer Zeit waren lustige Lieder jener Gegend, die man Olivier Basselin (richtiger Bachelin) zuschrieb, unter der Bezeichnung *Chansons du Vau de Vire* oder schlechthin *Vau-de-Vire*, *Vaudeville* berühmt, und Vaudeville ward zur Bezeichnung des volkstümlichen Liedes, des Gassenhauers überhaupt. Le Houx adoptierte diese Bezeichnung für seine feuchtfröhlichen Gedichte, in denen er den Ruhm des Mostes und Weines in Ronsardschen Rhythmen besang und das Lob des Rausches und den Preis der roten Nase in einer Sprache vortrug, die den gelehrten Dichter verrät. Und das verhinderte diese *chants biberons* nicht, als Lieder des alten Basselin zu gelten.

Das Volkslied begleitet mit leidenschaftlichen Schmähungen, wildem Jubel und bittern Klagen die blutigen Ereignisse dieser Jahre. Mit dem *Patenôtre du buveur* Le Houx' kontrastieren das *Benedictus des Huguenots* (1587):

Monsieur de Guise vaillamment
A défait ces barbares bandes,
Tant les françaises qu'allemandes.
Dieu en soit éternellement
Benedictus!

und das *De profundis de la Ligue* (nach der Schlacht von Ivry, 1590):

Venez, ligueurs, je vous prie,
Venez tous me voir mourir!
Venez pour voir de ma vie
La fin et dernier soupir!
Las, j'ai la France
Mis en souffrance
Par mon ambition,

Mais à cette heure
Faut que je meure
Par Henri de Bourbon.

Nach dem langen, haßerfüllten Ringen scheint endlich die Sonne des Friedens aufzugehen:

Je vois le ciel, je vois le ciel nous rire
D'un regard reluisant...

heißt es in einem hugenottischen Lied, das sich an den neuen König wendet:

Garde la paix qui garde tes François,
Et pour rendre domptée
L'injustice effrontée,
Fais-lui mâcher la bride de tes lois!

Wie diese historischen Lieder überall am Wege rasch entstehen, so welken sie auch rasch dahin, wenn der Zug der Ereignisse vorüber ist. Sie haben kein dauerndes Leben in der mündlichen Überlieferung des Volkes. Nicht der geschichtliche, sondern der allgemein menschliche, romantische, poetische Wert eines Ereignisses fesselt dauernd das Interesse des singenden Volkes. Er bestimmt auch die Form der Behandlung im Liede, das die zugrunde liegenden Tatsachen frei umgestaltet, mit pittoreskem Detail schmückt und, vollständig gleichgültig gegen historische Wahrheit, das ursprüngliche Geschehnis bis zur Unkenntlichkeit verwischt. Es entstehen formelhafte Verse und Strophen, die sich durch die Jahrhunderte vererben. So finden wir die satirische Schilderung des Begräbnisses, die das Malbroughlied des XVIII. Jahrhunderts bietet, schon in einem Lied auf den Tod des Herzogs von Guise von 1563.

Cinquante quatrains contenant préceptes et enseignements utiles pour la vie de l'homme, composés à l'imitation de Phocylides etc. par le S. de Pybrac, Paris 1575. — *Continuation des quatrains*, Paris 1576. Seither über fünfzigmal gedruckt, z. B. v. J. Claretie, Paris 1874. H. Guy, *Les quatrains de P.* in *Annales du midi* XV, 449. — Zu Pierre Mathieu's *Tablettes* cf. Picot nr. 774. — Über die älteren Dichtungsformen auch H. Estienne, *Deux Dialogues* 1578, II, 141.

Les Vaux de Vire de J. le Houx, publiés sur le ms. autographe du poète p. A. Gasté, Paris 1875. Ders., *O. Basselin et le Vau de Vire*, Paris 1887. Über die Kontroverse Le Héricher-Gasté und ihr gesichertes Resultat orientiert *R. bl.* v. 10. Mai 1890. — Schon Du Bellay (1549) braucht das Wort *Vaudeville* als allgemeine Bezeichnung (ed. Chamard III, p. 3).

Le Roux de Lincy, *Recueil de chants historiques françaıs*, 2 vol., Paris 1841—42. H.-L. Bordier, *Le chansonnier huguenot du XVIe s.*, 2 vol., Paris 1870.

Ch. Lenient, *La poésie patriotique dans les temps modernes*, 2 vol., Paris 1894 (I. Band: das XVI. u. XVII. Jahrh.). — Das Lied auf den Tod des François de Lorraine, duc de Guise, bei Le Roux II, 287.

54. Nach dem Manifest der Plejade, das so geringschätzig von den *petites choses* der Schule Marot's und so hoffnungsfreudig vom *long poème* gesprochen, erwartet man nicht, das Gebiet der epischen Dichtung von den Renaissancepoeten nur kärglich angebaut zu sehen.

Ungeduldig ruft Du Bellay um 1555 von Rom aus seinem Freunde Ronsard zu:

Ergo suas Veneri lacrymas lususque relinque,
Aptior ad pugnas est tibi facta lyra! . . .
Franciados resonat fama superba tuæ.

Noch 1563 ist Ronsard nicht über den Anfang des zweiten Gesanges (Schiffbruch der Troer) hinausgekommen, und erst die Anwesenheit Tasso's in Paris (1570—1571) scheint ihm den äußeren Anstoß zur Drucklegung der vier ersten Gesänge seiner *Franciade* gegeben zu haben. Er hatte für das längst angekündigte Werk, unter Berufung auf Lemaire, die mittelalterliche Sage von der trojanischen Abstammung der Franken gewählt, während eben die zeitgenössische Forschung an deren Zerstörung arbeitete. Nach ihr war der Gründer des Frankenreiches der Sohn Hektors, Francus (Francion), der eigentlich Astyanax hieß. Die hohen Taten dieses Francus, der dabei vielfach an fahrende Ritter wie Amadis erinnert, stellt Ronsard nach dem Vorbild des antiken Epos dar: Merkur, von Jupiter gesandt, fordert von König Hélénin, daß sein Neffe Francus zur Eroberung Galliens ausziehe. Francus segelt ab (I), ein Sturm verschlägt ihn zu König Dicée auf Kreta, wo er gastlich aufgenommen wird und den Königssohn aus der Gewalt eines Riesen befreit (II). Die beiden Königstöchter Hyante und Clymène erfaßt heftige Liebe zu Francus. Ihre Eifersucht endet mit dem Tode der Clymène (III). Hyante prophezeit Francus' Sieg über Gallien und lehrt ihn durch die aus der Unterwelt aufsteigenden Schatten die französischen Könige kennen (IV).

Ronsard ahmt Homer nach, aber näher noch liegt ihm nach Stoff und Geist das Epos Vergils, in welchem Homers Art ja bereits zur künstlerischen Mache geworden war. Ronsard sucht und findet bei Homer gewisse Naivitäten des poetischen Ausdrucks, bei Vergil aber die ganze Maschinerie, mit der er arbeitet. So ist eine unglaublich gequälte, schülerhafte Komposition entstanden. Ronsard hat keinerlei epische Begabung. Seine *Franciade* ist eine Verirrung. Alle Epik löst sich unter seiner Feder in bombastische Reden und in aufdringliche Beschreibung auf. Francus segelt nicht ab, ohne daß uns der Schiffsbau in sechzig Versen detailliert wird (I. Gesang). Es kann nicht regnen, ohne daß uns Junos Wolkenfabrik vorgeführt wird:

Et lors Junon . . . .
Les [scil. *les nues*] *presse ensemble, et, en son giron prêt,*
Leur forme un corps tout ainsi qu'il lui platt:
L'une elle enflait de monstrueuses images,
L'autre de pluie et de venteux orages,
L'autre en bruyant sur l'autre se roulait,
L'autre blafarde et noirâtre coulait . . . (II).

Und derselbe Mann, der eine so feine Empfindung für die Wahl des lyrischen Verses zeigt, fühlt sich im Epos so unsicher, daß er statt des Alexandriners durch den Befehl Karls IX. den mittelalterlichen Zehnsilbler sich aufdrängen läßt (Vorrede von 1573). Den Ehrgeiz, der Vergil Frankreichs zu sein, hat Ronsard durch ein zwanzigjähriges Ringen gegen sein Talent und durch den Spott der Nachwelt, in Leben und Tod schwer büßen müssen.

Von mehr epischer Begabung ist der Gascogner Guillaume Salluste (eigentlich *Salustre*), Seigneur Du Bartas (1544—1590), der Gesandte und Kampfgenosse Heinrichs IV., der den Sieg von Ivry enthusiastisch besang, um dann an den Wunden zu sterben, die er als Reiterführer in der Schlacht erhalten hatte.

Früh begann er weltlich zu dichten. Er entwarf unter anderem ein Epos zum Ruhme Frankreichs,

Faisant le Mein gaulois, non la Seine allemande.

Dann forderte die Muse Urania ihn auf,

A faire voir en France un sacré-saint ouvrage.

Der Königin Jeanne von Navarra folgend begann er, 'fast noch ein Kind' (um 1560), die sechs Gesänge seiner *Judith* (1373), des ersten biblischen Epos Frankreichs: Judith befreit Jerusalem von Holofernes. Die Disposition der Erzählung ist ganz vergilisch. Es wird z. B. die ganze jüdische Geschichte rekapitulierend erzählt. Dazu kommen die Gemeinplätze einer hausbackenen Moral. Aber es fehlt auch nicht eine gewisse kecke Bildlichkeit und das Verlangen, wirkliches Leben darzustellen (Realistik), das Ronsard so wenig hat. Sprache und Versbildung sind die der Plejade, doch übertreibt er ihre Freiheiten. Er läßt den Alexandriner häufig enjambieren, gestattet sich arge Inversionen, z. B.:

Pour, rusé, garantir de danger ma personne

und individuelle Neubildungen, wie onomatopoetisches *ba-battre:*

Mais le cœur de Judith, qui sans cesse ba-bat . . .

Sein Ausdruck ist vom Altertum erfüllt: der betrunkene Holofernes ist ein

homme écervelé
Par le fils de Sémèle et par l'archer ailé.

Aber auch Petrarkismus zeigt sich, z. B. in dem Katalog der Reize Judiths (IV. Buch), deren Aufzählung Du Bartas eben durch seine Maßlosigkeit persönlich gestaltet, indem er auch die Nase *(le montelet)* und die Fingernägel beschreibt:

Sa main, où nulle ride, où nul nœud n'apparaît,
A de nacre enrichi le bout de chaque doigt.

Dabei liebt er die Antithese: diese Reize bezaubern die heidnischen Feinde und

Font l'idolâtre camp de Judith idolâtre.

Solcher Art ist Du Bartas' Kunst auch in seinem Hauptwerk *La Semaine ou création du monde* (1578), doch erscheinen sowohl ihre Vorzüge als ihre Mängel hier stärker: Du Bartas ist schwungvoller, gestaltungskräftiger, aber auch kecker in seinen sprachlichen Freiheiten und in seiner Bildlichkeit, die oft sehr gesucht und oft sehr trivial wird. Er ist zügellos. Sein Gedicht wird zu einem Arsenal barocker Metaphern, die schon den Spott der Zeitgenossen geweckt haben. Er gefällt sich in bizarren Tonmalereien. Die Kunstübung der Plejade wird bei ihm zum Zerrbild.

Die sieben Tage der *Semaine* erzählen in ungefähr sechstausend Alexandrinern die Schöpfung nach Genesis 1 und 2. Der knappe biblische Bericht wird erweitert durch lyrische und rhetorische Einlagen *(ici je chante un hymne à Dieu, là je vomis une satire contre les vices de mon âge)*, durch moralische und namentlich durch wissenschaftliche Unterweisung. Er mischt, wie er sagt, Zucker und Honig der menschlichen Wissenschaft in den heilsamen Trank der heiligen Schrift, damit die kranke Menschheit ihn eher schlucke. Erde, Feuer, Luft und Wasser werden erörtert, die christliche Kosmogonie wird gegen die antiken Philosophen und gegen Kopernikus, *ce docte Germain*, verteidigt, und von diesen Diskussionen steigt er zur Beschreibung des Details, zur Erzählung von Anekdoten herab und findet so auch den Weg zum Preise seiner gottgesegneten Gascogne. Der fünfte Tag bringt den Katalog der Tiere, der sechste die Beschreibung des Menschen. Am siebenten Tag schildert er Gott, wie er mit der Freude des Künstlers sein Werk betrachtet — eine Stelle, die Goethe bewunderte, die der Dichter aber gleich durch Trivialitäten verdirbt, indem er zusammenfassend sagt:

Et bref, l'oreille, l'œil, le nez du Tout-Puissant
En son œuvre n'oit rien, ne voit ni rien ne sent
Qui ne prêche son los, où ne luise sa face,
Qui n'épande partout les odeurs de sa grâce —

welche Verse zugleich die pedantische Genauigkeit des Autors illustrieren.

So wird sein Epos zur Encyklopädie — nicht sowohl des Renaissancewissens als der mittelalterlichen Wundergläubigkeit — und damit oft genug prosaisch: eine seltsame Mischung von Pathos und Trivialität, Poesie und Prosahaftigkeit, von Schwung und Holprigkeit.

Das Werk hatte großen Erfolg, wohl den größten des Jahrhunderts. Die Auflagen drängten sich. Es wurde mit gelehrtem Kommentar beschwert, ins Lateinische, Italienische, Spanische, Englische, Deutsche übersetzt. Von ihm erfüllt schrieb Tasso 1592 seinen *Mondo creato* und benutzte dabei manchen Zug seines Vorbildes. Der Spanier Acevedo bildete ihm seine *Creación del mundo* (1615) nach. Mit Du Bartas' *Semaine* beginnt die französische Literatur wieder das Ausland zu beeinflussen und schickt sich an, die führende Stellung in der Romania zurückzugewinnnen, die sie seit dem vierzehnten Jahrhundert verloren hatte. Auch einheimische Nachahmer und Mitbewerber hat Du Bartas gefunden, doch sind sie vergessen. Indessen verdient sein Rivale und Zensor Christophe de Gamon (*La semaine, contre celle du sieur du Bartas, 1609*) das Lob persönlicher Art und die Anerkennung mancherlei eindrucksvoller und schöner Stellen.

Der Erfolg veranlaßte Du Bartas in der Bearbeitung der Bibel fortzufahren. Die sieben Weltalter Augustins legte er dem Plan einer *Seconde semaine* zugrunde. Der erste 'Tag' dieser zweiten Weltwoche sollte die Geschichte von Adam bis zur Sündflut, der zweite die Zeit bis Abraham u. s. f. umfassen, der sechste 'Tag' von Christus bis zum Weltuntergang reichen und der siebente den Weltsabbath darstellen. Doch ist dieses zweite Werk unvollendet geblieben. Das 1584 veröffentlichte Stück enthält nur die zwei ersten Tage, in je vier Gesängen. Vom dritten und vierten Tag sind einige Fragmente 1590 gedruckt worden.

Die Darstellungsweise ist wesentlich dieselbe, doch gibt ihm der biblische Bericht jetzt häufiger Anlaß zu Trivialitäten. Hat er früher von Gott gesagt, daß er nicht als *loup-garou* lebe, so versichert er jetzt, Gott sei kein *loir qui dort*. Vom trunkenen Noah heißt es, daß er

commence devenir
D'homme en sale pourceau et vautrer sans vergogne
Au milieu du logis sa ronflante charogne.

Seine Wissenschaft holt weiter aus. Er schwelgt z. B. in einer ekelerregenden Aufzählung der Krankheiten (I, Gasang 3: *Les Furies*) und ergeht sich in einer Schilderung der Völker und Sprachen (II, Ges. 2 u. 3), bei welchem Anlaß er auch von der Musik spricht:

Nous chantons, le Toscan semble à peu près bêler,
Pleurer le Castillan, le Tudesque hurler.

Für jede Sprache führt er vier Vertreter an; für das Italienische: Petrarca, Boccaccio, Ariost und Tasso; für das Deutsche: Michael Beuther, Luther, Kaspar Peucer und Peter Beutterich; für das Spanische: Antonio de Guevara, Boscan, Luis de Granada und Garcilaso. Das Meer dieser Wissenschaft mit seinen *flo-flottantes* und *bou-bourdonnantes ondes* trägt sein Schiff in weite Fernen, so daß er unterzugehen fürchtet:

Verrai-je point jamais mon Ithaque fumer?
Ma chaloupe fait eau, je ne puis plus ramer.
C'est fait, c'est fait de moi, si quelque humain rivage
Ne reçoit promptement les ais de mon naufrage —
Ha! France! je te vois! Tu me tends jà les bras,
Tu m'ouvres ton giron, et, mère, ne veux pas
Qu'en étrange pays, vagabond, je vieillisse,
Tu ne veux qu'un Brésil de mes os s'orgueillisse,
Un Catai de ma gloire, un Pérou de mes vers:
Tu veux être ma tombe aussi bien que mon bers.

Stolz lieb' ich den Gascogner!

Dieser *Seconde semaine* hat Du Bartas eine Rechtfertigung seiner Darstellungsweise beigegeben. Er verteidigt seine Sprachfreiheiten, besonders seine onomatopoetischen Verse und Neubildungen wie *pé-pétiller*, *bou-bouillant*, gibt aber zu, daß er von den zusammengesetzten Epitheta, wie *emble-cœur*, die er zu sieben und acht aneinanderreiht, zu reichen Gebrauch gemacht habe. Die Unebenheit und Schwere vieler Verse entschuldigt er mit dem gewichtigen Inhalt, der *une phrase haut levée* verlange und nicht leichte Verse wie *un vaudeville ou une chansonnette amoureuse.* Diejenigen, welche die poetische Verwendung der antiken Fabeln in seinen Versen tadelten, möchten bedenken, daß es sich hier um ein Herkommen der französischen Dichtung handle, dem er sich nicht ganz habe entziehen können, das aber hoffentlich bald aus der Dichtung der Christen verschwinden werde.

Du Bartas hat das Gedicht, das Jakob VI. von Schottland auf die Schlacht von Lepanto verfaßte, ins Französische übertragen, doch nicht ohne sich zu stolz rühmen, daß er sonst an Eigenem reich genug sei, um nicht andere übersetzen zu müssen. In seinen lyrischen Dichtungen ist er ein von wahrer Erregung bewegter Rhetor. Als Poet des Hofes von Nérac hat er auch gascognische Verse geschrieben, und, was in seinem 'Wettstreit der drei Musen' die französische und lateinische Muse von der gascognischen sagen, das mag für uns von ihm selbst gelten:

Ecoutons donc sa voix barbarement diserte.

Das Beispiel Ronsard's und Du Bartas' rief eine Reihe heute völlig vergessener Franciaden, Schöpfungswochen, Austriaden, Hippiaden, Mariaden, Christiaden in's Leben.

P. Lange, *Ronsards Franciade und ihr Verhältnis zu Vergils Aeneide*, Wurzener Progr., Leipzig 1887; zu den franz. Quellen: H. Guy in *Rhl.* IX (1902) p. 228ff. G. Allais, *De Franciadis epica fabula in posteriori XVImi sæculi parte*, Paris 1891. Zu den verschiedenen Redaktionen: *Archiv* CXXIX, 459; dagegen Faral in *Rhl.* XX (1913), p. 672. Die Erklärung Ronsard's von 1563, daß er seine Arbeit an dem Gedicht vorläufig mit dem Schiffbruch der Troer aufgegeben habe, bei Marty-Laveaux, VI, 438. — Über Ronsard's widersprechende Äußerungen zur Wahl des Zehnsilbners in *Rhl.* IX, 234 n. u. XVII, 694.

Du Bartas' Erstlingsband trägt den Titel: *La Muse chrétienne*, Bordeaux 1573, und enthält: *Le triomphe de la foi, Uranie, Judith.* — Die zwanzigste Auflage der *Semaine* erschien, zum erstenmal mit dem Kommentar von S. G. S. (= Simon Goulart aus Senlis), zu Paris 1583. — *La seconde Sepmaine ou Enfance du monde*, 1584. — Zur Bibliographie und Biographie cf. O. de Gourcuff u. P. Bénétrix, *S. du Bartas, Choix de poésies françaises et gasconnes*, Auch 1890. — G. Pellissier, *La vie et les œuvres de Du Bartas*, Paris 1882. — P. Toldo, *Due articoli letterari*, Roma 1894 (p. 3—51: *Il poema del Du Bartas e quello di T. Tasso*). H. Kaiser, *Über die Schöpfungsgedichte des*

Gamon und D'Aubigné und ihre Beziehungen zu Du Bartas' Sepmaine; Rostocker Doktordiss., Bremen 1896.

Zu Ronsard's und Du Bartas' Nachahmern von 1600—10 cf. R. Toinet, *Quelques recherches autour des poèmes héroïques-épiques français du XVIIe siècle*, Tulle 1899. — H. Guy et A. Jeanroy, *Le poème trilingue de Du Bartas* in *Annales du Midi* XIV (1902), 353—73. — H. Achton, *Du Bartas en Angleterre*, Pariser Dissertation, 1908, cf. *Jahresbericht* XI, II, 140. Du Bartas in Holland: *Rev. du XVIe siècle*, I. 451.

55. Auf dem Gebiete des Romans ist eine hervorragende Leistung nicht zu verzeichnen. Zu den eigenen und importierten (*Amadis*, 1540 ff.) Ritterromanen hat sich der spätgriechische Liebesroman gesellt (*Théagène et Chariclée*, 1547), der gleich jenem auf dem Hintergrunde kriegerischer Abenteuer die Liebe vornehmer Personen darstellt, der die Menschheit nur so als Folie dient. Und zwar eine Liebe, die nicht wird, die keine innere, sondern nur eine äußere aber sehr verwickelte Geschichte hat. Dabei ist die Darstellung idealistisch, vom Element der Sinnlichkeit losgelöst. Zahlreiche Episoden unterbrechen die Haupthandlung: Entführungen, Schiffbrüche, Mißverständnisse, Totsagungen usw. und reihen ein verzögerndes Moment an das andere. Die verschiedensten Länder des Erdkreises dienen der vielumgetriebenen Liebe als Schauplatz.

Nach diesem Muster unternimmt es Béroalde de Verville (1558—1612) französische Romane zu schreiben, z. B. die *Aventures de Floride* (fünf Bücher, 1594—1601), in deren bunte Liebesabenteuer er zeitgenössische Personen und Schicksale hineingeheimnist. Béroalde scheut freilich anstößige Détails und Ausdrücke nicht. Er wagt sich auch bereits an den historischen Roman: *La Pucelle d'Orléans* (1599), in dem er die geschichtlichen Tatsachen frei behandelt und den Personen die höfisch galante Sprache seiner Zeit in den Mund legt: eine Travestierung der Historie in eine modische Liebesgeschichte, wofür das 17. Jahrhundert dann berühmtere Beispiele liefern wird. Martin Fumée mischt in das Schema des Heliodor archäologisches Wissen (Plutarch), und bringt feinere und zugleich lebenswahrere Art in seine Erotik (*Du vrai et parfait amour*, 1599).

An die Seite der Schäferlyrik und -dramatik tritt der Schäferroman, aus dem Griechischen (*Daphnis et Chloé* 1559) und aus dem Spanischen übersetzt: *Les sept livres de la Diane de George de Montemayor, èsquels, par plusieurs plaisantes histoires déguisées sous nom et style de pasteurs et bergères, sont décrites les variables et étranges effets de l'honnête amour*, Reims 1578, in dessen Vorrede der Übersetzer N. Colin sagt, daß er 'aus dem kurzen spanischen Mantel ein französisches Kleid gemacht' habe. Andere Übertragungen desselben Buches folgten. Jorge de Montemayor erzählte in diesem Werke (gedruckt 1558 oder 1559) die Geschichte seiner unglücklichen Liebe in schäferlicher Einkleidung. Sich selbst versteckt er unter dem Namen Sireno, seine Dame nennt er Diana und eine Reihe von Zeitgenossen verbirgt er hinter den Masken der übrigen Hauptpersonen. Die Handlung ist in die utopistischen Täler eines portugiesischen Flusses verlegt und spielt in der fabelhaften Zeit, wo die griechischen Götter friedlich neben christlichen Klöstern wohnen und die Äbtissin der Nymphe begegnet. Wirkliche Naturschilderung fehlt ebenso wie psychologische Entwicklung. Zaubertränke lenken die Geschicke. Die Erzählung ist episodenreich. Die Sinnlichkeit ist in den hochgehenden Wogen der Sentimentalität ertränkt, die in überschwenglichen Liebesklagen, bald in Prosa, bald in eingelegten lyrischen Stücken zum Ausdruck kommt. Hyperbel und Künstelei sind darin reichlich vertreten und vom französischen Übersetzer mit Vorliebe gepflegt.

Der erste, den der ungeheure Erfolg dieses Romans zur französischen Nachbildung reizte, ist Nicolas de Montreux, in dessen fünfbändigen, faden *Bergeris de Juliette* (1585—1598) sich zum spanischen auch die italienischen Vorbilder gesellen.

Die spanische Literatur lieferte, zum Teil auf dem Umwege über Italien, der französischen damals auch eine Reihe romantischer Herzensgeschichten, insbesondere die *Selva de aventuras* (1573) von Contreras, die 1580 von Chappuis übersetzt wurde und in der namentlich die Schilderung der Leiden interessierte, welche unglückliche Christen in der Sklaverei algerischer Korsaren zu erdulden hatten. Wie lange wird die Reihe derer sein, die Contreras mit solchen Berichten folgen! Und welchen Einfluß hat auf die französische Dichtung Perez' de Hita romantische Geschichte vom Untergang des maurischen Granada mit seinen ritterlichen Zegries und Abenceragen gehabt, dieser historische Roman, der 1608 unter dem Titel *Histoire des guerres civiles de Grenade* übersetzt erschien!

Neben den Idealismus dieser Erzählungen tritt der kecke Realismus des sogenannten Schelmenromans *(novela picaresca)*. Schon 1561 wird die *Vie de Lazarille de Tormes* übertragen, deren spanisches Original 1554 erschienen war: die Autobiographie des kleinen

Lazarus aus der Tormesmühle bei Salamanca, der als Führer eines blinden Bettlers ins Leben hinaustritt und mit der Entwicklung seiner Gewandtheit im Handhaben von allerlei spitzbübischen Kunstgriffen allmählich bis zur Stellung eines Ausrufers aufsteigt. Im Rahmen dieser Selbstschilderung, deren epische Elemente zum Teil aus den italienischen Novellisten entlehnt sind, gibt der unbekannt gebliebene Verfasser eine beißende, von unkirchlichem Geiste getragene Satire der spanischen Gesellschaft.

Spanien beherrscht im 16. Jahrhundert die französische Romanliteratur und erschließt Frankreich mit *Amadis*, *Diana*, den *Guerres civiles de Grenade* und mit *Lazarillo de Tormes* die Quellen, aus denen der idealistische und der realistische Roman des 17. Jahrhunderts fließen wird. Das erste Kunstwerk, das hier entsteht, ist die *Astrée* des Honoré d'Urfé, von der zwei Bände noch zur Zeit Heinrichs IV. erscheinen. —

Nur noch wenig Pflege findet die Novelle im Stile des *Heptameron*. Jacques Yver veröffentlicht 1572 unter dem Titel *Le printemps d'Yver*, dem die Geziertheit des Inhalts entspricht, eine Sammlung von fünf Journées, fünf Liebesgeschichten, deren Originalität *(discours nés en France et habillés à la française)* er besonders Italien gegenüber rühmt. Die bedeutendste davon, deren Helden Perside und Sultan Soliman heißen, ist die Quelle des *Ibrahim* (1641) der Madeleine de Scudéry geworden.

Zu B. de Verville cf. die Einleitungen zu den Ausgaben des *Moyen de parvenir* von P.-L. Jacob (Paris 1882) und von Ch. Royer (2 vol., Paris, Lemerre 1896); Picot, no 3071. Zur *Pucelle d'Orléans* cf. Picot nr. 1522. — W. Küchler, *M. Fumée's Roman 'Du vray et parfait amour'* in *Frz. Zs.* XXXVII, 139—225. — G. Schönherr, *Jorge de Montemayor, sein Leben und sein Schäferroman*, Halle 1886; cf. *Revue hispanique* II, 304; Picot nr. 1748. — Zu Nic. de Montreux cf. H. Körting, *Geschichte des franz. Romans im XVII. Jahrh.*, 2 vol., Leipzig 1884—87, I, p. 66. — Zu den Übersetzungen span. Romane cf. *Khl.* III, 53 und Reynier *Le roman sentimental avant l'Astrée*, Paris 1908, p. 55 ff. Ein Verzeichnis von Romanen der Zeit bei Gordon de Percel (Lenglet Dufresnoy), *De l'usage des romans avec une bibliothèque des romans*, 1734, II, 38; 180 ff.; 256. Lanson no 1468 ff.; 2654 ff. — J. Ulrich, *Proben der franz. Novellistik des 16. Jahrh.*, I. Texte, Leipzig 1906. — Zu Reynier's Buch vergl. Küchler in *Frz. Zs.* XXXV[2] 202. — Den *Lazarillo* behandelt A. Morel-Fatio, *Etudes sur l'Espagne* I[2], 111—166. — Ein chronolog. Verzeichnis der 'psychologischen' Romane von 1593 bis 1610 bei Reynier p. 383 ff. — *Le printemps d'Yver*, cf. *Zeitschr. f. vergl. Litteraturgesch.*, *N. F.* IX, 33; Picot nr. 1700 und *Bibliothèque des romans*, janvier 1786, II, 33.

56. Eine mittlere Stellung zwischen der erzählenden und der moralistischen Literatur nehmen eine Reihe von Werken ein, in

denen Fragen der praktischen Lebensführung an der Hand kleiner Geschichten, vornehmlich Schwänken, behandelt werden: eine Art Laienpredigten, lehrhaft und ergötzlich zugleich, wie die Kanzelrede des mittelalterlichen Geistlichen. Dabei tritt, je nach dem Autor, das epische, das satirische und das moralisierende Element in verschiedener Mischung auf. Vielfach ist der Einfluß Rabelais' im Stil, in der Freude am Unsaubern und auch in der Verwendung grotesker Erfindungen erkennbar. Später stellt sich auch der Einfluß Montaigne's ein. Doch wird weder die geistige noch die künstlerische Höhe dieser Vorbilder erreicht.

Die meist dialogisch eingerichteten Bücher haben ihrem bunten Inhalt entsprechende Titel: 'Spinnstuben' *(Ecraignes)*, 'Abendsitze' *(Serées)*, 'Allerlei' *(Bigarrures)* etc.

1547 gibt der Bretone *Noël du Fail* (2520—1591) 'Ländliche Plaudereien' *(Propos rustiques)* heraus, in denen er das Alltagsleben der bretonischen Bauern lebendig malt: Ein Zweckessen unter dem Vorsitz des Curé, Tanz und Keilerei, den dörflichen Spaßmacher, den philosophischen Bauern u. s. f. Diese Schilderungen setzt er dann unter dem Namen *Eutrapel* in seinen 'Possen' (*Baliverneries*, 1548) fort und später (1585) läßt er ihnen *Contes et nouveaux discours d'Eutrapel* folgen, in welchen drei Sprecher, der Rabulist Lupolde, der maßvolle Polygame und der etwas an Rabelais' Panurge gemahnende Eutrapel die Mißstände des zeitgenössischen Lebens bald heiter, bald beißend verspotten.

Eine ähnliche Kritik übt, jedoch frischer und namentlich gegen die Ausländerei in Sprache und Sitten sich richtend, der jugendliche Jacques Tahureau (1527—1555) in seinen posthumen *Dialogues non moins profitables que facétieux* (1565). Er höhnt die, welche *se passionnent à l'italienne, soupirent à l'espagnole, frappent à la napolitaine.* Er verlacht die *mendieurs de latin* und die Pedanten, *qui commencent dès le haut de la mitre joviale et puis viennent finir sous la selle percée de Proserpine.*

Unsauberer ist der burgundische Jurist Tabourot (1547—1590) in den zwei Büchern seiner *Bigarrures* (1582—1586), die indessen über mancherlei Geheimnisse der damaligen Dichtung (Anagramme, Rebus etc.) willkommenen Aufschluß geben. Von ausgelassener Lustigkeit sind die Geschichten, die Tabourot von einem Edelmann aus der Franche-Comté erzählt *(Apophtègmes du Sieur Gaulard)*, in dessen Person die Burgunder ihre freigrafschaftlichen Nachbarn verspotten, und die Erzählungen, die Winzer und Winzerinnen von Dijon bei ihren abendlichen Versammlungen zum besten geben (*Ecraignes dijonnaises*, vor 1592).

Der poitevinische Buchhändler Guillaume Bouchet (1513 bis 1593) widmet der Kaufmannschaft seiner Heimatstadt 1584 den ersten Teil seiner *Serées*, deren zweites und drittes Buch 1598 und 1608 erscheinen. In einer gelehrten Einleitung verteidigt er den Wert der Nachtischreden, namentlich auch mit dem Hinweis auf die Deutschen, die ihre wichtigsten Angelegenheiten bei Tisch erledigen *en trinquant 'gar-auf' l'un à l'autre*. In seiner etwas schwerfälligen Art behandelt er in den Gesprächen der sechsunddreißig *Serées* Wasser und Wein, Fische und Hunde, Richter und Ärzte, Schelmen und Bucklige, Geruch und Gesicht, Bartscherer und Maler, immer darauf bedacht, 'eine Platte nützlicher Speise mit einer Tunke ergötzlicher und heiterer Reden anzurichten'. Er hat Recht, zu sagen, daß sein Buch 'mehr nach Wein als nach Öl riecht'. Den heutigen Leser wird es namentlich durch die Fülle kulturhistorischer Belehrung interessieren.

Das Lob stilistischer Vortrefflichkeit verdient 'Das Mittel, sein Glück zu machen' (*Le moyen de parvenir*, 1610) des schon genannten Kanonikus François de Béroalde de Verville, der Rabelais' Ausdrucksweise virtuos handhabt. Das Buch, das sich im Titel so geheimnisvoll gibt, schildert ein Festmahl, an welchem alle Berühmtheiten der Weltgeschichte teilnehmen, und erzählt in lebendigster Weise die Vorgänge und Reden bei diesem imaginären Symposion, die leider fast gänzlich aus Schmutz und Gemeinheit bestehen.

Hierher gehören, obwohl erst 1617—1630 erschienen, die vier Teile der 'Abenteuer des Barons von Scheinen' (*Les aventures du baron de Fæneste*) von Agrippa d'Aubigné. Der lumpige Edelmann de Fæneste (φαίνεσθαι) erzählt in halb gascognischem Französisch, prahlerisch und selbstironisierend zugleich, wie Falstaff, seine Erlebnisse auf Reisen, im Felde und namentlich bei Hofe dem hugenottischen Herrn von Enay (εἶναι). In witzigem, durch manchen Schwank gewürztem Gespräch stellt D'Aubigné dem tüchtigen, auf seinen Gütern lebenden Landedelmann den verschuldeten schmarotzenden Junker, den höfischen Panurge, gegenüber, dessen ganze windige Existenz auf den Schein gegründet ist und der für seinen letzten Heller statt Brot einen Zahnstocher kauft, damit er durch dessen augenfälligen Gebrauch den Anschein erwecke, als habe er reichlich diniert — wie

Lazarillo und Don Quijote. Ein Stück Brot könne man ja schließlich auch stehlen!

Durch dieses sein letztes Werk hat d'Aubigné jene vor seinen Augen sich vollziehende Entwickelung ironisiert, die den territorialen Adel Frankreichs in eine Hofaristokratie verwandelte und aus dem ländlichen Grundherrn den geldbedürftigen Höfling des Absolutismus erstehen ließ. —

Noël du Fail, *Discours d'aucuns propos rustiques de maistre Léon Ladulfi, Champenois*, Lyon 1547. Neuausgabe v. A. de la Borderie, Paris 1878. Cf. Picot nr. 1776. *Baliverneries ou contes nouveaux d'Eutrapel, autrement dit L. Ladulfi*, Paris 1548. — *Les contes et discours d'Eutrapel, par le feu seigneur de la Hérissaye, gentilhomme breton*, Rennes 1585. Die beiden letztern Sammlungen vereinigt der Neudruck von E. Courbet, *Les Baliverneries et les Contes d'Eutrapel*, 2 vol., Paris 1896. — R. Förster, *Die sog. facetiösen Werke Noëls du Fail*, Leipziger Dissert. 1912.

Les dialogues de feu J. Tahureau, gentilhomme du Mans, non moins profitables que facétieux etc., Paris 1565. Mehr als ein Dutzend Auflagen bis zum Ende des Jahrhunderts. Neudruck v. H. Conscience, Paris 1871. — Als Vorläufer Montaignes behandelt ihn P. Villey, *Les sources des Essais*, Paris 1908, I, p. 34 ff.

Estienne Tabourot, *Les Bigarrures du Seigneur des Accords*. Die Ausgabe v. 1582 ist verschollen, cf. Picot, nr. 1777 ff. — Crépet II, 285—92.

G. Bouchet; zu den Ausgaben der *Serées* cf. Picot, nr. 1702. Neudruck von C.-E. Roybet (= Royer und Courbet), Paris 1873—82.

Zum *Moyen de parvenir* cf. § 55 und Picot, nr. 1781 ff. und nr. 759. Zur Verfasserschaft: *RRen.* IX, 140.

A. d'Aubigné, cf. § 52 und Le Petit, p. 114 sowie Picot no 1529.

Zur grotesken Kunst dieser Erzähler vergl. H. Schneegans, *Gesch. d. grot. Satire*, p. 282 ff.

Die Passionsbrüderschaft zu Paris hatte 1545 ihr behag- 57.
liches Lokal verlassen müssen und sich im August 1548 einen Platz auf dem Grundstück des alten Hôtel de Bourgogne gekauft, wo sie nun ein eigenes Schauspielhaus erbaute: Le Théâtre de l'Hôtel de Bourgogne. Um sich gegen die Konkurrenz der nach der Hauptstadt drängenden Berufsschauspielergesellschaften zu schützen, wandten sie sich ans Parlament mit der Bitte, daß ihr altes Spielpatent in ein eigentliches Monopol verwandelt werden möchte, nach welchem niemand außer ihnen in Paris berufsmäßig Theater spielen dürfe, es sei denn in ihrem Namen und mit ihrer Erlaubnis. Das Parlament gewährte durch einen Beschluß vom 17. November 1548 dieses Monopol, verfügte aber zugleich, daß die Passionsbrüder in Zukunft weder die Leidensgeschichte Christi, noch andere heilige Mysterien auf-

führen sollten, sondern nur 'anständige, ehrbare, profane Theaterstücke, in denen niemand beleidigt oder beschimpft werde'. Dieses anderthalb Jahre nach dem Tode Franz' I. erlassene Verbot charakterisiert die Stellung des Renaissancehofes Heinrichs II. zur mittelalterlichen Dramatik. Trotz allerlei Rückfällen blieb das Mysterium von nun an aus der Hauptstadt verbannt. In der Provinz fand es bis ins XVII. Jahrhundert hinein eine Zufluchtsstätte. Heute ist es sogar in der Bretagne erloschen, wo regionale Kunstbestrebungen es wieder zu erwecken versuchen. Lebendig ist es bloß noch in den Tälern der Basken.

Ihres eigentlichen Repertoires beraubt, spielte die Passionsbrüderschaft so gut es ging, z. B. einen *Huon de Bordeaux*, 1557. Seit 1578 sehen wir sie Berufsschauspieler in ihren Sold nehmen und später ihre Bühne vermieten. Während bisher nur Sonn- und Feiertags gespielt worden war, erhalten sie 1597 die Erlaubnis auch an Werktagen zu spielen.

Wir stehen hier vor der seltsamen Tatsache, daß eine Handwerkergesellschaft in dem nämlichen Augenblick durch ein Spielmonopol zur Herrin des ganzen hauptstädtischen Theaters gemacht wurde, da sie durch die Entziehung ihres eigentlichen Spielstoffes ihrer Lebensfähigkeit beraubt ward. Diese Ungeheuerlichkeit rächte sich schwer. Mehr als ein halbes Jahrhundert der Pariser Theatergeschichte ist erfüllt von den ärgerlichen, einer gesunden Entwickelung der hauptstädtischen Bühne höchst schädlichen Streitigkeiten zwischen den Passionsbrüdern und ihren Konkurrenten, Streitigkeiten, denen erst Ludwig XIV. (1676) durch Auflösung der Brüderschaft ein Ende bereitet.

Die satirischen Theateraufführungen der Basochiens erliegen der strengen Aufsicht der Behörde; seit 1582 sind sie verstummt. Die Korporation selbst *(royaume de la Basoche)* lebt indessen bis zur Revolution weiter.

Die Confrérie des Sots erscheint noch im Anfang des XVII. Jahrhunderts im Hôtel de Bourgogne. Noch 1616 werden die *maîtres fous* und ihre Narrenpossen *(Pois pilés)* erwähnt. Von den Schauspielertruppen, welche die Provinzen und auch das Ausland durchzogen und die während der großen Jahrmärkte unter dem Schutze der Meßprivilegien nach Paris kamen und vom Hofe zur Unterhaltung berufen wurden, ist es die eines gewissen Valleran Lecomte, deren Spur am häufigsten wiederkehrt. 1599 mietet diese Truppe unter dem Namen

Comédiens français ordinaires du roi den verfallenden Saal des Hôtel de Bourgogne. Ständige Mieterin wird sie aber erst seit 1607.

Ernstliche Konkurrenz machten den französischen Truppen die italienischen, die zu immer häufigerem und immer längerem Aufenthalt nach Frankreich kamen. Von der Gesellschaft, welche sich die 'Eifersüchtigen' *(Gelosi)* nannte und unter der Führung des berühmten Paares Francesco und Isabella Andreini (gest. 1604) standen, berichtet L'Estoile 1577, daß sie 'mehr Zulauf haben, als die vier besten Prediger zusammengenommen'. Das Parlament schritt ein, angeblich weil diese Schauspieler '*n'enseignaient que paillardises et adultères et ne servaient que d'école de débauche à la jeunesse*'. Die Passionsbrüder finden es schließlich am geratensten, auch diesen vom Hof beschützten Schauspielern ihre Bühne zu vermieten, und so sehen wir denn seit 1583 die Italiener ihre Stegreifkomödien *(commedie dell'arte)* im Hôtel de Bourgogne aufführen und sich in den Saal mit einer französischen Gesellschaft teilen.

Diese italienischen Truppen, die zugvogelartig kommen und gehen und in der Mitte des XVII. Jahrhunderts sich dann dauernd niederlassen, haben in der Geschichte des französischen Theaters tiefe Spuren zurückgelassen. Die englischen Wandertruppen aber, die auch Shakespeares Stücke führten, haben keinen dauernden Erfolg gehabt.

Lanson no 2767 ff. — Zum Untergang des mittelalt. Theaters cf. § 30. G. Lanson, *Etudes sur les origines de la tragédie classique en France*, in *Rhl.* X, 177 ff.; E. Rigal, *La mise en scène dans les tragédies du XVIe s. ib.*, 1 ff., sowie *Archiv* CXVI, 238. — Zum Ausdruck *Pois pilés* (Erbsmus), E. Picot, *Romania* VII, 237; 241 ff.; Julleville *Mystères* I, 421 n.; *Les Comédiens*, p. 98; M. Sépet in *Etudes romanes dédiées à G. Paris*, Paris 1891, p. 80. — E. Rigal, *Esquisse d'une histoire des théâtres de Paris de 1548 à 1635*, Paris 1887, jetzt auch in Rigal's, *Le théâtre français*, 1901. — Zum regionalen Fortbestehen der Mysterienbühne: *Rhl.* X, 180; XIV, 386. — Durch zwei Jahrhunderte zieht sich der Kampf zwischen Meßtheater (*théâtre forain*) und dem privilegierten Theater der Hauptstadt; der erste überlieferte Streitfall datiert vom Frühjahr 1596 *(foire de St-Germain)*, cf. Rigal, p. 24 (44).

Über die italienischen Schauspieler: A. Baschet, *Les comédiens italiens sous Charles IX, Henri III, Henri IV et Louis XIII*, Paris 1882.

E. Rigal, *Le théâtre de la Renaissance*, in *Hist. l. l. fr.* III, 261—318; IV, 186—219. — Exzerpte und Inhaltsangaben der Stücke von 1550—1610 in der *Histoire du théâtre français depuis son origine jusqu'à présent* [Frères Parfait]. Paris 1735—47 in Band III u. IV.

58. Der erste Versuch einer Erneuerung der dramatischen Literatur geht von den Protestanten aus.

1550 erschien zu Genf eine *Tragédie française du sacrifice d'Abraham*, welche Th. de Bèze zu Ende der vierziger Jahre verfaßt und von seinen Gymnasiasten zu Lausanne hatte aufführen lassen. In der Vorrede fordert der Verfasser mit einem Seitenblick auf Du Bellay's Manifest dazu auf, religiöse Poesien zu verfassen und nicht: *de contrefaire ces fureurs poétiques à l'antique pour distiller la gloire de ce monde*. Bèze's Stück hat religiöserbaulichen Charakter und will die Lehre des blinden Gehorsams gegen Gott illustrieren. Die ganze Anlage ist der Mysterienbühne entlehnt, welche den biblischen Bericht von Genesis, Kap. 22, 1—18, in Handlung und Dialog umgesetzt hatte. Auch bei Bèze stellt die Szene einerseits Abrahams und Sarahs Behausung, andererseits das drei Tagereisen entfernte Land Morija mit einem Hügel dar, und der ganze Vorgang, auch Abrahams Reise, wird dem Auge vorgeführt. Der Teufel hat eine umfangreiche, übrigens wesentlich monologische Rolle. Hirten treten auf. Fromme Lieder *(cantiques)* sind eingelegt. Ein Prolog erklärt die Szene und lädt zur Ruhe ein. Ein Epilog faßt die gute Lehre des Stückes zusammen. Aber Bèze kennt auch das antike Theater und entnimmt ihm mancherlei. Zwar lehnt er die schwere und gelehrte Redeweise der Chöre ab, aber er behandelt die Hirten als dramatischen Chor (zwei Halbchöre) und eliminiert ihre Spiele und Tänze, mit denen das Mysterium die Zuschauer ergötzte. Er teilt, unter ausdrücklicher Berufung auf die profane Dramatik, sein Stück in (drei) Akte, die er unter Benutzung eines Mysterienausdrucks *pauses* nennt. Er schreibt in zehnsilbigen Versen und verwendet den Achtsilbler nur noch im lebhaften Dialog. Er beschneidet allerlei Auswüchse der Rede und der Handlung, besonders Familiaritäten. Auch unterdrückt er das persönliche Auftreten Jehovahs. Die Opferszene zwischen Vater und Sohn ist lebendig und rührend. Sonst ist die psychologische Kunst gering. Den streitbaren Calvinisten verrät die Verhöhnung der Mönche durch den Teufel, der ein Ordenskleid trägt. Der Stil zeigt ein Streben nach gewähltem, ja geziertem Ausdruck:

Fendez, mon cœur! Fendez! fendez! fendez!

ruft Abraham aus.

So erscheint Bèze's *Sacrifice d'Abraham* als der erste Versuch, das bunte und regellose Mysterium unter dem Einfluß der Antike umzubilden und zu disziplinieren. Diese Disziplinierung der handlungsreichen mittelalterlichen Dramatik ist das Prinzip jener Stücke, die man später Tragikomödien nennen wird. Bèze ist diese Bezeichnung noch unbekannt. Er nennt sein Stück *Tragédie*, doch zeigt sein Vorwort seine Verlegenheit.

Seine Gesinnungsgenossen beeilten sich, dem Beispiel zu folgen. So widmete um 1551 Joachim de Coignac König Eduard IV. von England eine 'Tragödie', *La déconfiture de Goliath*, die eine Bearbeitung des entsprechenden Mysteriums ist und im Bau ganz dem *Abraham* folgt. Doch ist der Geist des Stückes polemischer. David ist ein Hugenotte, der den Papstkoloß Goliath fällt.

So begann die Disziplinierung des mittelalterlichen Dramas im Dienste der calvinistischen Propaganda und im Gegensatz zu der streng antikisierenden Schule der Renaissancedichter.

L. Maigron, *De Th. Bezæ poematis*, Lyoner Dissertation, 1898. — Neudruck des *Abraham sacrifiant*, Genève, Fick, 1874. Cf. auch Bèze's Vorrede zur latein. Übersetzung des *Abraham* (1598). Das *Mystère* vom Opfer Abrahams, cf. Julleville, *Les Mystères*, 2 vol., Paris 1880, II, 363; 368; J. de Rothschild, *Le mistère du vieil testament*, Paris 1878 ff., II, p. V, sowie *Biblioth. de l'Ecole des Chartes*, LVII, 763. — Zum *Goliath*, cf. J. de Rothschild, ib. IV, p. LXIV. — E. Kohler, *Entwickelung des biblischen Dramas des XVI. Jahrhunderts in Frankreich*, Leipzig 1911 (*Münchener Beiträge*, no LII). — F. Holl, *Das politische und religiöse Tendenzdrama d. XVI. Jahrh. in Frankreich*, Leipzig 1903 (*Münchener Beiträge* no XXVI).

Als diese, gemäß Du Bellay's Mahnung, sich an die Arbeit einer 59. neuen Dramatik machten, da führte Italiens Beispiel und die eigene Neigung sie auf die Tragödien, die unter dem Namen des Seneca gehen. Nicht das Bühnendrama der Griechen, sondern das deklamatorische Buchdrama des Römers zog sie an und leitete sie. Dasselbe macht die Katastrophe eines sagenhaften Fürstenschicksals (*Medea*, *Phædra*, *Thyestes*, die *Troerinnen* usw.) zum Gegenstand wortreicher Klagen und philosophischer Sentenzen. In die Zwischenakte der handlungsarmen Stücke, deren Szenen kaum mehr als drei Interlokutoren führen, fallen als Intermezzi die Lieder des Chors, der nur selten innerhalb der Akte zum Wort kommt und rein rhetorisch dekorativ ist. Zeit und Ort bewegen sich, der Einfachheit der Handlung entsprechend, in den engen Schranken eines Tages und der Umgebung einer Fürstenwohnung.

Diesem Beispiel folgte Etienne Jodelle, als er nach Plutarchs Bericht über das Ende der Kleopatra die erste französische Renaissancetragödie schuf: *Cléopâtre captive* (aufgeführt 1553, gedruckt 1574). Kleopatra mit zwei Dienerinnen und einem Diener, Oktavian mit zwei Vertrauten sind die Personen des Stückes, zu denen sich der den ersten Akt eröffnende Schatten des Antonius und der Zwischenaktschor der alexandrinischen Frauen gesellt. Antonius erzählt sein eigenes Unglück und weissagt den Tod der Kleopatra, worauf diese mit ihren Dienerinnen erscheint und, ihr und des Antonius Schicksal beklagend, den Tod suchen zu wollen erklärt. Der Chor jammert über die Unbeständigkeit irdischen Glückes (I. Akt). Oktavian und seine Vertrauten preisen ihr Siegesglück, sprechen vom Ende des Antonius, von ihrem Triumphzug, dem aber die gefangene Kleopatra durch freiwilligen Tod sich werde zu entziehen wünschen. Der Chor erörtert berühmte Fälle der Demütigung menschlicher Selbstüberhebung (II). Der dritte Akt führt Oktavian und Kleopatra zusammen. Umsonst sucht sie durch ihre Klagen, durch die Auslieferung ihrer Schätze des Imperators Mitleid und die eigene Freiheit zu gewinnen. Der Chor sieht ihren Selbstmord voraus (III). Kleopatra schreitet, die Erlöserin Parze preisend, von Dienerinnen begleitet zum Grabmal des geliebten Antonius, in welchem sie verschwindet. Der Chor beklagt ihr nahes Ende (IV). Kleopatras Tod wird verkündet und vom Chor bejammert (V).

So ist Jodelles Tragödie von Anfang bis zu Ende ein Klagelied um den vorausgesagten Tod der Heldin, handlungsleer, ohne stoffliche Spannung und ohne lebendige Charakteristik. Sie ist ein auch in der metrischen Form ziemlich roh gearbeitetes, rhetorisches Stimmungsbild erregter Leidenschaften, das dialogisiert aber nicht dramatisch ist und in erster Linie lehrhaft wirken soll. Sie ist reicher an Sentenzen als selbst die Stücke Senecas. Den Chor läßt Jodelle nach dem Beispiel der italienischen Tragiker (Trissino usw.) häufiger am Dialoge teilnehmen als Seneca. Die Chorlieder sind strophisch gebaut und, weil für den Gesang bestimmt, mit dem regelmäßigen Wechsel männlicher und weiblicher Reime versehen. Die Zehnsilbner und Alexandriner aber, in welchen sich der Dialog bewegt, beobachten diesen Wechsel nicht. Der Alexandriner erscheint dabei als der feierlichere Vers, vorzüglich im Monolog und im getragenen Dialog (I. und IV. Akt), der Zehnsilbner im bewegten Gespräch und in der Erzählung verwendet. Die Einteilung in fünf Akte entspricht Horazens Vorschrift und Senecas Beispiel. Eine besondere Szeneneinteilung kennt die ältere Renaissancetragödie nicht; wohl aber findet sie sich in den Komödien. Orts- und Tageseinheit ist gewahrt. Die Szene stellt einen von Häuserfronten eingeschlossenen Platz mit einem seitlichen Grabmal dar.

Noch ehe eine Theorie der klassischen Tragödie in Frankreich aufgestellt ward, ist diese selbst, nach dem Vorbild der Italiener und Senecas, in unanfechtbarer Regelhaftigkeit erstanden.

Gegenüber den Maßlosigkeiten und Trivialitäten der Mysterien erschien die szenische Einfachheit und das Pathos dieser Tragödie als etwas Bewundernwertes. Sie fand bei ihrer Aufführung den begeisterten Beifall eines höfischen und gelehrten Publikums. Die Bretter des öffentlichen Theaters beschritt sie nur zögernd. Jodelle und seine Freunde selbst spielten die *Cléopâtre* vor dem Hofe Heinrichs II. zum Karneval 1553 und nachher im Collège de Boncour vor Gelehrten und Studenten. Es ist das Schicksal der französischen Renaissancetragik, daß sie, auf Hof- und Kollegienbühne (d. h. auf ein Liebhabertheater) beschränkt, zunächst nur Buchdramatik bleibt. Besonders in Paris, wo die *Confrères de la passion* der neuen Kunst den Weg verlegten, während sie von fahrenden Schauspielertruppen der Provinz und dem Ausland vorgeführt wurde. Valleran Lecomte agierte z. B. 1593 zur Messe in Frankfurt am Main ein Stück 'von Schodällen'. Diese Provinztruppen brachten dann die neue Dramatik schließlich auch nach Paris und führten sie gegen 1600 mit Al. Hardy in der Hauptstadt zum Siege.

Zugleich mit *Cléopâtre* brachte Jodelle die erste Komödie zur Aufführung: *Eugène* (1552). Im Gegensatz zur italienischen Renaissancekomödie, welche dem Plautus und Terenz die antike Welt von Sklaven und Kupplern entlehnt, sucht Jodelle seinen Stoff in französischen Lebensverhältnissen.

Die Buhlerin Alix betrügt ihren tölpelhaften Gatten Guillaume mit dem Abbé Eugène, den sie an Stelle des in den Krieg gezogenen gascognischen Edelmannes Florimond hat treten lassen. Der Friede bringt den Offizier unverhofft zurück und die daraus entstehende Verwickelung wird so gelöst, daß Guillaume dem Abbé den Mitgenuß weiter gestattet, während für Florimond mit des Abbé Schwester Hélène gesorgt wird und die Geldverlegenheiten mit den geistlichen Einkünften Eugènes beseitigt werden. Das Stück ist recht gut gebaut. Die Handlung zeigt noch nicht den Einfluß der verworrenen Imbrogli, welche die italienischen Renaissancekomödien dem Terenz nachgebildet haben. Sie ist in

Sprache und Inhalt sehr unanständig. Es ist kaum von etwas anderem als von liederlicher Weiberjägerei die Rede. Dabei trifft die Satire hauptsächlich die Pariser und Pariserinnen und speziell die ausschweifende Geistlichkeit. Dem Abbé, der das Programm seiner Ausschweifungen prahlerisch verkündet, dient der Kaplan Messire Jean als Kuppler,

Pour attraper quelque poisson
Dans la grand'mer des bénéfices.

Der Typus des Kriegsmannes ist noch nicht nach dem italienischen Capitano gebildet. Ein Hauptmittel der Führung der Handlung sind die Monologe, durch welche die einzelnen Personen ihre wahren Absichten enthüllen. Es werden damit wirkungsvolle Kontraste erreicht. Monologe und Dialoge werden von Lauschern behorcht, die sie mit abseits gesprochenen *(a parte)* Zwischenbemerkungen begleiten. Die Verwendung dieses Kunstmittels ist der römischen und italienischen Komödie entlehnt. Die Handlung schreitet bei Jodelle munter fort. Die Sprache ist lebendig. Allerlei mythologische Floskeln verraten den Renaissancedichter. Sentenziöse Stellen sind selten, und weitausholende satirische Digressionen fehlen. Die Inszenierung ist die der Italiener: ein von Häusern eingeschlossener Platz.

Das Stück Jodelle's ist die Ausführung des von Charles Estienne 1543 aufgestellten Programms eines französischen Lustspiels, das „geringer Leute Liebesgeschichten mit wunderbaren Heimlichkeiten und unerwarteten Entdeckungen" (pag. 103) darstellen soll — aber nicht in Prosa, wie Estienne nach italienischem Beispiel will, sondern im nationalen achtsilbigen Vers.

Trotz des neuen Namens *comédie*, trotz der längeren, verwickelteren, in Akte und Szenen abgeteilten Handlung, dem polemischen Prolog und dem rhetorischen Firnis der Sprache ist *Eugène* eine kunstlose Posse geblieben. Es ist die alte Farce in etwas regelhaftem, rhetorischem Aufputz.

Verfolgen wir erst die Entwickelung der Tragödie.

K. Böhm, *Beitrag zur Kenntnis des Einflusses Senecas auf die in der Zeit 1552—62 erschienenen französischen Tragödien*, Leipzig 1902 (*Münchener Beiträge* no XXIV), wozu A. L. Stiefel im *Literaturblatt* XXVII, 237. Et. Jodelle. Cf. §§ 46, 50, 60. — *Anc. th. fr.*, Band IV, Paris 1855: *L'Eugène; Cléopatre captive; Didon se sacrifiant.* — Zu Jodelle auf der Frankfurter Messe cf. K. Trautmann, *Französische Schauspieler am bayerischen Hofe* im *Jahrbuch f. Münchener Geschichte* II, 1888, 197 ff. K. Meier, *Über die Didotragödien des*

Jodelle, Hardy und Scudéry, Leipziger Dissertation 1891. — Als Augenzeuge berichtet über die Aufführung in Boncour E. Pasquier, *Recherches* VII, cap. 6. Über die Szene mit dem angeblichen Bocksopfer äußert sich Ronsard 1563 in der *Réponse aux injures*. — Zur Collegienbühne cf. Lanson in *Rhl.* X. 418—36 und das wirre Buch v. L.-V. Gofflot, *Le théâtre au collège du moyen âge à nos jours*, Paris 1907.

Jodelle selbst lieferte 1560 eine *Dido*, d. h. eine dialogisierte 60.
Elegie auf den Selbstmord der Dido, unter rhetorischer Benutzung und Erweiterung der Angaben und Szenen der Aeneis, besonders des vierten Buches. Der Chor ist in zwei Lager (Troer und Phönizierinnen) geteilt: eine Entfaltung, die bei den Griechen nur ausnahmsweise, bei Seneca häufiger vorkommt und von der Renaissancetragik zur Regel erhoben wurde.

Jean Bastier, genannt de la Péruse (1529—1554) bot den bewundernden Zeitgenossen 1553 (gedruckt 1556)

les faits Médéans
Renfantés de sa docte haleine,

wie Tahureau stilvoll sagt. Genau folgte er dabei Senecas *Medea*, selten der des Euripides und noch seltener zeigt er Spuren selbständiger Auffassung.

Melin de Saint-Gelais übertrug um 1555 Trissinos *Sophonisbe* und brachte sie '*avec grande pompe et digne appareil*' vor Heinrich II. zu Blois zur Aufführung (gedruckt 1559). Das Stück zeigt Eigenart. Melin übersetzt Trissino's Endecasillabi in Prosa und tritt damit an die Spitze der französischen Renaissancedichter, die um der Naturwahrheit des dramatischen Dialoges willen den Vers nur im Chorgesang dulden wollen. Andererseits läßt er den Tod der Heldin nicht wie Trissino auf der Bühne vor sich gehen, sondern nur erzählen, offenbar um damit einer von den italienischen Dramaturgen im Namen der Naturwahrheit aufgestellten Forderung, die sie aus Horaz' *Ars poetica* (v. 185) geschöpft hatten, zu genügen. Diese Forderung wurde dann auch von französischen Kritikern ausdrücklich vertreten (z. B. von de la Taille in der Vorrede zu *Saül*, 1572). So erlitt die spärliche tragische Handlung um der Naturwahrheit willen eine weitere Beschränkung.

Die rednerisch und dramatisch bedeutendste tragische Schöpfung dieser ersten Zeit ist Jacques Grevin's (1538—1570) *Jules César* (gespielt 1560 im Collège de Beauvais). Grevin folgt dem Gange des lateinischen Stückes Muret's. Aber er erfüllt dieses entlehnte Schema mit kraftvoller politischer Beredsamkeit und ist bemüht, wirkliches Leben zu schildern, wie z. B. im fünften Akt, da Brutus und Cassius mit ihren blutigen Dolchen, Antonius mit Cäsars blutigem Gewand vor das Volk und den Soldatenchor treten.

Andere wählten den Tod des *Agamemnon*, des *Darius*, des *Alexander*, des *Achilles* zum Gegenstand neuer Tragödien. Neben Seneca erscheinen namentlich die Italiener als Vorbilder. So ahmt z. B. Le Breton die seltsame *Tullia* (1533) Lod. Martelli's nach.

Seit den sechziger Jahren wurden auch biblische Stoffe in diesem Stil behandelt. Der erste, der dieses Gebiet betrat, ist wohl Jean de la Taille (um 1540—1611). Er wählte den König Saul, 'den ein böser Geist vom Herrn sehr unruhig machte' (I. Sam. 16, 14), zum Helden einer *tragédie faite selon l'art et à la mode de vieux auteurs tragiques: Saül furieux* (vor 1562; gedruckt 1572). In den bisweilen beredten, meist holprigen Deklamationen dieses Stückes steckt wirkliches dramatisches Leben. Wir sehen Saul gegen seine eigenen Söhne wüten (I. Akt), sehen ihn in der Niedergeschlagenheit, die diesem Wutausbruch folgt (II). Bei der Hexe von Endor erfährt er durch den Geist Samuels seine Verdammung. Sein Unglück selbst stimmt die Hexe zum Mitleid (III). Auf die Nachricht vom Tode Jonathans und seiner Brüder stürzt sich Saul selbst in die Schlacht, um den Tod zu suchen (IV). Im fünften Akt meldet ein Amalekiter das Ende Sauls dem David, der in schwankender Stimmung nach der Krone greift.

Jean de la Taille ist ein hugenottischer Soldat, indessen kein Fanatiker, sondern vor allem Patriot. Die Leiden seines Volkes bewegen ihn, dem Königshause der Valois an einem biblischen Stoffe zu zeigen, wie Gott einen schuldigen Fürstenstamm straft.

Er schreibt, gleichsam als Fortsetzung zu *Saül*, 1573 *La famine ou les Gabéonites*. Hungersnot ist in Israel ausgebrochen, so erzählt Josephus (*Antiq.* VI), und als König David den Propheten Nathan befragt, antwortet dieser, daß Gott seinem Volke um Sauls willen zürne, der an den Gabeonitern eidbrüchig gehandelt habe. Jehovas Zorn wird dadurch beschworen, daß Sauls hinterlassene Söhne den Gabeonitern zur Hinrichtung übergeben werden. Auch dieses, in augenscheinlicher Anlehnung an Senecas *Troerinnen* aufgebaute und teilweise daraus übersetzte Trauerspiel ist dramatisch wirksam gebildet, insbesondere der IV. Akt, in welchem die ringende Mutter ihre beiden Kinder Joab ausliefern muß. Gleich Jodelle verwendet La Taille abwechselnd Alexandriner und Zehnsilbner und macht sich den Wechsel männlicher und weiblicher Reime nur im Chorgesang zum Gesetz.

Florent Chrétien (1541—1596) liefert 1567 eine Übertragung von Buchanan's *Jephthes* (*Richter* 11) mit glücklichen Versen.

Es wächst die Beliebtheit biblischer Stoffe. Sie werden den heidnischen Fabeln entgegengestellt. Alte und neue Poeten, ruft Scévole de Sainte-Marthe 1579 im Prolog zu seinem *Hiob* aus,

Ont rendu jusqu'ici les théâtres tout pleins
Des misères de Troie et des malheurs thébains.
Mais nous, qui du vrai Dieu connaissons mieux la gloire,
Avons voulu changer les fables à l'histoire,
Afin de contenter le chrétien auditeur
D'un poème chrétien et non pas d'un menteur.

Inzwischen sind andere daran gegangen, profane Stoffe der neuern, ja der zeitgenössischen Geschichte zu behandeln. Gabriel Bounin wählte als Helden eines Trauerspiels Sultan Soliman den Prächtigen, der unter dem Einfluß seines Kebsweibes Roxolane den rechtmäßigen Thronfolger Mustapha 1553 ermorden ließ. *La Soltane* (1561) ist das erste in der langen Reihe französischer Türkendramen. Es ist eine stümperhafte Nachahmung Senecas, insbesondere der *Medea*. Dialog und Zwischenaktchöre erfüllt eine geschmacklose mythologische Rhetorik, mit welcher die Anrufungen Mahomets oder Baals seltsam kontrastieren. Die bombastische Deklamation erstreckt sich über mehrere Tage. Die Szene stellt die beiden Städte Aleppo (Soliman) und Amasia (Mustapha) dar. Alexandriner und Zehnsilbner wechseln innerhalb desselben Dialogs; der Wechsel der Reime ist regelmäßig.

Die Jungfrau von Orléans wird mit einiger Kunst gefeiert in der *Histoire tragique de la pucelle de Domrémy* (1581) des Geistlichen Fronton du Duc, der seine 'tragédie' schreibt zu Nutz und Frommen der Jugend und *à l'honneur du pays de Lorraine.*

Als Festspiel zum Bündnis mit Bern und Zürich wurde 1584 zu Genf das Stück eines Franzosen J. du Chesne aufgeführt, *L'ombre de Garnier Stoffacher Suisse*, das sich zwar Tragikomödie nennt, in Wirklichkeit aber eine *moralité* ist, in der über Krieg und Frieden hin- und hergeredet wird vom *chœur des soldats*, von den Chören der *cantons réformés* und der *trois villes.* Der Schatten Werner Stauffachers erinnert die Schweizer daran, wie Geßler

mit sur la tête du fils
De Tell pour butte, las! une pomme jadis,

und wie Tell den Apfel traf, obwohl

Il ne pouvait guigner ayant l'œil plein de pleur;
L'arc tremblait en sa main, ainsi mal assurée
N'espérait guider droit sa sagette acérée.

Zum politischen Pamphlet wird das Trauerspiel, wenn es die Bartholomäusnacht (*Tragédie de feu Gaspard de Coligny* von F. de Chantelouve, 1575) oder die Ermordung der Guisen (*La Guisiade* von P. Mathieu, 1589) darstellt. Daß die Sorbonne Chantelouve's Stück approbierte, erhöht den Wert seiner mythologiegetränkten Gasconnaden und Schmähungen nicht.

Hohle Rhetorik bläht die Helden vieler Renaissancetrauerspiele dermaßen, daß sie zu grotesken Renommisten werden. Andererseits hält der geschmackloseste Petrarkismus seinen Einzug in die Liebesszenen.

Tu seras désormais ma plus sûre momie;
L'essence de ton cœur sera mon alchimie.
Tu seras mon moly, népenthe brise-ennui,
Du parc hespérien et la garde et le fruit ...

sagt die Clytemnestra P. Mathieu's (1589) zu Ägisthus, und der antwortet:

Ah! que n'ai-je cent yeux pour t'admirer, Madame,
Et que n'ai-je cent nez pour aspirer le basme,
Le cinabre et le musc qui de ta bouche sort ...

A. Ebert, *Entwickelungsgeschichte der französischen Tragödie, vornehmlich im XVI. Jahrh.*, Gotha 1856. E. Faguet, *La tragédie française au XVIe siècle.* Paris 1883. — O. Reuter, *Der Chor in der französischen Tragödie*, Berlin 1904.

De la Péruse. Cf. Picot nr. 1088 u. 3022. *Œuvres poétiques de J. Bastier de la P.*, Neudruck v. Gellibert des Seguins, Paris 1867. — Otto Kulcke, *Senecas Einfluß auf J. de la Péruses Médée*, Greifswalder Dissert. 1884.

Melin de St-Gelais, cf. § 22. — L. Fries, *Montchrétiens "Sophonisbe"*, Marburger Dissert. 1880, p. 4—9 (*A. u. A.*, nr. 85). A. Andrae, *Sophonisbe in der französischen Tragödie*, Oppeln 1891 (*Frz. Zs., Supplem. VI*).

J. Grevin. G. Collischon, *J. Grévins Tragödie 'Cæsar' in ihrem Verhältnis zu Muret, Voltaire und Shakespeare*, Marburger Dissert. 1886 (*A. u. A.*, nr. 52). — L. Pinvert, *Jacques Grevin*, Paris 1899.

Jean de la Taille. *Œuvres de J. d. la Taille*, Neudruck v. R. de Maulde, 4 vol., Paris 1878—82; seither Neudruck des *Saul* v. A. Werner in den *Münchener Beiträgen zur rom. u. engl. Philologie* no 40, Leipzig 1908. — G. Baguenault de Puchesse, *Jean et Jacques de la Taille*, Orléans 1889 (aus '*Lectures et mémoires de l'Académie de Sainte-Croix*', Tome VI, 66 Seiten). — O. Kulcke, *J. d. la Tailles Famine im Verhältnis zu Senecas Troades* in *Frz. Zs.* VII, Supplem. III (1885).

G. Bounin; Neudruck der *Soltane* von J. Venema, Marburger Dissert. 1888 (*A. u. A.*, nr. 81).

F. de Chantelouve, *Tragédie de feu Gaspard de Coligny, iadis Admiral de France, contenant ce qui advint à Paris le 24. d'aoust 1572.* Paris 1575, cf. Picot no 3024. *Ib.* no 3026 *L'ombre de G. Stoffacher.*

In ihrer Hinneigung zu Seneca wird die Renaissancetragik durch 61.
die Theoretiker bestärkt. Scaligers *Poetice* (1561) beruht in ihrem dramaturgischen Teil ganz auf Seneca: sie legt das Hauptgewicht auf die rhetorisch-sentenziöse Ausführung, betont die Schrecklichkeit des tragischen Stoffes und verlangt im Namen der Naturwahrheit eine kurze, einfache Handlung (Krise). Ohne daß er das Gebot der Zeiteinheit ausdrücklich formuliert, schwebt Scaliger das Zusammenfallen von Handlungsdauer und Aufführungsdauer (sechs bis acht Stunden) vor. Im Vorwort zu seinem Theater (1562) tadelt J. Grevin die dramatischen Spiele der Pariser Universität, die immer noch in den Jämmerlichkeiten und Maßlosigkeiten der überlieferten Bühne befangen seien. Eine Zeitregel zu formulieren, verhindert ihn indessen schon die keck ausgesprochene Überzeugung, daß man den Alten nicht in allem zu gehorchen brauche *(diverses nations requièrent diverses manières de faire)*, und der zufolge er den gesungenen Chor durch einen gesprochenen ersetzt wissen will.

Zum erstenmal wird im Französischen die zeitliche Beschränkung der tragischen Handlung im Sinne des Aristoteles und der Italiener von Ronsard ausgesprochen. Er gewährt ihr im *Art poétique* 1565 vierundzwanzig Stunden, während Rivaudeau in der Vorrede zu seiner biblischen Tragödie *Aman* im nämlichen Jahr es als den Gipfel der Kunst bezeichnet, Handlungs- und Aufführungsdauer zusammenfallen zu lassen. Auch Ronsard faßt das Drama als wesentlich lehrhafte Dichtung *(du tout didascalique et enseignante)* auf. Die Ortseinheit erwähnt zum erstenmal La Taille in seinem strengen *Art de la tragédie*, den er 1572 als Vorrede zu Saül drucken ließ: *il faut toujours représenter le jeu en un même jour, en un même temps* ('fortlaufend') *et en un même lieu*, d. h. das Spiel soll nicht über mehrere Tage *(journées)* ausgedehnt werden wie die diffusen mittelalterlichen Stücke, sondern es soll einheitlich in Handlung, Zeit und Ort sein. Diese Vorrede ist die dramaturgische Ergänzung zu Du Bellay's Manifest von 1549. Mit demselben Ausdruck *(amères épiceries)* verwirft La Taille die überlieferten Formen. Er überbietet Scaliger in der Forderung der ungewöhnlichen Schrecklichkeit des tragischen Stoffes. Nachdrücklich verlangt er eine regelrechte Bühne für die Tragödien, deren Aufführung bis jetzt ganz in den Händen von Dilettanten gelegen habe.

Vauquelin erwähnt in seinem *Art poétique* von 1605 die Ortseinheit neben der Zeiteinheit nicht. Auch aus seinem Traktat ertönt vernehmlich die Klage darüber, daß die neue dramatische Kunst keine Verbreitung hat. Er wünschte, daß in Dorf und Stadt an Festtagen statt der Mysterien an den Alten gebildete, biblische Tragödien zur Aufführung kämen (III, 881 ff.).

Schon jetzt erwecken übrigens die Schranken der Zeit- und Ortseinheit Widerspruch. J. de Beaubreuil sagt 1582, daß er sich im Aufbau seines *Regulus* von der *règle superstitieuse des unités* frei gemacht habe und mit Nachdruck bekämpft sie Pierre Delaudun d'Aigaliers in seinem *Art poétique* (1598).

Zu den *Ars poétiques* cf. § 47. — Jean's de la Taille *Art poétique* ist neu gedruckt v. H. Schlensog in der Ausgabe der *Lucelle*, cf. zu § 63. — Aus J. Grevins *Brief discours pour l'intelligence de ce théâtre* gibt die Stelle wörtlich wieder: Ch. Arnaud, *Les théories dramatiques au XVIIe siècle*, Paris 1888, p. 331. — Zur ganzen Diskussion der Zeit- und Ortseinheit cf. R. Otto, *J. de Mairet, Silvanire*, Bamberg 1890 (Einleitung, p. XXVI—XLVIII). — Die Stelle aus Delaudun bei Arnaud, p. 333 u. bei Otto, p. CX.

62. Neben der Tragödie Senecascher Observanz geht die von de Bèze begonnene Umbildung des Mysteriums her. 1561 widmet Antoine de la Croix der Königin von Navarra ein Stück, das die Geschichte der drei Männer behandelt, die Nebukadnezar in den Feuerofen werfen ließ. Die Nachahmung Bèze's ist augenscheinlich. Neben dem Acht- und Zehnsilbner findet sich in Prolog und Epilog bereits der Alexandriner.

La Croix nennt sein Schauspiel *Tragicomédie*, eine Bezeichnung, die zunächst dieser erbaulichen Dramatik der Protestanten eigentümlich ist und hier seit der Mitte der fünfziger Jahre als Titel von Stücken begegnet, welche die traurigen Prüfungen und die fröhliche Errettung der Frommen darstellen.

Der hervorragendste Vertreter dieses protestantischen Dramas ist Louis Desmasures (1523—80?), dem Ronsard den *Hymnus auf den Tod* gewidmet hat. Er veröffentlichte 1566 eine David-Trilogie *(David combattant, triomphant, fugitif)*. Die Prologe, in denen das Publikum aufgefordert wird, *coi comme une souche* zu sein, der Wechsel des Verses (Zwölf-, Zehn- und Achtsilbner), die Einteilung in *Pauses*, die *Cantiques*, die oft wie Lieder verfolgter Hugenotten klingen, der Chor (Halbchöre), das Auftreten des Teufels — das alles verrät bis ins einzelne die Schule Bèze's. *Tragicomédies* wäre die zu erwartende Bezeichnung der Stücke; *tragédies* nennt sie Desmasures, weil, wie in den Tragödien der weltlichen Poeten *(poètes vains)*, Fürsten und falsche Götter (Satan) darin auftreten und Davids Schicksal so viel Tragisches habe. Aber den Schmuck der antikisierenden Tragödie meide er, und die seine sei

entièrement exempte
Des mensonges forgés et des termes nouveaux.

In der Behandlung des biblischen Berichtes nimmt er sich größere künstlerische Freiheit als seine Vorgänger. Die Szene des ersten Stückes stellt einerseits eine Hirtenlandschaft, andererseits das Lager der Israeliten dar, die von Goliath herausgefordert werden. Im Hirten David erwacht der Held. Goliath wird — auf der Bühne — besiegt. Der zweite Teil führt uns den Sieger David vor, den das Volk feiert, den Sauls Tochter Michal liebt, den der Satan mit Selbstüberhebung zu erfüllen trachtet und den Sauls Eifersucht bedroht und vertreibt. Im dritten Teil werden die wechselnden Stimmungen des Königs und Davids geschildert. Am Schlusse zeigt die Szene das nächtliche Lager des Verfolgers. Durch die Reihen der schlafenden Feinde schreitet David. Saul ist in seiner Hand. Er weckt ihn und sie versöhnen sich. — So enthält Desmasures' Trilogie malerische Szenen voll dramatischen Lebens. Seine Sprache ist kräftig und poetisch. Er vermag psychologisch wahr, ja fein zu zeichnen (z. B. das Erwachen der Liebe in Michal). Er ist der bedeutendste aller bisher besprochenen Dramatiker der Renaissance.

Ebenbürtige Nachfolge hat er unter den vielen protestantischen Dichtern nicht gefunden. Einzelne haben das Mysteriendrama dem Stil der Renaissancetragödie noch mehr genähert. So schreibt J. Ouyn eine fünfaktige Tragikomödie *Tobie* (1597), in der vornehmen Sprache des Alexandriners. Die Rhetorik überwuchert, doch wird z. B. die Szene mit dem Fische am Ufer des Tigris gespielt. Andere nähern sich mehr dem alten Mysterium. So verfaßt J. de Virey seine '*Tragédie*' *La Machabée* (1596) zwar in Alexandrinern, doch scheidet er keine Akte und erfüllt die Bühne mit den Scheußlichkeiten der alten Folterszenen.

Nous l'avons tant battu qu'il en est idiot

sagt einer der Henker vom Opfer. Die Verwendung des Chores tritt allmählich zurück. *Tobie* und *Machabée* kennen ihn kaum mehr.

Den vornehmen Titel *Tragédie* legen sich auch Stücke bei, die in Wahrheit ganz Mysterium geblieben sind, wie die *Tragédie représentant l'odieux et sanglant meurtre commis par le maudit Caïn à l'encontre de son frère Abel* (1580), deren Verfasser der normandische Curé Thomas Lecoq ist. Der Geist der Renaissance ist spurlos an seiner mittelalterlichen Kunst vorübergegangen.

A. de la Croix. *Tragicomédie: l'argument pris du IIIe chapitre de Daniel avec le cantique des trois enfants chanté en la fournaise* (1561).

Der älteste Beleg für die Bezeichnung 'Tragikomödie' findet sich 1554: *Tragique-comédie françaíse de l'homme justifié par Foi;* cf. § 63 und 65; Lanson no 2941 ff. H. C. Lancaster, *The French tragi-comedy, its origin and development from 1552—1628*, Dissert. der Johns Hopkins-Universität, Baltimore 1907. Die älteste Definition bietet, den Gebrauch des Wortes übrigens mißbilligend, Vauquelin de la Fresnaye (*Art poétique* III, 163 ff.):

On fait la Comédie aussi double, de sorte
Qu'aveques le Tragic le Comic se rapporte.
Quand il y a du meurtre et qu'on voit toutefois,
Qu'à la fin sont contents les plus grands et les rois,
Quand du grave et du bas le parler on mendie,
On abuse du nom de Tragicomédie.

Er meint, man sollte auch in diesem Falle bei der Bezeichnung 'Tragödie' bleiben. Vergl. auch die Anmerkung zu § 65.

L. Desmasures. Cf. Picot nr. 1090f. Neudruck für die *STM.* von Ch. Comte, Paris 1907. — Im Prolog zum *David fugitif* nennt er das Stück auch einmal *Mystère.* — Cf. A.-H. Becker in *RRen.* I (1901), p. 32.

Thobie, tragicomédie nouvelle, tirée de la Bible par Jacques Ovyn, *Louerien.* — *La Machabée, tragédie du martyre des sept frères et de Solomone, leur mère, par* Jean de Virey, *sieur de Granier.* Beide in der Sammlung *Diverses tragédies sainctes de plusieurs autheurs de ce temps, recueillies par* Raphael du Petit Val, à Rouen 1606.

Lecoq; Proben aus seinem *Caïn* bei Darmesteter et Hatzfeld, p. 320—27.

63. Aber nicht nur das Mysterium, sondern auch die *Moralité*, besonders die *Moralité historique*, wurde nach dem Beispiel des antiken Theaters disponiert und neu aufgestutzt. Diese Stücke nehmen erst bald den Titel *Comédie,* bald die Bezeichnung *Tragédie* an; doch gelangt mit der Zeit der Name *Tragicomédie* zur Herrschaft, durch welchen die verwickelte, bunte und gemischte Welt dieser Dramen mit ihrem Wechsel von Drangsal und Freude im Gegensatz zu der einförmigen, freudlosen Welt der Tragödie bezeichnet wird.

Da begegnen wir 1554 einem Stück *Moralité de paix et de guerre, mise et rédigée en forme de comédie.* Tragödie nennt Claude Rouillet seine lateinisch geschriebene *Philanire* (1556), die 1577 vom Autor selbst in französischer Übertragung herausgegeben wurde. *Philanire* stellt ein blutiges Ereignis dar, das sich kurz zuvor im Piemont zugetragen haben soll. Es ist die Dramatisierung einer Moritat in fünf Akten, mit Chören, in acht- und zehnsilbigen Versen, deren Sprache bald gewählt, ja beredt, bald unglaublich roh ist. Der Autor versteht es, eine stoffliche Spannung zu erreichen, die einer Tragödie völlig fehlt. Zeit- oder Ortseinheit zu beobachten, gestattet der Handlungsreichtum nicht.

La comédie du Monarque (1558) heißt eine Moralité, deren Verfasser F. Habert ist und in welcher vor Bacchus und Venus gewarnt wird. Zur Seite des Monarchen, der den Lockungen einer *Sappho*, *femme impudique*, nachgegeben, und nun, auch vom Weine besiegt, schläft, halten *Vérité* und *Bon Zèle* weise Reden.

Deutlich sind auf diesem Gebiete wieder die Spuren protestantischer Propaganda *(moralité polémique)*. Schon 1552 verfaßt Henri de Barran seine *Tragique-comédie française de l'homme justifié par Foi* (1554), dessen Helden *Rabby*, *prédicateur de la loi* und *Paul*, *prédicateur de l'évangile* inmitten zehn allegorischer Figuren sind. Der Papst wird als Antichrist dargestellt in der aus dem Italienischen übersetzten *Tragédie du roi Franc-Arbitre* (Genf 1558) oder in der *Tragédie de Timothée chrétien*, Lyon 1563.

Auch das Schultheater pflegt die modernisierte Moralité. Gerard de Vivre, Französischlehrer zu Köln, schreibt für seine Schüler Stücke, wie *La comédie des amours de Théseus et Dianira, La comédie de la fidélité nuptiale* (Paris 1577) — Sprechübungen, doch keine literarische Kunst.

Ist *Philanire* ihrem Charakter nach ein bürgerliches Trauerspiel, so ist die *tragicomédie Lucelle* (1576) von Louis le Jars ein bürgerliches Schauspiel mit vielen komischen Szenen, deren Kosten namentlich die Diener tragen. Lucelle ist die Tochter eines Lyoner Bankiers italienischer Herkunft und sollte nach dem Wunsche des Vaters einen Baron heiraten. Ihr Herz aber gehört Ascagne, dem Kommis ihres Vaters. Die Liebenden werden beim Stelldichein überrascht und müssen das Gift trinken, das ihnen der Vater reicht. Glücklicherweise hatte der Apotheker das Gift mit einem Schlafmittel verwechselt. Die als tot Betrauerten erwachen aus ihrem

Schlummer. Ascagne entpuppt sich als polnischer Prinz, dessen Werbung nun angenommen wird. Le Jars verwirft die gebundene Rede für die Bühne. Sein Stück ist in Prosa geschrieben. Er erreicht eine große Natürlichkeit des Ausdrucks, wo ihn nicht die Dienerrollen zu burlesken Sprüngen oder die Liebhaberpartien (die *amadiseux*, wie der Diener spottet) zur Geziertheit *(le fourneau de ma cuisante braise, le fusil de ma cuisante braise)* oder zum tragischen Pathos verführen. Aus dem handlungsreichen Stück, das neben lebenswahren Szenen auch die verletzendsten Unwahrscheinlichkeiten enthält und in welchem auch ein miles gloriosus auftritt, spricht der Geist der italienischen Renaissancekomödie. *L'amor costante* von Al. Piccolomini hat Le Jars die Intrigue geliefert.

Kann man diese Tragikomödien gleichsam dramatisierte Novellen nennen, so trifft diese Bezeichnung buchstäblich zu für Jacques Duhamel's *Akoubar ou la loyauté trahie* (1586), welcher die heroisch galanten Abenteuer eines zeitgenössischen Romans *(Les Amours de Pistion et Fortunie)* pomphaft auf die Bühne bringt.

Es gibt auch *Moralités*, die sich die vornehmen antiken Benennungen beilegen, trotzdem ihr Bau ganz mittelalterlich geblieben ist, so die *Comédie du monde malade et mal pansé* (1568) des Genfers J. Bienvenu, der packend schreibt und dessen derbe Satire sehr wirkungsvoll ist.

Zur *moralité* cf. § 30. — *Moralité de paix et de guerre*, cf. Julleville, *Répertoire*, p. 90. — *Tragédie françoise de Philanire, femme d'Hypolite* (sic), à Paris 1577, anonym. — *Les divins oracles de Zoroastre* p. Fr. Habert, *plus la comédie du Monarque*, Paris 1556 cf. zu § 22. — Zur *Tragique-comédie* des Henri de Barran cf. E. Picot no 3015 sowie *Bulletin du protestantisme français* 1892, p. 626. — *La tragedia di* M. Fr. Negro, *Bassanese, intitolata Libero Arbitrio* (1546). — *Tragédie de Timothée chrétien, lequel a esté bruslé iniquement par le commandement du pape, traduitte nouvellement du latin*, Lyon 1563. — Zum *Théâtre* des G. de Vivre cf. Brunet V, 1336 und *Rhl.* V, 584. — L. Le Jars. *Lucelle, tragicomédie en prose française, disposée d'actes et de scènes suivant les Grecs et les Latins par L... J...*, Paris 1576. Neudruck v. H. Schlensog, *Lucelle*, Greifswalder Dissert. 1906. — Zur Nachahmung des *Amor costante* cf. *Rhl.* V, 582. — Zur Quelle des *Akoubar* cf. Faguet, *Tragédie*, p. 382. *Comédie du monde malade*, Neudruck von Th. Dufour, Genève 1882. Cf. die Vorrede zur *Comédie du pape malade* bei Julleville, *Répertoire*, p. 92.

64. Den Höhepunkt der ernsten Dramatik der Renaissance stellen die Werke Robert Garnier's und Antoine's de Montchrétien dar.

Das Leben des Juristen Garnier (1544—1590?), der während langer Jahre hohe gerichtliche Ämter in seiner Heimat Le Maine bekleidete und den die Gunst Heinrichs III. (um 1584) nach Paris berief, ist uns wenig bekannt. Die acht Stücke, die ihn berühmt gemacht haben, erschienen einzeln von 1568—1583. In den Jahren 1585—1619 erlebten sie über vierzig Gesamtausgaben. Die römische Geschichte (Untergang der Republik) liefert wie die griechische Sage den Stoff je dreier Tragödien (*Porcie* 1568, *Cornélie* 1574, *Marc Antoine* 1578; — *Hippolyte* 1573, *La Troade* 1576, *Antigone* 1580). Ein Trauerspiel ist der Bibel entnommen (*Les Juives* 1583). Garniers vorletztes Stück ist eine Tragikomödie (*Bradamante* 1582).

Die Wahl der römischen Stoffe ist, wie die Vorreden zeigen, durch die didaktische Absicht bestimmt, den Zeitgenossen das abschreckende Bild der römischen Bürgerkriege vorzuführen und ihnen politische Lehren zu geben. Diese Lehren sind im engen Anschluß an Seneca, wenn auch nicht ebenbürtig, stilisiert. Wenn es seine christliche Gesinnung erlaubt, so übersetzt Garnier geradezu die Sentenzen. In ihrer Häufung übertrifft er Seneca. Die Sucht des spruchmäßigen Ausdrucks führt bei ihm zur Entpersönlichung der dramatischen Rede. Senecas Vorbild ist auch im Bau von Anfang an erkennbar. Ein Monolog, der das dramatische Thema entwickelt, bildet mit nachfolgendem Chorgesang den ersten Akt der handlungsleeren Stücke. Die Personen sind reine Redemaschinen: nur Worte, nicht Menschen prallen aufeinander.

In *Porcie*, die insbesondere Senecas *Octavia* nachgeahmt ist, durchschreiten zwei Gruppen von Figuren redend das Stück: Porcia mit ihrer Amme im II., IV. und V. Akt, die Triumvirn mit dem Philosophen im III. Akt. Diese feindlichen Parteien stoßen nirgends zu einer Handlung aufeinander; ein beredter Bote läuft von der einen zur andern — ganz wie bei den vorbildlichen Italienern. Jede Partei hat denn auch ihren gesonderten Chor: Römerinnen begleiten die Porcia, Soldaten die Triumvirn. Dabei zeigt Garnier das Streben, den von Plutarch, Dion und Appian überlieferten Vorgang durch einen weiteren Selbstmord (auf offener Szene zu verschrecklichen, *pour l'envelopper davantage en choses funèbres et lamentables et en ensanglanter la catastrophe. Cornélie* ist eine Art neuer, aber keineswegs verbesserter Auflage der *Porcie*.

Drei sind die feindlichen Parteien, die im *Antonius* nebeneinander hergehen: Antonius, Octavius, Cleopatra. Nirgends Handlung, nirgends reift ein Entschluß. Es wird nur über längst gefaßte Entschlüsse geredet. Und diese Rede ist voll mythologischen Bombastes, voll holpriger Neologismen und Inversionen.

O misérable vie! ô lamentable roine!
O par mon seul défaut sépulturable Antoine!
O dommageable femme! hé, puis-je vivre encore
En ce larval sépulcre où je me fais enclore?
O Atrope, ô Clothon, mortelles filandières!
O Styx, ô Phlégéthon, infernales rivières!
O filles de la nuit!

jammert Cleopatra an der Leiche des Antonius, um nachher im Stile des Petrarkismus ihre Gefährtinnen aufzufordern

. . . de vos yeux
Faites sur lui tomber un torrent larmoyeux;
Les miens n'en peuvent plus, consommés de la braise
Que vomit ma poitrine ainsi qu'une fournaise . . .

Es fehlen auch Trivialitäten und Roheiten nicht:

Ains comme un porc ventru, touillé dedans la fange,
A cœur saoul, me vautrai en maints sales plaisirs

sagt Antonius von sich. — An Handlung steht das Stück hinter Jodelle's zurück; an Pathos ist es ihm überlegen.

In *Hippolyte* folgt Garnier Seneca, ohne Euripides zu benutzen. Hatte er schon im *Antonius* (1578) die Neigung gezeigt, die seinen Deklamationen zugrunde liegende tragische Handlung zu komplizieren, so gibt er dieser Neigung in der *Troade* und der *Antigone* völlig nach. Einzig darauf bedacht, in seinen Tragödien über *les malheurs lamentables des princes avec les saccagements des peuples* (Vorrede zur *Troade*) predigen zu können, setzt er die Rücksicht auf die Handlungseinheit beiseite. Die *Troade* schweißt er aus den gleichnamigen Stücken des Seneca und des Euripides und aus der *Hecuba* des letzteren zusammen. Die *Antigone* ist ein 2741 Verse langes Konglomerat aus den *Phönizierinnen* des Seneca (Akt I und II), der *Antigone* des Sophokles (Akt IV und V), zwischen die er Entlehnungen aus Statius' *Thebais* und Seneca's *Œdipus*, mit etwas eigener Erfindung vermischt, einschiebt (Akt III). Alle Schrecknisse des thebanischen Sagenkreises sind hier zusammengedrängt. Aber dramatisches Leben ist nicht erreicht, sondern nur eine Häufung von Botenberichten. Kein Garniersches Stück zeigt die dramatische Impotenz, welche die

Folge der Senecakrankheit ist, deutlicher als *Antigone*. In den Chorgesängen,

Pinçant son luth sacré,

wie er selbst sagt, erhebt er sich oft, doch nie dauernd, zu lyrischem Schwung, und glücklich ist er in der Wahl der Rhythmen.

Diese sechs Tragödien stellen drei Phasen seiner Arbeitsweise dar. In *Porcie* und *Hippolyte* bearbeitet er römische Trauerspiele; in *Cornélie* — deren Corneille sich erinnerte als er 1643 die *Mort de Pompée* schrieb — und *M. Antoine* schöpft er selbständig aus der römischen Geschichte; in *Troade* und *Antigone* benutzt er zur Ergänzung römischer Vorbilder griechische Szenen (Euripides und Sophokles), die er senecaisch aufputzt.

Ebenfalls nach Seneca gebaut — im Plan und in der Art zu reden —, aber mehr griechischen Geistes als die übrigen Tragödien, sind die *Juives*, die das Schicksal der Königsfamilie des Zedekia nach dem Falle Jerusalems durch Nebukadnezar auf Grund der Bibel und des Josephus darstellen. Auch hier ist die Handlung dürftig, doch gelingen dem Dichter malerische Szenen. Der Geist der Bibel befähigt ihn, hier wirkliche, wenn auch sehr einfache Charaktere zu zeichnen. Nebukadnezar und der Prophet sind Personen, deren inneres Leben unsere Aufmerksamkeit zu erregen vermag. Der Chor ist enger mit der Handlung verbunden als sonst. Die Sprache ist freier, harmonischer, und die Wahrheit des Chores fälscht keine mythologische Pose.

La Taille's *Saül*, Desmasures' *David* und Garnier's *Juives* zeigen, daß die Renaissancetragik ihre besten Inspirationen in der Bibel fand.

Die Zeiteinheit ist in Garnier's Tragödien streng befolgt. Um die Ortseinheit hat er sich nicht gekümmert. Es findet Wechsel sogar innerhalb der Akte statt. Da er seine Trauerspiele nicht für szenische Aufführung schrieb, so behandelte er den Schauplatz mit augenscheinlicher Nachlässigkeit.

Bradamante ist andern Geistes Kind als die Tragödien. Der Stoff ist romantisch, dem 44.—46. Gesang des *Orlando furioso* entnommen: Rüdiger erkämpft sich in mannigfachen Fährlichkeiten seine Geliebte Bradamante, die Schwester der vier Hämonskinder. Nicht nur der Ort, sondern auch die Zeit ist ganz frei behandelt. Die Szenen sind von bunter Handlung erfüllt. Der erste Akt enthält eine eigentliche Exposition, die in den Tragödien fehlt. Der Dialog ist frei von anspruchsvollen Sentenzen.

Die Stimmungen wechseln. Komische Szenen, in denen Garnier freilich eine schwere Hand verrät, folgen auf ernste. Diese *tragicomédie* ist auch für die Aufführung geschrieben und wirklich, wenigstens im Anfang des XVII. Jahrhunderts, aufgeführt worden. Da der Chor fehlt, bittet Garnier, irgendwelche *entremets* einzuschieben, um die Akte von einander zu trennen.

Hervorragende dramatische Begabung zeigt auch *Bradamante* nicht. Garnier ist zu sehr Rhetor und überträgt auf das romantische Drama zu viel Senecasche Gewöhnung. Er schreibt seine dramatischen Werke als hochgestellter patriotischer Beamter, der seinen Mitbürgern Vorträge hält.

Montchrétiens Dichtungen sind Jugendarbeiten, die vor sein fünfundzwanzigstes Lebensjahr fallen. Seine lyrischen, meist elegischen, ja düstern Poesien verraten großes Talent, aber auch starke Neigung zur modischen Ziererei. 1596 erschien zu Caen seine *Sophonisbe (La Carthaginoise ou la liberté)*, die im Gange der Handlung dem Stücke Trissino's, im Dialog Garnier und Seneca folgt. Vier weitere Tragödien wurden 1601, eine sechste *(Hector)* 1604 gedruckt. Die Nebentitel beweisen die didaktische Absicht. Die Sentenzen häuft er noch mehr als Garnier; sie füllen im *Hector* den dritten Teil aller Verse. Die Vorreden zeigen, daß er die Stücke für die Bühne bestimmte, doch scheinen sie, mit Ausnahme der *Sophonisbe*, deren Aufführung zu Caen er nachdrücklich erwähnt, nicht aufgeführt worden zu sein. Zwei Tragödien sind der Bibel entlehnt: *Aman ou la vanité*, die einen Vorgang behandelt, den mit größerer Kunst Racine *(Esther)* wieder darstellen wird, und *David ou l'adultère*.

Racine, der Montchrétien vielleicht einige Züge entlehnt, fand in *Esther* nur Stoff für drei Akte. Montchrétien schreibt fünf, von denen besonders die beiden ersten so sehr von bloßem Gerede erfüllt sind, daß am Schlusse des zweiten der Held selbst ausruft:

Mais cessons de parler et commençons à faire!

In der Tragödie *David*, die des Königs Ehebruch mit Bethsabe darstellt, herrscht ebensowenig dramatisches Leben. Nicht das Keimen und Wachsen der verbrecherischen Neigung wird ausgeführt. Das liegt dem Stück voraus. Sein eigentlicher Gegenstand ist die Beseitigung Urias'. Die Liebenden kommen nur einmal und nur zu einer galanten Szene zusammen. Aber schöne Verse fließen aus dem Munde des zornigen Priesters und der reuigen Sünder.

Die Renaissancetragödie kann fluchen und klagen, aber sie kann kein Leben, kein Werden darstellen.

Montchrétiens berühmtestes Stück ist *L'Ecossaise ou le désastre*, dessen Druck er Jakob I. von England überreichte. Er stellt darin Maria Stuarts Ende dar, d. h. er erfüllt zwei Akte mit sentenziösen politischen Reden, in welchen das Todesurteil von Elisabeth und ihren Ratgebern, zu denen der *chœur des Etats* gehört, diskutiert wird, läßt dann im III. und IV. Akt Maria zu Gebeten und Klagen auftreten:

Adieu France, jadis séjour de mon plaisir . . .

und im fünften Akt ihre Hinrichtung erzählen. Ein Chor klagender Frauen schließt das Stück. Die beiden Rivalinnen begegnen sich auf der Bühne nicht. Marias lange Monologe bilden auch keine Antwort auf die Vorwürfe, welche die ersten Akte gegen sie erheben. So ist das Stück in zwei Plädoyers zerlegt, die aneinander vorbei sprechen.

Zweimal hat Montchrétien aus der griechischen Geschichte geschöpft: in den *Lacènes ou la constance*, die nach Plutarch die Katastrophe des Kleomenes darstellen und im *Hector*. Beide Stücke weisen die besprochenen Schwächen ebenfalls auf.

Die Handlung der *Lacènes* und des *David* umfaßt sicher mehrere Tage. Den Ort behandelt Montchrétien nicht so nachlässig wie Garnier, doch macht er aus der Einheit kein Gesetz und aus der Klarheit keine Sorge (*Ecossaise*, *Aman*, *Lacènes*).

Auch in der freien Tragikomödie hat er sich versucht und zwar in der speziellen, aus Italien importierten Form der Pastorale. Seine *Bergerie* (1601) ist eine in Prosa und Versen dramatisierte Novelle, welche die Neigung Fortunians zur spröden Schäferin Dorine inmitten eines bunten Treibens verliebter Hirten und Hirtinnen mit Liebesgott und Chören darstellt. Das Wirrsal ist undramatisch und die Sprache reich an Ziererei.

Montchrétien ist noch weniger Dramatiker als Garnier, aber er ist der bedeutendere poetische Rhetor.

Über Garnier's und Montchrétien's Leistungen ist das Renaissancetrauerspiel nicht hinausgekommen. Von ihren Nachfolgern mag Claude Billard erwähnt werden, der neben antiken und biblischen Stoffen auch solche des nationalen Altertums *Mérovée*, *Gaston de Foix* (gedruckt 1610) und der Tagesgeschichte (*La mort du roi Henri le Grand*, gedruckt 1612) wählte. Denen gegenüber, welche diese Vorwürfe der Tragödie wenig angemessen fänden, erklärt er in der Vorrede: *où il y a effusion de sang, mort et marque de grandeur, c'est vraie matière tragique.*

Auch werden den zeitgenössischen Entdeckungsberichten bald exotische Stoffe entnommen, so der indischen Geschichte des G. P. Maffei *Les Portugais infortunés* (1608) von N. Chrétien.

Robert Garnier, *Les tragédies, treuer Abdruck der ersten Gesamtausgabe (Paris 1585) mit Varianten und Glossar herausgeg.* von W. Foerster, 4 vol., Heilbronn 1882—83; Picot no 1095 ff. — H. Chardon, *R. Garnier, sa vie, ses poésies inédites*, Paris 1905. — M.-S. Bernage, *Etude sur R. Garnier*, Paris 1880. — H. M. Schmidt-Wartenberg, *Seneca's influence on R. Garnier*, Darmstadt 1888. — O. Mysing, *R. Garnier und die antike Tragödie*, Leipz. Dissert. 1891. H. Dhom, *Welches ist das Verhältnis von Garniers Hippolyt zu seinen Quellen?* Progr. Schweinfurt 1889. — Garniers *Cornélie* und P. Corneille, cf. *Modern Lang. Notes*, 1900, p. 302. — B. Georgin, *Les imitations de Garnier dans les 'Juives'* in *Rev. des langues romanes* LIII (1910) p. 70 ff. — P. Kahnt, *Gedankenkreis der Sentenzen in Jodelles und Garniers Tragödien und Senecas Einfluß auf denselben.* Marburger Dissert. 1885 (*A. u. A.* No 66). J. Rech, *Die Sentenzen und lehrhaften Stellen in den Tragödien des R. Garnier*, Straßb. Dissert., Metz 1891. — H. Räder, *Die Tropen und Figuren bei R. Garnier*, Kieler Dissert., Wandsbeck 1886. — Über die Inszenierung der Stücke cf. E. Rigal in *Rhl.* XII, 25 ff. wozu C. Searles, *The stageability of Garnier's tragedies* in *Mod. Lang. Notes* 1907, p. 225 ff. — Zu *Bradamante* cf. Th. Roth, *Der Einfluß von Ariosts 'Orlando furioso' auf das franz. Theater*, Leipzig 1905 (*Münchener Beiträge* no XXXIV); dazu A. L. Stiefel in *Frz. Zs.* XXIX², 190.

A. de Montchrétien. Cf. p. 134. — Zur Bibliogr. R. Toinet, *Quelques recherches autour des poèmes héroïques-épiques français du XVIIe siècle*, Tome II, Tulle 1907, p. 5. — *Les tragédies de Montchrétien d'après l'édition de 1604* p. p. P. de Julleville, Paris 1891, ohne die stark abweichenden Varianten der Einzeldrucke. Diese gibt für die *Sophonisbe* (1596, 1603, 1604) L. Fries (cf. zu § 60), für die *Ecossaise* O. Sporleder, *Über die 'Ecossaise' v. A. de Montchrétien*, Marburger Dissert., 1892. Zu den drei Ausgaben der *Sophonisbe* cf. auch E. Rigal in *Rhl.* XII, 508 ff.; die *Ecossaise* ist von Studierenden unter G. Michaut's Leitung kritisch hg. worden, Paris, Fontemoing, 1905. — K. Kipka, *Maria Stuart im Drama der Weltliteratur*, Leipzig 1907. — L. Morel, *Trois tragédies sur Maria Stuart en France au XVIe, XVIIe et XVIIIe siècle.* Programm der höh. Mädchenschule, Zürich 1908. — Kl. Fischer, *Über M.s Tragödien*, I. Progr. Rheine 1893. S. Scholl, *Die Vergleiche in M.s Tragödien*, Münchener Dissert. 1894, G. Lanson, *A. de Montchrétien et la litt. au temps de Henri IV* (in *Hommes et Livres*, Paris 1895, p. 57—86).

Cl. Billard, Die Originalausgabe bei Picot nr. 1103. — Über seine Entlehnungen aus Ariost cf. P. Toldo im *B. it.* IV (1904) p. 53. — N. Chrétien, sieur des Croix, *Les Portugais infortunez*, Rouen 1608.

65. Weniger eifrige Nachfolge als in der Tragödie fand Jodelle in der Komödie. Die französische Renaissance hat die Komödie vernachlässigt.

Jodelle's Nachfolger hielten am französischen (pariserischen) Schauplatz der Handlung fest und verknüpften diese, gleich ihm, mit den einheimischen Zuständen, doch näherten sie sich im Geiste mehr dem römischen und dem auf ihm beruhenden italienischen Lustspiele.

Einzelne übertragen, zum Teil recht glücklich und manchmal recht frei, römische Stücke. Terenz ist seit 1539 ganz übersetzt. Baïf wendet den *Miles gloriosus* geschickt ins Französische (*Le Brave*, 1567). Er füllt die Zwischenakte durch höfische Huldigungslieder aus, zu denen die Freunde beisteuern und französisiert die antike Welt und ihren Bramarbas. Andere übersetzen italienische Lustspiele, so G. Chappuis um 1580 den *Avaro cornuto* des A. F. Doni. 1578 erscheint auch die *Celestina* von neuem in französischem Gewande. Der ziemlich ungeschickte Übersetzer, Jacques de Lavardin, erklärte sie als einen Spiegel guten Benehmens. Seine Änderungen stehen im Dienste kirchlicher Rücksichten; er mildert *(repurger)* namentlich den unchristlichen Schluß. Das Stück diente den französischen Komödiendichtern vorzüglich als Vorbild für die Schilderung kupplerischen Treibens.

Die Schwierigkeiten des aristophanischen Lustspiels schreckten die Übersetzer. Einzig Ronsard übertrug den *Plutus* in französische Verse, die 1549 im Collège Coqueret zum Vortrag kamen. Pierre le Loyers *Œuvres et mélanges poétiques* (1579) enthalten eine nicht ungeschickte Nachbildung des Wolkenkuckucksheim *(Néphélococugie)*.

Der Theoretiker Vauquelin verwirft (*Art poét.* III. 79ff.), wie Jahrzehnte zuvor schon Ch. Estienne und J. Peletier, die persönliche Satire der mittelalterlichen Possenspiele und verlangt die Darstellung komischer Verwickelungen, die aus der Buhlerei der Jugend und der Habsucht des Alters erwachsen. Die maßlose Freiheit der *Pois pilés* und der *Basoche* sei, gleich dem Beispiel des Aristophanes, zu fliehen:

Fuyant d'Aristophane, en médisant, la faute
Et prenant la façon de Térence et de Plaute.

Die Italiener hätten auf diesem Felde wohl gesiegt, wäre nicht ihre Prosa durch die Verse der französischen Lustspieldichter übertroffen worden:

Grevin nous le témoigne et cette 'Reconnue'
Qui des mains de Belleau naguères est venue.

Zeigt die Tragödie der französischen Renaissance ein Überwiegen des Römertums über das griechische Beispiel, so steht die Komödie vollständig im Bann des lateinischen Vorbildes.

Um 1555 schrieb Jacques Grevin *La Maubertine* (Das Weib von der Place Maubert), worin er, wie das in der Farce Brauch war, ein Stück der Chronique scandaleuse des Pariser Bürgertums darstellte. Die Anspielungen dieses Stückes zogen ihm Unannehmlichkeiten zu. Er unterließ die Drucklegung, angeblich weil ihm das Manuskript gestohlen worden sei.

Die *Trésorière* scheint die umgearbeitete *Maubertine* zu sein. Der gegen das mittelalterliche Theater sehr ausfällige Prolog bezeichnet als Thema des Stückes

les amours
Et la finesse coutumière
D'une gentille trésorière,
Dont le métier est découvert
Non loin de la place Maubert.

Es kam 1558 im Collège de Beauvais zur Aufführung und war ursprünglich als Festspiel zur Hochzeit der Königstochter Claudia geschrieben. Der Einfluß der Intrigue des *Eugène* Jodelle's liegt übrigens auf der Hand. In der Ausführung ist jedoch der noch indezentere Jodelle weit überlegen.

Lebendiger aber auch ausgelassener sind Grevins *Ebahis*. Die dem italienischen Lustspiel entlehnte Figur des Pantaleone macht Grevin zur Trägerin einer Satire auf das Italienertum. Pantaleone wird zum bramarbasierenden und kauderwelschenden Kurschneider, der als *Messer Coioni, Fracasso*, tituliert wird und über den der Diener

. . . . . Julien
Qui n'entend mot d'italien,

und sein Herr, ein französischer Edelmann, mit scharfen Worten herfallen. Das lizenziöse Stück wurde 1561 im Collège de Beauvais aufgeführt. Im Prolog beklagt Grevin den Zustand des öffentlichen und des Universitäts-Theaters und erklärt schalkhaft, daß er den empfindlichen Pariser Damen zum Trotz hier wieder einen ihrer Liebeshändel darstelle, es aber vorziehe, das Quartier (Saint-Séverin), in welchem er sich zugetragen, nicht zu nennen.

Nach italienischem Beispiel verwendet Jean de la Taille in seinen *Corrivaux* (verfaßt vor 1563, gedruckt 1573) statt des achtsilbigen Verses zum erstenmal die Prosa. Die Intrigue (das verloren gegangene und wieder erkannte Mädchen) ist römisch-italienischen Ursprungs. Man findet sie in neuer Variierung auch in Belleau's *La Reconnue* (nach 1562 verfaßt; posthum 1577 gedruckt). Beide Komödien sind äußerst verwickelt, ohne indessen dramatisch zu sein. Die Rhetorik frißt auch das Lustspiel an. Schon bei Grevin füllen sich die Reden mit Sentenzen, die im Druck durch ' ' hervorgehoben sind, und werden die häufigen und langen Monologe zu satirischem Füllsel. In der *Reconnue* ist die Intrigue vielfach nur noch ein Vorwand zu langen satirischen Ausfällen gegen die verschiedensten Lebenszustände. Es gilt von der Komödie, was im Stücke selbst *Madame l'avocate* von ihrer Kammerzofe sagt:

Elle caquette toute seule;
C'est un claquet, c'est une meule
D'un moulin qui tourne toujours.

Die Rede fließt leicht dahin und liest sich in ihrem Streben nach volkstümlichen Wendungen ganz angenehm. Der zunehmende römisch-italienische Einfluß zeigt sich auch in der Bedeutung, welche die Dienerrollen für die Führung der *Imbrogli* gewinnen, und darin, daß die Figur des Soldaten mit den prahlerischen Redensarten des *Capitano* aufgeputzt wird.

François' d'Amboise (gest. 1620) *Les Napolitaines* und Odet's de Turnèbe (1553—1581) *Les Contents* erschienen im Jahre 1584. Beide sind Prosakomödien.

Die *Napolitaines* bringen etwas von der kosmopolitischen Buntscheckigkeit der Stadt Paris *sans pair et sans second* auf die Bühne: Die Maitresse und die Tochter eines verstorbenen neapolitanischen Edelmannes, um deren Liebe sich ein junger Pariser, ein italienischer Student vom *Collège des Lombards* und ein Spanier, Dom Dieghos, bewerben. An den prahlerischen Spanier hat sich ein Schmarotzer und Kuppler, *Gaster*, gehängt, der von der Unerfahrenheit der nach Paris kommenden Fremden und Provinzler lebt und der die mit den Italienern gemachten Erfahrungen in den Satz zusammenfaßt: *Si ces hommes de delà les monts sont fort expérimentés au fait de la banque, leurs femmes n'aiment pas moins le change.* Es fehlt dem Stück nicht an kulturhistorischem Interesse. Die Prosa ist gewandt und kräftig, doch oft durch rhetorische Entwickelung und sentenziöses Gerede überladen. Die indezente Handlung ist in dezenten Worten ausgedrückt. Der dramatische

Bau ist sehr armselig, und so erfüllt denn das Stück keineswegs die Prophezeiung der Vorrede, daß nun die Italiener auch in der Komödie, wie längst in der Tragödie, von den Franzosen übertroffen sein werden.

In den *Contents* erzwingt ein junger Mann, Basile, die Ehe mit dem geliebten Mädchen, Geneviève, dadurch, daß er es mit Hilfe einer scheinheiligen Kupplerin, Françoise, verführt. Um diese zentrale Handlung bewegen sich nun andere Bewerber (Eustache und der Kapitän Rodomont) und komplizieren sie mit ihren Verwandten, Dienern, Gläubigern, Gelegenheitsmachern. Es werden in üblicher Weise die Monologe und Gespräche belauscht, die Kleider getauscht — es ist auch hier die traditionelle, leichtfertige Welt des römisch-italienischen Lustspiels. Turnèbe benutzt für seine Intrigue hauptsächlich Grevin's *Ebahis* und ein italienisches Lustspiel *Alessandro* von A. Piccolomini 1550), das wohl auch schon Grevin nicht fremd gewesen. Der stellenweise treffliche komische Dialog der *Contents* wird leider oft geschwätzig und ermüdend. Sind die schmutzigen Worte der alten Farce verschwunden, so ist die Zote geblieben. Tiefere, lebenswahre Auffassung findet sich nur da, wo berühmte Muster vorlagen, wie für die Reden der Kupplerin.

Zu den alle Wahrscheinlichkeit verletzenden Fiktionen dieser Lustspielwelt gehört die Beobachtung der Orts- und Zeiteinheit. Die Handlung spielt auf einem von Häusern eingeschlossenen Platze, wo die wichtigsten Geheimnisse ausgeplaudert werden, die Nachbarn sich wie fremde Menschen gegenüberstehen, die wunderbarsten Zusammentreffen und Täuschungen stattfinden, bis dann, nachdem während vierundzwanzig Stunden mancherlei Tugend schwere Not gelitten, glückliche Heiraten das Stück schließen.

François Perrin lehnt im Prolog zu seiner Komödie *Les Ecoliers* (1589) die fremden Vorbilder ab. Er bleibt Jodelle's, Grevin's und Belleau's Beispiel getreu, indem er den alten achtsilbigen Farcenvers verwendet und eine einfache Handlung darstellt, in deren Mittelpunkt zwei junge Kleriker stehen, von denen der eine arm, fleißig, ehrgeizig und gewinnsüchtig, der andere reich und ausschweifend ist. Dieser, als Bauer verkleidet, spricht einige Sätze in Patois. Ein Capitano fehlt, aber die Dienerrollen sind ganz italienischen Geistes. Die Sprache ist dezent, der Inhalt gemein, der Dialog einförmig und ohne komische Kraft, die Führung der Handlung kindisch. —

Das sind die Leistungen des französischen Renaissancelustspiels. Es blieb an die Darstellung buhlerischen Treibens gebannt, die es mit satirischer Rhetorik aufstutzte und mit Vorliebe nach dem Beispiel der Römer und Italiener variierte und komplizierte. Wahres Leben und wahre Menschen zu zeichnen, liegt ihm ferne. Es ist eine Posse geblieben, die den Anspruch erhebt, auch lehrhaft zu sein. Sein Hauptverdienst ist die muntere und volkstümliche Sprache.

Das nächstliegende Vorbild, das D'Amboise und Turnèbe befolgten, fand sich in einer Sammlung von Lustspielen, welche 1579 unter dem Titel *Les six premières comédies facétieuses de Pierre de Larivey, Champenois, à l'imitation des anciens Grecs, Latins et modernes Italiens* zu Paris erschienen war.

Larivey ist ein Sprosse der italienischen Verlegerfamilie der Giunti (zu Florenz und zu Venedig). Seine Eltern waren nach Frankreich gezogen. Er ist um 1540, wohl zu Troyes, geboren. Er französisierte seinen Namen *(il Giunto = l'arrivé)*. Von seinem Leben wissen wir wenig mehr, als daß er Geistlicher zu Troyes und Freund François' d'Amboise war, dem jener Komödienband gewidmet ist. Er starb um 1615. Seine schriftstellerische Tätigkeit ist die eines Übersetzers. Den Lustspielen war 1576 eine Übertragung der *Nuits facétieuses* von Straparola vorangegangen. Statt dann den *six premières comédies* weitere folgen zu lassen, wandte sich der Kanonikus, wie zur Buße für seine lizenziösen Geschichten und Theaterstücke, der Übersetzung erbaulicher Werke zu (1580—1603). Im Alter aber kehrte er zu seiner ersten Liebe zurück. Als er in seinen verstaubten Papieren auf die Übersetzungen stieß, die er einst von weiteren sechs italienischen Komödien gemacht hatte, da widerstand er der Versuchung nicht, diese auch noch zu veröffentlichen. Er revidierte die alte Arbeit und übergab daraus 1611 vorläufig drei Lustspiele dem Druck *(Trois nouvelles comédies de P. de Larivey*, Troyes 1611). An weiterem scheint ihn der Tod verhindert zu haben. Diese drei Stücke sind nicht anständiger als die sechs früheren, denen sie überdies stofflich und sprachlich nicht ganz ebenbürtig erscheinen.

Wir kennen die neun italienischen Originale, die Larivey überträgt. Er selbst nennt in der Vorrede von 1579 die italienischen Autoren der ersten sechs Komödien, indem er sein Werk bezeichnet als *bâti à la moderne et sur le patron de plusieurs bons auteurs italiens comme Laurens de Médicis, François Grassin,*

Vincent Gabian, Jérome Razzi, Nicolas Bonnepart, Louis Dolce. Er verteidigt die Prosa als die natürliche Form des komischen Dialogs und vermeint der erste zu sein, der im Französischen Prosakomödien schreibe.

Larivey hat ganz die Allüren eines Übersetzers jener Zeit, der zwar seine Quellen nicht verschweigt, daneben aber von seiner Arbeit fast als von einer Originalarbeit spricht, weil er im Texte die Spuren des fremden Ursprungs tilgt und im einzelnen mit seiner Vorlage frei verfährt. Er französisiert die Lebensverhältnisse, tauft Venedig in Paris, Arno in Seine um und gibt in den kulturgeschichtlichen Anspielungen nationales Detail an Stelle des italienischen. Während er mit den Stücken jeweilen auch die Prologe überträgt, ersetzt er den Prolog der *Esprits* durch eine andere, vielleicht anderswoher übersetzte Vorrede, da der italienische Autor der *Esprits* in seinem *prologo* zu persönlich spricht. Die italienischen Namen seiner Lustspielpersonen französisierte er natürlich, und dadurch erklärt sich die Änderung des Titels zweier Stücke.

Aber nicht nur die fremdartigen Namen, sondern auch eine Reihe anderer vertauscht er, wie um seine Selbsttätigkeit wenigstens an Bagatellen zu üben und zu bekunden. Er teilt Auftritte anders ab als das Original, kürzt oder streicht Dialoge und Monologe, die nur lustiger Zierat sind und die Handlung nicht fördern. Damit reduziert er auch, und nicht immer im Interesse der Klarheit, die Zahl der bloß episodischen Personen und besonders der weiblichen Rollen. Auch unterdrückt er mancherlei Anstößigkeiten des italienischen Textes. Aber er handelt ohne Konsequenz. Neben den Kürzungen finden sich auch erweiternde — aber immer unwesentliche — Zusätze, deren Grund unerfindlich ist und in denen er bisweilen die Unsauberheit der Italiener erreicht.

Durch diese keineswegs hervorragende Arbeit hat er indessen in manchem Punkt die Bühnenfähigkeit der Stücke gefördert. Aber die Annahme, daß er in diesen seinen kleinen Änderungen wirklich von szenischen Rücksichten geleitet worden sei und geradezu für die Aufführung geschrieben habe, hält eingehender Prüfung nicht stand. Larivey schreibt Buchkomödien. Auch ist uns nicht bekannt, daß sie je die Bretter beschritten.

Sein besonderer Ruhmestitel besteht in der Sprache, die in ihrer Frische, Ursprünglichkeit und Volkstümlichkeit nicht die Übersetzung verrät. Sein Bestreben, den echt französischen, den malerischen, populären Ausdruck zu setzen, ist unverkennbar und glücklich.

Das beste Stück der Sammlung sind 'die Gespenster' (*Les esprits* = Lorenzino's *Aridosio*). Es ist dramatisch sehr geschickt gebaut. Diese neue Variierung des ewigen Einerlei der überlieferten Possenwelt vermag wirklich zu fesseln. Besonders der dritte Akt ist köstlich: die Beschwörung der Gespenster durch *Mr Josse, sorcier*, die Abschiebung des unbequemen Gläubigers *Ruffin* und die Verzweiflung des bestohlenen Geizhalses (nach Plautus) sind Szenen voller Leben und von wahrer Komik. Larivey hat die sechzehn Personen des Originals auf elf reduziert und dabei besonders eine unflätige weibliche Rolle (*Livia*) gestrichen. Es sind fast nur männliche Figuren übrig geblieben. Aus dem geistlichen Hexenmeister, *prete Giacomo*, hat er einen profanen Mr Josse gemacht. Einige Szenen sind zusammengezogen; zwei sind ganz unterdrückt (II, 6; IV, 5).

Die beste Renaissancekomödie in französischer Sprache ist eine Übertragung aus dem Italienischen.

Es schwebt ein Unstern über diesem Gebiete der französischen Renaissancedichtung. Das neue Lustspiel erwirbt sich keine Gunst. Es hat keine Bühne. Das öffentliche Theater ist von der alten Farce und Moralité beherrscht, deren Aufführung der Hof mit seiner Gegenwart beehrt. Anderseits nimmt die aufstrebende Tragikomödie einiges Lustspielgebiet in Beschlag. Endlich macht sich die Konkurrenz der *Comédiens italiens* empfindlich geltend. Ihre Stegreifpossen befriedigen die Lachlust des Publikums.

E. Charles, *La comédie en France au XVIe s.*, Paris 1862. P. Toldo, *La comédie française de la renaissance* in *Rhl.* V—VII; ders., *La nouvelle dans la comédie de la renaissance* in *Studi di filologia romanza* hg. v. Monaci und De Lollis, IX, Torino 1903, p. 324. J. Haraszti, *La comédie française de la renaissance et la scène* in *Rhl.* XVI (1909) p. 285 ff. — E. Rigal, *Les personnages conventionnels de la comédie au XVIe siècle*, in *Rhl.* IV, 161. O. Fest, *Der Miles gloriosus in der franz. Komödie von der Renaiss. bis zu Molière*, Erlangen 1897, wozu A. L. Stiefel im *Archiv* CIII, 195. Zu den Ursprüngen dieser Schwankfigur: F. de Simone Brouwer, *Capitan Fracasso*, Napoli 1900. — *Le Brave, comédie de J.-A. de Baïf, jouée devant le roy en l'hostel de Guise à Paris le 28. de janvier 1567*, cf. Le Petit, p. 85. — Zur Übersetzung des *Avaro* cf. *Rhl.* I, 38; andere Übertragungen verzeichnet Toldo *ib.* V, 238 n. — *Célestine*, cf. Lanson no 1563. Zur Verbreitung des Namens Tragikomödie (cf. zu § 62) trug gewiß die *Celestina* bei, in deren Vorrede der span. Autor (1500) das Schwanken zwischen den Bezeichnungen Komödie und Tragödie erwähnt, dem er durch die

Benennung Tragikomödie ein Ende gemacht habe. *Tragicomédie jadis espagnole* nennt sie Lavardin. — Aristophanes, cf. Egger, *Hellénisme*, XVIIIe leçon — Zur persönlichen Satire der alten Posse cf. z. B. die Äußerung der bedrängten Louise in den *Contents* (III, 7).. *et, qui plus est, on me jouera aux Pois pilés et à la Basoche.* — W. Süss, *Die 'Néphélococugie' des P. de Loyer* (1578) in *Frz. Zs.* XXXV (1910), p. 254ff.

J. Grevin, Originalausg. seines Theaters bei Picot no 711. Neudruck der *Ébahis* im *Anc. th. fr.*, Band IV (1855). — Zu den *Ébahis* cf. Toldo in *Rhl.* V, 554ff. — L. Pinvert, *J. Grévin*, Paris 1899, gibt p. 64 das Facsimile einer Seite der *Trésorière* mit Korrekturen von Grevin's Hand.

Jean de la Taille, cf. § 60 und *Rhl.* V, 559ff. — Belleau, cf. §§ 46, 50. Neudruck der *Reconnue* im *Anc. th. fr.* IV und Ed. Fournier, *Le théâtre fr. au XVIe et au XVIIe siècle*, 2 vol., Paris 1871. I. Band.

F. d'Amboise. Cf. Picot nr. 1099. Neudruck in *Anc. th. fr.* und E. Fournier, I. — Toldo in *Rhl.* VI, 579.

O. de Turnèbe und F. Perrin bei E. Fournier, I und *Anc. th. fr.* VII. — M. Kawczynski, *Über das Verhältnis von 'Les Contents' zu 'Les Ebahis' und beider zu den Italienern* in *Festschrift zum VIII. deutschen Neuphilologentage*, Wien 1898. — L. Clément, *De Adr. Turnebi præfationibus et poematis*, Paris 1899. — Zu den beiden Komödien: Toldo in *Rhl.* VI, 571 u. 587.

P. de Larivey. — Neudruck seiner Stücke im *Anc. th. fr.* V, VI und VII. Die Titel der sechs ersten Komödien sind: *Le laquais* (= Lod. Dolce, *Il ragazzo*); *La veuve* (= N. Buonaparte, *La vedova*); *Les esprits* (= Lorenzino, *Aridosio*); *Le morfondu* (= Ant. Fr. Grazzini [Lasca], *La gelosia*); *Les Jaloux* (= V. Gabiani, *I gelosi*); *Les écoliers* (= G. Razzi, *La Cecca*). Die drei letzten Stücke sind: *La constance* (= G. Razzi, *La Costanza*); *Le fidèle* (= L. Pasqualigo, *Il fedele*); *Les tromperies* (= N. Secchi, *Gl'inganni*). — Mac Gillivray, *Life and works of Larivey*, Leipziger Dissert. 1889. — Zu seiner Sprache cf. J. Vogels, *Der syntakt. Gebrauch der Tempora und Modi bei P. Larivey* in *Romanische Studien*, herausgeg. v. Ed. Böhmer V, p. 445—556; dagegen P. Toldo, *La lingua nel teatro di P. Larivey* nach *Giorn. stor.* XXVIII, 465; cf. *Rhl.* V, 588. — Zu Larivey's und Anderer Erklärung zugunsten der Prosa und gegen den Vers: B. Petermann, *Der Streit um Vers und Prosa in der franz. Lit. des 18. Jahrh.*, Halle 1913, p. 4ff. — Die Auffassung, daß Larivey's Stücke für die szenische Aufführung geschrieben worden seien, verteidigt J. Haraszti in *Rhl.* XVI, 295. — Über eine Farcenaufführung in Gegenwart des Hofes berichtet L'Estoile zum 25. Jan. 1607.

66. Die schäferliche Einkleidung dichterischer Stoffe, der man in Frankreich seit dem Mittelalter begegnet, gewinnt in der Renaissancepoesie unter dem vierfachen Einfluß des Altertums, der Bibel, Italiens und Spaniens an Umfang und Bedeutung. Das pastorale Element wächst auch in der Dramatik. Im Mysterium werden die Hirtenszenen besonders gepflegt. Das Bild vom Hirten Christi führt zur *moralité pastorale.* 1561 fügt Bounin dem Drucke seiner *Soltane* eine *pastorale* mit vier Interlokutoren bei: freilich mehr noch rhetorische Ekloge denn Bühnenspiel.

Aber 1566 läßt N. Filleul eine *comédie* aufführen, die er *Les ombres* betitelt und deren Helden ein Hirtenpaar, Najade, Satyr und Cupido sind: ein Spiel, das in fürstlichem Schlosse König und Königin ergötzt. Und derweilen Tasso's *Amyntas* und Guarini's *Pastor fido* entstehen und ins Französische übertragen werden (1581—1593), mehren sich in Frankreich die *comédies* und *tragicomédies pastorales*, deren Welt von Dichtern wie Fonteny, Nicolas de Montreux, Montchrétien immer abenteuerlicher und wunderreicher ausgestaltet wird. Die schäferliche Vermummung erscheint dabei so sehr als das Charakteristische, daß die Stücke schlechthin als *bergerie* oder *pastorale* bezeichnet werden.

J. Marsan, *La pastorale dramatique en France à la fin du XVIe et au commencement du XVIIe siècle*, Pariser Dissertation 1905. Zur Zunahme des pastoralen Elements vergl. das Mysterium vom Opfer Abrahams von 1539 mit der Darstellung im *Mistère du vieil testament* (ed. Rothschild; cf. ib. II, p. V). — Eine *Moralité pastorale* ist z. B. die *Bergerie spirituelle* 1566, v. L. Desmasures, cf. Picot nr. 1090; zwei andere von 1562 verzeichnet G. Bapst, p. 138n. — Von N. de Montreux haben wir drei *Pastorales*, z. B. eine *Diane* (1594); auch sein *Joseph le chaste, comédie*, (Rouen, Petit Val 1601) enthält mancherlei schäferliche Zutat.

Das Fazit der ganzen Renaissancedramatik liegt in den Werken Hardy's ausgesprochen. 67.

Der Pariser Alexandre Hardy (1570—1632?) ist der erste berufsmäßige Bühnendichter der Renaissance. Seine kräftige Hand hat der französischen Dramatik durch drei Jahrzehnte den Stempel aufgedrückt. Er ist der Dichter der *Troupe royale* am Bourgognetheater (seit 1599). Von den 600 und mehr Stücken, die dieser französische Lope de Vega geschrieben haben will, hat er (von 1623 bis 1628) 41 veröffentlicht: 11 Tragödien, 25 Tragikomödien, 5 Pastoralen. Komödie nennt er keines seiner Stücke. Von seinen Farcen ist keine auf uns gekommen.

Die Tragödie (*Marianne*, *Dido*, *Tod des Darius*, *des Alexander*, *des Achill* etc.) gestaltet Hardy nach den Bedürfnissen der Bühne um. Die Chöre, die er ursprünglich für sie schrieb, ließ er, durch die Aufführung belehrt, fallen. Der Geschmack des Publikums ist für ihn entscheidend. Und wie er den Lyrismus der Tragödie beschneidet, so beschränkt er auch ihre Rhetorik zugunsten der Handlung. Seine dramatischen Personen sind zahlreicher. Seine Helden treffen auf der Bühne aufeinander und sterben auf der Bühne. Er bedient sich selten der Botenberichte. Mit dem Chor fällt auch die Schranke der Tageseinheit. Die tragische Handlung kann sich über Tage, ja Monate erstrecken, und die Bühne stellt, nach Mysterientradition, verschiedene Örtlichkeiten gleichzeitig dar. Der Praktiker Hardy nähert die Tragödie der freien und handlungsreichen Tragikomödie, ja er scheint sie ganz in die Tragikomödie übergeführt zu haben, denn die elf Tragödien gehören wohl seiner ersten Zeit an. Dreien seiner — mythologischen — Stücke gibt er selbst bald den einen, bald den anderen Titel. Eine der 'Tragödien', *Lucrèce,* ein modernes Ehebruchstück, ist durchaus Tragikomödie und zu diesen zu rechnen.

Diese Tragikomödien haben alle ein buntes Handlungsgemenge, das die dramatische Einheit sprengt und keine zeitliche noch örtliche Beschränkung duldet. Die Handlung erstreckt sich über Jahre; die Szene umfaßt Örtlichkeiten verschiedener Erdteile. In acht Stücken wird Heliodors Roman von Theagenes und Chariklea dramatisiert. Fünf weitere sind Dramatisierungen spanischer Novellen, des Cervantes, Montemayor und Agreda, die alle in Übersetzungen vorlagen (*La force du sang, La belle Egyptienne* etc.). Kenntnis des spanischen Theaters beweist Hardy nicht.

In der Form der Tragikomödie erobert sich die ernste Renaissancedramatik die Bühne unter der Führung Alexandre Hardy's. Sie ist das bühnenmäßig gewordene Renaissancedrama.

Hardy's Pastorale ist eine dramatische Liebesgeschichte, aus Ernst und Scherz gemischt, deren Helden als Bürger oder Bauern gedacht, aber in Schäferkleider gesteckt sind, deren Szene in die Wunderwelt Arkadiens verlegt ist und in deren Handlung denn auch Wunder und Zauberspuk eine Rolle spielt. Da finden wir das reiche Mädchen und den armen Bewerber, den geizigen Alten, den von zwei Rivalinnen bedrängten Naiven u. s. f., und ihre Zeichnung ist nicht ohne Züge bäuerlicher Derbheit. Es fehlt auch nicht an wirklicher Lebensbeobachtung, die der von der Antike gefesselten Tragödie und Komödie so sehr abgeht. Das Leben flüchtete sich gleichsam aus den Renaissancestücken in die grüne Laube dieser arkadischen Hirtenwelt.

Die Renaissancekomödie, in der Frankreich so wenig schöpferisch noch glücklich war, hat mit Hardy die Form der Pastorale angenommen. Und diese Form hat lange geherrscht und den Namen Komödie völlig verdrängt. Hardy beruft sich dankbar auf die Vorbilder Tasso und Guarini. Ihrem Endecasillabo folgend, braucht er für seine Pastoralen den munteren Zehnsilber. Aber ihrer strengen Beobachtung der Orts- und Zeiteinheit kann er sich nicht fügen und vieles setzt er in Handlung um, was bei ihnen bloßer Bericht ist. D'Urfé's *Astrée* ist auf Hardy's Pastoralen ohne sichtbaren Einfiuß geblieben.

Hardy ist weder ein hervorragender Dichter noch ein guter Schriftsteller. Lebensvolle Charakteristik seiner Personen erstrebt er nicht; sie ist ihm bisweilen, wie zufällig, gelungen. Bei der Raschheit, mit der er arbeitet, wird seine Reimerei leicht platt und geschmacklos; die Geziertheiten der galanten Modesprache sind ihm durchaus geläufig, obwohl er sie in seinen Vorreden verurteilt. Aber er hat eine sehr lebhafte Empfindung für dramatische Handlung. Er ist ein hervorragender Dramatiker.

Der Ruhm der Buchdramatik der Renaissance erlischt vor seiner Bühnenkunst. Garnier's Tragödien werden 1619 zum letztenmal aufgelegt, während Hardy's Name auf den Affichen des Pariser Theaters herrscht. Auf sein Vorbild wird Corneille sich berufen.

Die Renaissancetragödie ist am Schlusse dieses Zeitraums im Verschwinden. Über ihr erhebt sich siegreich das freie romantische Schauspiel *(tragicomédie)*, das aus einem Kompromiß zwischen Mysterium (oder Moralité) und Tragödie hervorgegangen war. Die Komödie lebt nur in der konventionellen und importierten Form der Pastorale. Es blüht die — ungedruckte — mittelalterliche Farce.

Farce, Pastorale und Tragikomödie sind die Formen, die Hardy als das dramatische Erbe der Renaissance der Bühne des XVII. Jahrhunderts überliefert. —

Das Ergebnis der poetischen Arbeit der Renaissance entspricht den Hoffnungen nicht, welche die Brust derer schwellten, die 1549 die schmetternde Fanfare der *Défense et illustration de la langue française* hatte erschallen lassen.

Das Epos ist vollständig mißglückt.

Den Zutritt zur öffentlichen Bühne hat sich die dramatische Dichtung nur durch starke und kompromittierende Zugeständnisse an das mittelalterliche Schauspiel und erst am Schluß des Jahrhunderts errungen. Die dramatische Dichtung strenger Observanz ist wesentlich Buchdramatik geblieben. Eine dauernde Leistung ist nirgends gelungen.

Der Ruhmestitel der Renaissancepoesie liegt in der Lyrik: in einem reichen Kranz schöner Lieder, in der Fülle ihrer Rhythmen, im Schwung und in der Harmonie ihrer Rede. Der poetische Stil ist entstanden.

Die dichterische Schöpfung der französischen Renaissance ist wesentlich lyrisch.

A. Hardy, *Le théâtre. Erster Neudruck der Dramen von P. Corneille's unmittelbarem Vorläufer, nach den Exemplaren der Dresdener und der Wolfenbütteler Bibliothek besorgt von* E. Stengel. 5 vol., Marburg 1883—4; cf. E. Rigal, *Corrections à la réimpression Stengel et au texte original*, in *Frz. Zs.* XIII, 204—28. — E. Lombard, *Etude sur A. Hardy*, in *Frz. Zs.* I, 161 ff. E. Rigal, *A. Hardy et le théâtre français à la fin du XVI*[e] *et au commencement du XVII*[e] *siècle*, Paris 1889. — C. Nagel, *A. Hardys Einfluß auf P. Corneille*, Marburger Dissert. 1884 (*A. u. A.*, nr. 28). J. Béraneck, *Sénèque et Hardy*, Leipz. Dissert. 1890. — Zu Hardy's Pastoralen: J. Marsan, *La pastorale*, 1905, p. 237—87.

Register.

Nachträge und Verbesserungen.

Zu Seite 8: Goujet's Büchersammlung wird in der städtischen Bibliothek zu Versailles aufbewahrt. — Eine Beschreibung von gegen 300 französischen Drucken aus den ersten Jahrzehnten des XVI. Jahrhunderts (bis 1539) findet sich in J. Babelon, *La bibliothèque française de Fernand Colomb*, Paris 1913. — Zu S. 10: A. Desjardins, *Les sentiments moraux au XVIe siècle*, Paris 1887. — S. Lee, *The French Renaissance in England, an account of the literary relations of England and France in the sixteenth century*, Oxford 1910, wozu J. M. Berdan in *The Romanic Review* II (1911), 413—28 zu vergleichen ist. — S. 15: Die bibliogr. Angaben gehören hinter den zweiten Absatz; § 3 beginnt mit dem dritten Absatz. — S. 17, Z. 2: 'Raminagrobis'. — S. 72, Z. 3: Pindar. — S. 80, Z. 17: *Artus est mort.* — S. 82, Z. 25: im nämlichen Jahre. — S. 114, Z. 30: *vocables.* — Zu S. 126 Z. 3: J. Barnaud, *La vie et les œuvres de Pierre Viret, poète, 1511—71*, Paris 1911. — S. 134, Z. 34: de Serres. — S. 201, Z. 37: 4 vol., Paris 1874—70. — S. 209, Z. 10: (um 1540—93). — S. 211, Z. 37: *mû.* — S. 213, Z. 6: Matthieu's. — S. 238, Z. 8: Matthieu. — S. 238, Z. 27: *Œuvres.* — S. 251, Z. 23: Pierre le Loyer's.

On y pourra außi trouuer quelques poinctz mal mys par inaduertence: mais le lecteur de bon iugement cognoistra aſſez le ſens par la ſuyte des ſentences, & excuſera le tout ſ'il luy plaist.

Hugues Salel
Traduction de l'Iliade
1545

DER GRUNDRISS

DER

ROMANISCHEN PHILOLOGIE

Neue Folge

wird in Einzelbänden, die immer nur einen Beitrag umfassen, ausgegeben. Es ist darin zunächst eine bis zur Neuzeit gehende Darstellung der

Geschichte der französischen Literatur

vorgesehen. Die ersten drei Bände werden die Geschichte der altfranzösischen Literatur von Gustav Gröber in Neubearbeitung enthalten.

Bd. IV bildet das vorliegende Werk: H. Morf, Geschichte der französischen Literatur im Zeitalter der Renaissance; Bd. V—VII werden der Darstellung der Literatur des 17. bis 19. Jahrhunderts gewidmet sein.

Der Verlag wird in Kürze den ausführlichen Plan veröffentlichen.

Die Großoktav-Ausgabe des „Romanischen Grundrisses" bleibt, so lange der Vorrat reicht, neben der Neuen Folge bestehen. Das gilt besonders von Band I, der 1904/06 in zweiter Auflage erschienen ist.

Kolibri 360 GmbH
Ferdinand-Jühlke-Straße 7
99095 Erfurt, Deutschland
produktsicherheit@kolibri360.de